气候解决方案设计方法：

低碳能源政策指南

Designing Climate Solutions:
A Policy Guide for
Low-Carbon Energy

［美］
何豪（Hal Harvey）
罗比·奥维斯（Robbie Orvis）　　　著
杰弗里·瑞斯曼（Jeffrey Rissman）

U0252237

见此图标 微信扫码
气候变化探讨与研究

中国环境出版集团·北京

图书在版编目（CIP）数据

气候解决方案设计方法：低碳能源政策指南 ／（美）
何豪（Hal Harvey），（美）罗比·奥维斯（Robbie
Orvis），（美）杰弗里·瑞斯曼（Jeffrey Rissman）
著. -- 北京：中国环境出版集团,2021.4
    ISBN 978-7-5111-4653-3

    Ⅰ．①气… Ⅱ．①何… ②罗… ③杰… Ⅲ．①气候
变化－研究－世界 Ⅳ．①P467

中国版本图书馆CIP数据核字(2021)第030471号

出 版 人　武德凯
策划编辑　丁莞歆
责任编辑　金捷霆　张秋辰
责任校对　任　丽
装帧设计　宋　瑞

出版发行　**中国环境出版集团**
　　　　　（100062　北京市东城区广渠门内大街16号）
　　　　　网　　址：http://www.cesp.com.cn
　　　　　电子邮箱：bjgl@cesp.com.cn
　　　　　联系电话：010-67112765（编辑管理部）
　　　　　　　　　　010-67147349（第四分社）
　　　　　发行热线：010-67125803，010-67113405（传真）
　　　　　印装质量热线：010-67113404
印　　刷　北京盛通印刷股份有限公司
经　　销　各地新华书店
版　　次　2021年4月第1版
印　　次　2021年4月第1次印刷
开　　本　787×960　1/16
印　　张　21.5
字　　数　300千字
定　　价　118.00元

【版权所有。未经许可，请勿翻印、转载，违者必究。】
如有缺页、破损、倒装等印装质量问题，请寄回本集团更换。

中国环境出版集团郑重承诺：
中国环境出版集团合作的印刷单位、材料单位均具有中国环境标志产品认证；
中国环境出版集团所有图书"禁塑"。

序言

　　何豪先生及其团队成员奥维斯先生、瑞斯曼先生撰写的这本《气候解决方案设计方法：低碳能源政策指南》，围绕各国如何设计和实施应对气候变化与能源低碳转型政策提出了理论模型和科学方法，聚焦能源、电力、交通、建筑、工业等主要减排领域，梳理并分享了主要发达国家和地区及发展中国家关于可再生能源和电网、低碳交通和电动汽车、绿色建筑和电器能效标准、工业节能和提高能效、循环经济、非二氧化碳减排、碳定价、低碳技术研发创新等方面的最佳实践，针对政策设计实施中可能遇到的问题给出了意见建议，还展望了2050年以后的低碳发展前景，既分析了理论和政策的通用性，又考虑到各国国情、能力和具体实践的差异，极富前瞻性。

　　本书充分体现了"转型"和"创新"的理念，紧扣当前新冠肺炎疫情后绿色、低碳、高质量复苏的全球大趋势。新冠肺炎疫情和气候变化都是威胁全人类生存发展的重大全球性挑战，需要各国"瞻前顾后"，统筹当前和长远，将气候行动与疫情防控、经济复苏、社会公平、体面就业、公共健康等紧密结合，实现协同增效。尽管各国实施的政策因国情、发展阶段和能力不同而有所差异，但理念、方向和领域都是相近的。本书对这些领域都有所涉及，为各国与应对气候变化和能源转型相关的政府机构、企业、金融机构、研究机构、非政府组织提供了很好的参考借鉴。

　　本书也收录了中国应对气候变化和绿色低碳转型创新的政策和案例。中国积极推动绿色低碳转型，在气候行动上取得了一系列显著成效。

2005—2019 年，中国的 GDP 增长了约 4 倍，实现了近 1 亿农村贫困人口基本脱贫，同期单位 GDP 二氧化碳排放量下降了 48.1%，非化石能源占一次能源的比重从 7.4% 提高到 15.3%，相当于减排二氧化碳约 56 亿 t、二氧化硫 1 000 多万 t、氮氧化物 1 100 多万 t，森林蓄积量增至 170 亿 m^3，生态环境质量明显改善，实现了经济社会发展与碳排放的初步脱钩。中国的实践证明，应对气候变化的政策行动不但不会阻碍经济发展，而且有利于提高经济增长质量、培育带动新的产业和市场、扩大就业、改善民生、保护环境、提高人民健康水平，并实现协同发展。习近平主席于 2020 年9 月宣布了中国的二氧化碳排放力争于 2030 年前达到峰值、努力争取在2060 年前实现"碳中和"的目标。中国实现这个目标需要付出艰苦卓绝的努力，但也是推动生产方式、生活方式、消费模式加速向绿色低碳转型的极好机遇。中国环境出版集团对本书的出版，将为中国落实碳排放达峰和"碳中和"目标、推动绿色低碳转型和创新发展提供很好的借鉴，也具有很强的现实意义。

何豪先生是我多年的合作伙伴和朋友，他对生态环境保护、应对气候变化、能源低碳转型、可持续发展事业富有热情，具有很高的专业水平，积累了丰富的实践经验。他创立了能源基金会和气候工作基金会，与中国有着密切的合作，为中国的绿色、低碳、可持续发展提供了很多帮助。他现在担任能源创新政策与技术公司首席执行官，继续为中国、美国乃至全球应对气候变化和能源低碳转型提供解决方案。每次何豪先生来中国，我都会安排时间与他会面，新冠肺炎疫情期间我也与他进行了视频通话。每次见面，何豪先生总能源源不断地提出一些新想法和新建议，对我很有启发，我们好像总有说不完的话，我很佩服他的创新精神和工作热情。希望有更多的中国读者能够从本书中有所收获，并应用到工作实际当中，为应对气候变化这项关乎全人类生存发展和子孙后代福祉的伟大事业贡献方案和智慧。

2020 年 11 月 16 日

致谢

在此感谢以下人员在本书撰写、审校和编辑加工过程中给予的帮助：

Don Anair, Galen Barbose, Kornelis Blok, Dale Bryk, Dallas Burtraw, Ra-chel Cleetus, Christine Egan, Seth Feaster, Jamie Fine, Ben Friedman, John German, Justin Gillis, Eric Gimon, Bill Hare, Devin Hartman, Sara Hastings-Simon, C. C. Huang, Hallie Kennan, Drew Kodjak, Charles Komanoff, Honyou Lu, Silvio Marcacci, Cliff Maserjik, Matt Miller, Erica Moorehouse, Dick Mor-genstern, Simon Mui, Colin Murphy, Steven Nadel, Stephen Pantano, He Ping, Conor Riffle, Richard Sedano, Jigar Shah, Jessica Shipley, Kelly Sims-Gallagher, Robert Sisson, Heather Thompson, Zachary Tofias, Michael Wang, Fang Zhang.

同时感谢孟菲、田川对中文译本的贡献。

目录

见此图标
微信扫码

气候变化探讨
与研究

第一篇

引言

为使世界步入可接受的低碳未来，需要立即采取行动以减少温室气体（Greenhouse Gas, GHG）排放。气候变化可能造成的潜在损害已有确凿证据，而随着时间的流逝，摆在我们面前的挑战越来越大。与此同时，不断发展的新技术表明，低碳未来是可以实现的，且其实现成本可能等同于甚至低于高碳未来。

减少全球温室气体排放绝非一项简单的任务。但是，目前已有实现这一减排目标的技术、政策和意愿。重要的是，它们需要被适当地采纳并进行设计，然后再迅速地实施。

绝大多数的温室气体排放来自少数几个国家，其主要的排放源是能源使用（如发电厂、机动车和建筑）和工业过程（如水泥或钢铁制造）。因此，能源使用和工业过程具有最大的减排潜力。幸运的是，目前采取的部分政策有望显著减少这些部门的温室气体排放量。例如，汽车能效标准要求汽车制造商增加相同燃料的可行驶距离，这将有利于快速降低运输排放；而提高零碳电力占比，如实施可再生能源配额制和上网电价政策，有助于减少电力部门排放。排放量最大的几个国家正在实施的那些高效政策可以使我们的减排工作走上正轨。

当然，要想实现持久的减排效果，气候解决方案的设计必须得当。对我而言，数十年的政策设计经验使我可以区分政策设计是否得当。例如，如果缺乏持续改进机制，政策往往会停滞不前并变得过时；如果时间框架不够长，企业将无法对技术或研发活动给予更多的投入。如果能够掌握一些政策设计原则，就可以确保未来的气候和能源政策在最大限度上实现温室气体减排和经济效率提升。这些方案的设计目前每年已经撬动了数万亿美元的私人资金来构建清洁能源政策。换句话说，通过设计气候解决方案可以推动有效的投资及政策实施。

本书深入探讨了气候解决方案的设计原则及其对全球排放的潜在影响。希望这些内容可以帮助政策制定者、企业负责人、非政府组织、科研机构和慈善家找到最快、最有效的方法来减少气候变化带来的威胁。

一、应对气候问题刻不容缓

世界各国已经达成普遍共识，要想防止气候变化造成的最坏影响，就需要在 21 世纪末将全球温升控制在 2℃（以下简称 2℃目标）以内，也就是需要大幅减少温室气体排放。虽然不同的气候模型有不同的结果，但为了确保有一半的机会将温升控制在 2℃ 以内，从现在开始至 2050 年，需要在基准情景的基础上，减少 25% ～ 55% 的累计排放量[1]。这些减排量因地区而异，发达国家需要实现更大幅度的减排。此外，虽然需要实现 25% ～ 55% 的累计减排量，但 2050 年的年排放量必须比基准排放量低 40% ～ 70%（图 0-1）。

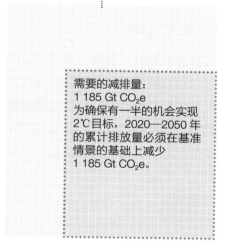

图 0-1　有一半的机会实现 2℃目标所需的减排量

注：本图使用经国际应用系统分析研究所（IIASA）许可的数据进行分析，相关数据可以从 IIASA-LIMITS 情景数据库下载，https://tntcat.iiasa.ac.at/LIMITSPUBLICDB/dsd?Action=htmlpag e&page=about。

数据来源：M Tavoni, E Kriegler, T Aboumahboub, et al. 德班平台情景中主要经济体的任务分配 [J]. 气候变化经济，2013(4). doi:10.1142/S2010007813400095.

---

[1] 详见附录Ⅱ。

　　气候变化的范围、规模和不可逆性，以及目前已无法削减的累计碳排放量均意味着必须迅速采取行动减少温室气体排放，否则就可能会造成以下重大损害：因海平面上升而导致沿海土地被淹没，从而威胁 10 亿多人口的生命安全；大规模难民迁移、饥荒；一波又一波的物种灭绝；随之而来的沉重经济、生态代价和人员伤亡。例如，海平面上升可能会导致孟加拉国 3 500 万人成为难民[1]，是打破欧洲政局稳定的叙利亚危机所造成的难民数的 7 倍。据科学家预测，仅高温就将使东非的小麦和玉米减产 40%[2]。这将是一个沉痛且冗长的灾难清单。

　　这种威胁的严重性及应对时间的有限性都是基于地球上生物地球化学系统的科学事实。全球平均气温的微小变化会带来巨大的后果，推动这种放大作用的有三个重要因素：这些变化增加了极端气温和天气事件的频率，长时间尺度内（全球）变暖的不可逆性，以及触发自增暖反馈循环引起额外升温的风险。

（一）极端事件的发生已成常态

　　地球上的任何地方都存在不同程度的气温变化（不仅有日变化，还有年变化）。我们试想一下美国夏季的平均气温：在某些年份，夏季异常凉爽，而在某些年份又特别炎热，但总体而言，每年夏季的气温都相差不多。

　　全球平均气温升高使以前罕见的极端气温变得更加频繁。这样一来，凉爽的夏季会变得极少见，而更常见的是非常炎热的夏季（图 0-2）。

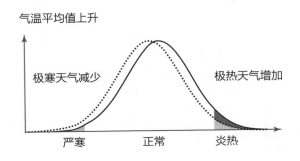

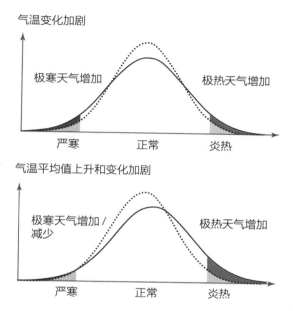

图 0-2　气温平均值上升和变化加剧对极端气候事件的影响

注：本图经政府间气候变化专门委员会（IPCC）许可转载。虚线代表正常气候年的气温均值，实线代表气候变化影响下的极端天气数值。

数据来源：Cubasch U, D Wuebbles, D Chen, et al. IPCC 第五次评估报告第一工作组报告——气候变化 2013：自然科学基础（引言图 1.8）[M]. 剑桥，纽约：剑桥大学出版社，2013.

目前这种影响已经出现，曾在 1951—1980 年出现的三百年一遇的夏季极热天气在 2005—2015 年频繁出现（图 0-3）。

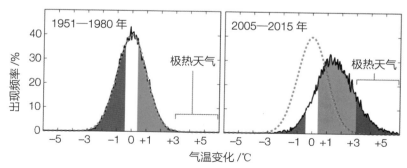

图 0-3　气候变化正在改变全球气温，极端高温天气越来越频繁

数据来源：美国政府公开数据，James Hansen, et al. Public Perception of Climate Change and the New Climate Dice[EB/OL].http://www.columbia.edu/~mhs119/PerceptionsAndDice/.（日期不详）

这些极热天气会造成严重的危害，因为它超出了人类和自然系统能够适应的范围。例如，极热天气会使绿化景观变得干燥、加剧火灾发生的频率、减少农作物和牲畜产量、使人们中暑，并造成许多其他危害。

（二）长时间尺度内气候变暖的不可逆性

一定量的温室气体一旦被排放出来，各种自然循环便开始将其从大气中循环出去。例如，最重要的温室气体——二氧化碳（CO_2）可以溶解到海洋中，而甲烷（CH_4）最终也会分解成 CO_2。对于许多温室气体而言，将其产生的污染从大气中移除可能需要很长时间。CO_2 的自然移除速度很慢——在没有人为排放的情况下，可能需要数百年或上千年才能使 CO_2 恢复到自然浓度。同样，可能需要几百年的时间才能消除大气中几乎所有的氧化亚氮（N_2O），需要数千年的时间来消除各种含氟气体，这些也都是很强的温室气体。实际上，约 250 年前的工业革命初期排放的大部分 CO_2 仍然存在于现在的大气层中。

气候系统也有很大的惯性，也就是说，气候变化是存量而非流量的问题。一种直观的方法是，将大气视为一个浴缸（图 0-4）：随着 CO_2 的排放（水龙头），大气中的 CO_2 总浓度持续增加（洗澡水），然后通过多年的自然过程（排水管）除去 CO_2。就像浴缸一样，只要有更多的水流入而没有水排出，水位就将继续上升。即使 CO_2 排放量大幅减少，只要排放量超过清除量，浓度就不会降低 [4]。

即使今天完全停止排放温室气体，但以前排放的温室气体的影响仍将持续数千年，因为大气中的碳存量（洗澡水）仍然很多。一旦进入大气层，CO_2 和其他温室气体就会捕获大气中的热量，而随着时间的推移，这种被捕获的热量所产生的影响就会凸显。因此，即使稳定了大气中的温室气体浓度，数千年内其对人类社会和自然系统的影响仍将持续增加。如图 0-5 所示，在由人类活动引起的温室气体排放量 [以二氧化碳当量（CO_2e）计算] 迅速向 0 靠拢的情况下，温室气体浓度却仍没有下降，温室效应（气温）仍继续增加。

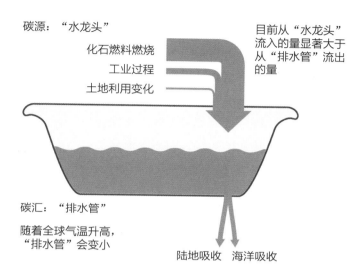

图 0-4 碳"源"和碳"汇"——浴缸原理

图片来源：美国国家环保局（EPA）. 气候变化的原因 [EB/OL]. 2016. https://19january2017snapshot.epa.gov/climate-change-science/causes-climate-change_.html.

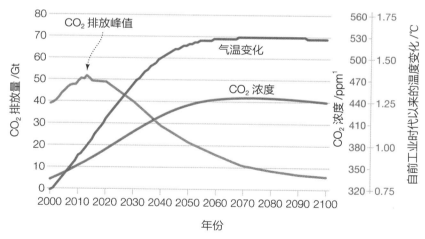

图 0-5 即使碳排放达峰并立即降至零，CO_2 浓度和气温也会继续增加

注：本图经国际应用系统分析研究所（IIASA）许可转载，数据下载自 IIASA IPCC-IAMC 数据库，https://secure.iiasa.ac.at/web-apps/ene/AR5DB。

数据来源：Clarke L, K Jiang, K Akimoto, et al. IPCC 第五次评估报告第三工作组报告——气候变化 2014 年：减缓气候变化 [M]. 剑桥，纽约：剑桥大学出版社，2014.

<hr>

[1] ppm 是 parts per million 的简称，指 10^{-6}。

（三）自然反馈循环的威胁

全球变暖问题最令人不安的一个方面是，随着世界温度的上升，自然反馈循环的启动将加剧这一过程。尽管人为排放可能是导致全球变暖的初始催化剂，但地球的自然系统可能会加剧这种影响，从而形成物理学家所说的正反馈循环，可以更简单地理解为恶性循环。其中一个恶性循环是融化海冰对地球吸收热量的影响：明亮的海冰具有高反照率，这意味着它会反射（而不是吸收）大部分照射其上的阳光；黑暗的海水具有较低的反照率，这意味着它会吸收照射到它的阳光，从而转化为热量。随着冰层由于温升而融化，之前被反光白冰覆盖的区域会被吸收光线的蓝色海水所替代，从而增加热量吸收并进一步加速变暖。

融化的北极冻土带也会出现类似的恶性问题：一旦冻土由于温升而解冻，就会释放出埋藏的甲烷沉积物，导致更多的温室气体进入大气层并使世界进一步变暖。这种温室催化剂的作用几乎是不可估量的，一旦触发将使世界完全陷入失控的境地。

另一个恶性循环是海洋吸收 CO_2：随着海洋吸收更多的 CO_2，海水的酸性会增加，进而导致水生动植物大量死亡，而其分解后又会给海洋和大气带来额外的 CO_2 排放。

目前，尚不清楚这些反馈循环究竟会在多大程度上加剧气候变化，但它们导致变暖加速的可能性令人心生恐惧。事实上，自然的力量一旦释放就会变得无法控制，因此必须立即着手采取行动应对气候变化。

（四）延迟减排代价沉重

要尽快采取措施减少温室气体排放的另一个原因是，一旦延迟减排，那么为避免温升超过 2℃ 而采取的减排措施会越来越难以实现。延迟减排会让人们付出沉重代价的原因有两个：首先，大多数耗能资产——建筑、发电厂、工业设备的周转率都达到几十年或更长时间，这意味着我们采用或安装的每一件新设备基本上都会加剧全球变暖；其次，由于温升受大气中 CO_2 总量的影响，延迟减排将使未来的减排行动变得更加困难。如图 0-6

所示，如果排放达峰延迟 15 年，那么要想达到相同的累计排放量，就需要加快实现更多的减排量。值得注意的是，不仅后续每年的减排量要更高，而且排放总量（特别是在 21 世纪下半叶）也必须更低，否则无法抵消早期的高排放量。越早采取行动，就越容易实现 2℃目标，仅仅几年的延迟就会大大加剧这一目标的实现难度。

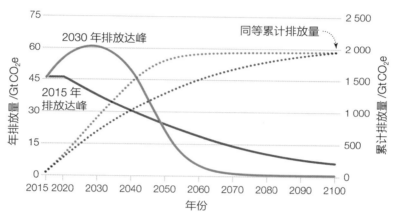

图 0-6　排放达峰延迟的时间越久，越难实现相同的减排成本

延迟减排也将产生巨额的代价。英国著名经济学家 Nicholas Stern 爵士在《斯特恩报告》中的分析表明，将温室气体浓度稳定在 500 ～ 550 ppm 的水平［比当前的浓度高出 100 ～ 150 ppm，相当于工业革命前浓度（约 280 ppm）的两倍］每年将花费约 1% 的全球经济产出（即全球 GDP）。而如果不采取任何行动，那么气候变化影响的成本每年将达到全球 GDP 的 5% ～ 20%[5]。

因此，地球的物理环境已经发出警示：我们面临的问题是巨大而紧迫的，如果失败则将是不可逆转的。幸运的是，目前仍有时间实现合理的气候未来，且有许多条件有助于我们实现。但时间至关重要，摆在我们面前的选择已刻不容缓。

二、低碳未来有望实现

至少可以说，气候变化的影响令人担忧，因此需要尽快减少排放量以规避最坏的影响。幸运的是，以强有力的政策作为支撑，有许多技术可以帮助我们走上低碳路径。

（一）清洁技术：从小众到主流

1. 可再生能源方面

电力系统实现低碳或零碳发展将不再是远在未来的梦。风电和太阳能发电的成本大幅下降，推动了它们在全球的扩张。美国风电的商用价格不到 5 年前的一半，比全球任何其他新的电力来源都要便宜。世界上某些地区的太阳能发电商用价格与之相似甚至更低。

具体来看，智利和迪拜近期的商用电价在没有任何补贴的情况下不到 3 美分 /（kW·h），而美国的民用电价几乎是它的 4 倍。预计到 2020 年，太阳能光伏发电系统的装机成本将进一步降至每瓦 1.00 美元以下 [6]。到 2030 年，风电成本预计将下降近 30%[7]。

低电价正推动新发电厂装机容量的快速扩张。自 2010 年以来，风电装机容量增加了一倍多，全球风电装机容量超过 430 GW。与此同时，2010—2015 年，全球太阳能发电装机容量几乎增加了 4 倍，达到 227 GW。随着更多产能的投入，价格有望进一步下降，从而为形成良性循环带来更多、更廉价的清洁发电项目。

电池储能也出现了类似的成本下降。在短短一年半的时间内，锂电池的价格下降了 70%，且预计未来 5 年将继续下降近 50%[8]。在此期间，液流电池和新化学电池的成本预计也将大幅降低。研究表明，到 2030 年，全球大规模电池储能容量可能增至 7 GW 以上，成本低至 230 美元 /（kWh）[9]。

随着更多可再生能源电力上网，电网运营商也将更有能力将其整合到电力系统中。在一些地区，可再生能源已经占总发电量的一半以上。现在我们可以设想这样一个低碳未来：可再生能源占发电量的 80% 或以上，从而实现深度碳减排，无须额外的技术突破来达到这些水平。

部署这些技术还将带来其他效益。风能和太阳能等可再生能源是零排放的，这意味着它们将带来减少局部空气污染物［如颗粒物（如 $PM_{2.5}$ 和 PM_{10}）和臭氧（O_3）］的协同效益。而且由于不使用燃料发电，这些可再生能源在装机后基本可以实现零成本运行，这就意味着电价将进一步下降。

2. 能效方面

能效方面的创新也在继续推进。由于照明、窗户、隔热设备以及供暖和供热系统的进步，当前设计良好的建筑在保持甚至提高舒适性和电能可靠性的同时，其用电量仅为旧建筑的几分之一。家用电器、工业设备和机动车能效也有所提高，可以使用更少的能源来提供相同甚至更好的服务。

发光二极管（LED）灯泡的广泛使用是节能创新最成功的例子之一。自 2008 年以来，LED 灯泡能效大约提升了一倍，而其价格却下降了90%。新 LED 灯泡的用电量约是所替换的白炽灯泡的 1/8，而使用寿命是后者的约 20 倍。为此，目前美国安装了超过 8 000 万个 LED 灯泡，减少了数百万吨的 CO_2 排放量并节省了数十亿美元。照明占世界建筑行业用电量的约20%[10]，这意味着该领域及其他相关领域的能效因此得以提升，从而产生了实际的节能和减排成效。

总而言之，国际能源署（IEA）计算出 IEA 国家的能效投资节约了2 200 TW·h 的电力（超过 2015 年全球用电量的 1/10），减少了超过 100亿 t 的 CO_2 排放量，并节省了价值 5 500 亿美元的能源消费[11]。据估计到2030 年，提高照明效率可以节约相当于整个非洲当前用电需求的电量。

随着可再生能源和节能技术的进步，许多国家已经或正在准备将能源利用与经济生产力脱钩。清洁能源行业的增长创造了数百万个新的就业机会，可再生能源和提高能效带来的价格现在能够与化石燃料相竞争（甚至往往优于后者）。如今，低碳未来的成本与高碳未来相同，甚至比后者更低。

（二）有助于实现有效减排的政策

数十年的能源政策实践可以帮助我们了解哪些政策在减少碳排放和能

源使用方面最有效。例如，美国加利福尼亚州采纳的随时间推移而不断加强且拥有强大监测和执行机制的建筑节能法规，有助于大大减少能源消耗和排放；设计良好的机动车燃油经济性标准，能够极大地提高燃油效率。

通过能源政策模拟模型（The Energy Policy Simulator）[12] 可以分析备选政策方案，它允许用户评估数百种不同气候和能源政策对排放和成本的影响。清洁能源解决方案中心（Clean Energy Solution Center）[13] 也能发挥类似作用，它可以将政策制定者与相关气候和能源政策专家联系起来。这些将在本书第三章中详细讨论。

（三）世界各国正在积极行动

当前，世界各国制定强有力的气候和能源政策的政治意愿比以往任何时候都更加强烈。从地方法令到国际条约，各国正争相实施强有力的政策。从国际层面来看，有 189 个国家提交了减排目标（国家自主贡献预案，INDC），并签署了《巴黎协定》[14]。这些提交减排承诺的国家的排放量占世界排放总量的近 99%，这是应对气候变化的第一步。即使各国按时兑现其承诺，也只能达到 2030 年温控目标所需减排水平的 1/3（图 0-7）。当然，仅有承诺本身不会实现减排，强有力的气候和能源政策以及严格的监测和执行才是将承诺转化为实际减排的关键。

世界各地的企业也在为低碳未来积极做出减排承诺。包括 Autodesk 和 Xerox 的近 180 家公司加入了"科学减碳倡议行动"（Science Based Targets Initiative）[15]，设定了减排目标。除了这一承诺之外，69 家公司加入了 RE100 倡议（编辑注：该倡议旨在推进 100% 可再生能源使用）[16]，承诺提供 100% 可再生能源电力，且许多公司已经实现了目标的一大半[17]。

其他公共行业协会、宗教团体、基金会和大学也表示将通过从化石燃料项目撤资的方式来遏制排放，共有超过 550 家、总资产达 3.4 万亿美元的机构（对化石燃料的投资额与之相比要小得多）已经完成此类撤资[18]。

消费者也在改变他们的行为以减少碳足迹，如很多公众都在家庭中安

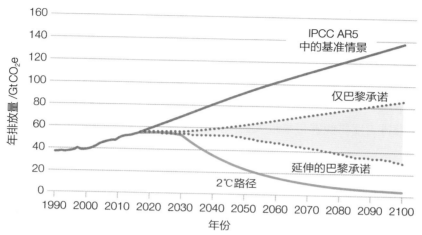

图 0-7　《巴黎协定》及相关承诺有助于迈上 2℃路径

注：经"气候互动"和"气候行动追踪"许可转载。气候行动追踪：全球排放时间序列 [EB/OL]. 2015. http://
climateactiontracker.org/assets/Global/december_2015/CAT_public_data_emissions_ pathways_Dec15.xls. 气候互动. 记
分牌科学与数据 [EB/OL]. [2013-12-20]. https://www.climateinteractive.org/programs/scoreboard/scoreboard-science-and-
data/）.

装了太阳能电池板（或在不符合条件的情况下，加入电力公司提供的绿色
电力项目或加入社区太阳能项目）、购买节能电器和驾驶电动汽车（EV）。
就电动汽车而言，全球已售出超过 100 万辆，与 5 年前几乎为 0 的销售量
相比增长速度惊人。随着技术进步和生产成本的进一步下降，预计未来几
年将有数百万辆电动汽车上路。

　　在许多情况下，人们采取这些行动纯粹是因为与之前相比更能节约成
本。诸如恒温器和照明系统之类的智能能源设备，在为消费者节省金钱的
同时也提高了舒适度。

　　低排放技术的发展为减排提供了广泛的选择。然而，为了实现合理的
低碳未来，政策制定者需要帮助企业将这些技术推向市场，这就需要有明
确的政策。为了确定哪些政策可以帮助实现这些目标，量化主要的温室气
体排放源至关重要。

三、温室气体排放源

只有当世界各国优先并密切关注最具潜力的减排机会时，才可能实现合理的低碳未来。该过程的第一步是确定全球温室气体排放源。

全球温室气体排放量的近 75% 由 20 个国家产生（图 0-8），若这些国家加大减排力度将能够带来最大的减排潜力。

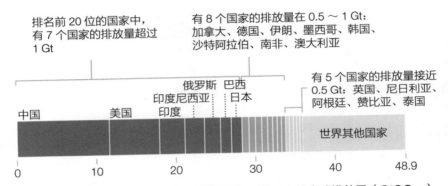

图 0-8　2014 年排名前 20 位的国家贡献了约 75% 的全球排放量（$GtCO_2e$）

注：经世界资源研究所"CAIT 气候数据探测器"许可转载，2017 年，可从 cait.wri.org 在线获取。

从全球范围来看，特别是排名前 20 位的国家中，能源燃烧和工业过程（本书中包括农业和废弃物）排放是温室气体的主要来源，占 93% 以上。其中，能源燃烧占排放量的近 74%，工业过程仅占不到 20%。针对能源燃烧和工业过程的减排政策具有最大的减排潜力。

深入到能源领域，各子行业的排放分布相当均匀。由于发电行业借助了煤炭、天然气、石油和生物质燃烧，电力部门贡献了最大的排放量；其次是工业部门，即用于电力和供热的能源燃烧产生的排放；交通部门排名第三；最后是建筑部门。当然，许多部门是相互关联的：建筑设计布局决定了建筑的用电量，而建筑施工质量会影响既有建筑改造或新建建筑所需的材料数量，从而影响工业能源的使用和排放。

工业过程的碳排放以畜牧养殖、天然气和石油系统、水泥生产、垃圾填埋场和制冷剂排放为主。本书第七章第二节将详细分析和讨论生产过程排放政策。

这种定量评估指明了减少能源相关排放的直观路线图，即在排名前20位的国家中实施减少电力、工业、交通和建筑部门排放的政策。有关主要排放源能源政策的更多信息，详见本书第一章。

四、最基本的气候和能源政策

为确保气候和能源政策的有效性，需要制定一系列的政策。为了设计出一套最佳方案，政策制定者应考虑四种政策类型：性能标准政策、经济信号政策、研发扶持政策和支持型政策。它们共同创造了一种强大的共生关系，与单独的政策相比，这些政策组合可以推动更深层次的碳减排，同时提高成本效益。

（1）性能标准政策：规定了能效、可再生能源消纳或产品性能的最低要求，如机动车燃油经济性标准、建筑节能规范、可再生能源配额制和发电厂排放限额等。

（2）经济信号政策：旨在加速清洁能源技术的应用，确保将对社会的积极或消极影响（即外部性）纳入产品成本，或利用市场作为有效实现减排的工具，如碳税和清洁能源生产或能效提升补贴。

（3）研发扶持政策：政府对研发的扶持可以加速创新。新技术刺激了经济发展，减少了对昂贵且价格不稳定的化石能源的依赖，政府可以通过提供资金支持开展使许多新兴产业受益的（针对在现阶段离市场化仍有较远距离的技术）基础研究项目。然而，政府扶持研发的最有力方式之一是创造一个有利于企业研发蓬勃发展的环境，如分享技术专长和设施（如国家实验室）；采用适当的知识产权保护；在公立学校和大学积极推广科学、技术、工程和数学教育；修改移民法，为企业雇用科学、技术、工程和数学（STEM）领域的外国人才提供便利。

（4）支持型政策：可以增强其他政策的功能，通常做法有政府直接

财政支出、提高信息透明度或为推行更好的做法减少障碍。例如，要求在
产品上使用清洁能源标识的政策能够让消费者做出更明智的选择；良好的
城市设计可以为人们提供除驾驶私人小汽车以外的出行选择。这些政策都
能够使消费者响应精心设计的经济信号。

在制定能源政策时，最好不要只关注某一项特定的技术或政策。例如，
新古典经济学家偏向于关注经济信号，如碳税。对于价格高度敏感并且有
价格合理的低碳替代品的行业而言，碳税确实是最好的政策，但在其他情
况下，这项政策的作用可能会非常有限。研发扶持政策赢得了许多技术专
家的青睐，但这种策略对现有企业（如燃煤电厂）寻求收回旧技术成本的
做法几乎没有影响。

选择政策类型的第一步是将技术或要解决的问题映射到学习曲线（图
0-9）上，该曲线将显示技术价格如何随生产量的增加而变化。

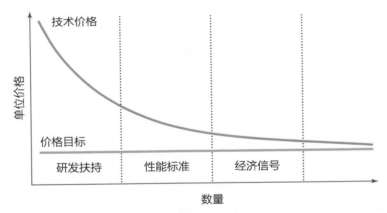

图 0-9　政策 - 技术学习曲线

注：因支持型政策范围比较广，很难定义，且不是一种主要的政策类型，故图中并未涉及。

先进的核电、碳捕集和封存（CCS）、藻类燃料以及许多其他有前景
的技术需要开展认真、持续的研发工作。研发和创新一直是美国最大的优
势之一，但其在数量（规模）和管理方面都有不足。

一旦某一项技术的基本原理得到证实并且开始进行早期投产，接下

来就需要付出巨大的努力来使价格降至合理的水平。过去 10 年中，我们已经看到风电和太阳能发电发生了巨大变化，其价格分别下降了 80% 和 60%。在更长的时间跨度内，冰箱的能耗下降了 80%。之所以能够取得这一进展是因为许多地方为这些技术制定了明确的性能标准。目前，如果有明确的性能标准作为支撑，海上风电、太阳能中心站、净零能耗建筑和其他技术有望实现最快改进。应当说，性能标准很常见，甚至普遍被许多领域最核心的经济学家所接受：建筑节能规范将确保建筑不易发生火灾或倒塌，肉类标准可防止食物中毒事件，清洁水的使用被认为是一种权利。

最后，对于许多行业和技术而言，定价很关键。取消化石燃料补贴是第一步——尽管目前仍被广泛忽视。接下来，政策制定者必须考虑如何消纳外部性的成本，例如，给碳排放设置合理的社会成本或设定碳排放上限。

五、低碳能源政策设计原则

当然，除了选择最强有力的政策外，更重要的是优化政策设计。每项政策都必须精心设计，以确保其按照预期的设想发挥作用，并实现政策制定者的预期结果——许多政策设计原则可以提供帮助。详见本书第二章。

利用精心设计的最优政策方案，在高排放的国家进行有针对性的政策干预，可以使我们走上低碳未来的道路。为此，我们必须迅速而明智地采取行动。本书为我们实现低碳未来提供了清晰、可行的路径。

六、减排政策的优先次序

政策制定者可以运用许多减排政策来减少能源和工业过程排放，评估其优先次序的第一步是评估经济结构和排放结构，如了解有多少辆汽车、多少栋建筑和多少个发电厂，以及其用能情况、用能增长情况等，以确定哪些经济领域应作为减排的重点。

下一步是定量评估减排政策的潜力，通常通过边际减排成本曲线（本书第三章）来完成。该曲线着眼于特定技术的减排能力和成本效益，这种着眼于政策而非技术的分析方法将为政策制定者提供更直接的减排路径，充分挖掘其实施政策的能力。

并非每个国家都需要进行完整的分析。如果某些地区的情况与已经进行过部分或全部评估的其他地区非常相似，就可以直接参考这些地区的分析结果。

此外，数十年来由计算机定量化建模支撑的政策设计经验表明，部分政策可通过良好的设计实现有效减排（表 0-1），本书第三篇将详细介绍和讨论这些政策。

表 0-1　最有效的减排政策	
部门	减排政策
电力	• 可再生能源配额制和上网电价政策 • 电力部门补充性政策
交通	• 机动车性能标准 • 机动车和燃料的收费和退费制度 • 电动汽车政策 • 城市交通政策
建筑	• 建筑节能规范和家用电器能效标准
工业	• 工业能效政策 • 工业过程排放政策
跨行业	• 碳定价 • 研发政策

电力部门可再生能源配额制和上网电价政策可以通过增加非化石能源发电份额来减少排放。如果这些政策设计良好，就可以最大限度地降低电力部门低碳转型的成本。与此同时，输电支持政策、智能电力政策和资源节约标准等补充性政策的设计也很重要。

强化工业能效标准和激励措施有助于显著减少工业部门的排放。工业部门存在大量的过程排放，包括工业过程中产生的 CO_2 和其他非 CO_2 气体排放。政策制定者可以要求企业控制这些排放，并向其提供奖励和其他形式的支持，以鼓励减排。

在建筑部门，建筑节能规范和家用电器能效标准是最佳的减排政策。这些政策有助于节约成本，因为随着时间的推移，减少的用能量所节约的成本将超过新增的成本。

燃油经济性标准、汽车税费奖惩系统、电动车激励措施和智能城市规划可以通过提高机动车的燃料效率、减少排放和提供替代交通运输方式来有效减少交通部门的排放。

碳定价是另一个强有力的减排工具，它可以在整个经济领域内鼓励减排行为，推动对低碳方案的投资。对研发的扶持也有助于降低所有这些政策的成本，同时为新的低碳技术提供进入市场的机会。

有关哪些政策可以最有效地实现减排详见本书第三章和本书第三篇的各章节。

七、如何使用本书

本书供政策制定者、行业领导者、慈善家以及气候和能源领域的其他利益相关者使用，指导其如何确定工作重点，如何确保政策尽可能取得最好的效果。本书第二篇提供了一个路线图，有助于让读者了解哪些国家、部门和排放源排放了最多的温室气体，并认识到重点关注高排放国的能源和工业过程排放是减少温室气体排放的最有效方法。此外，本书还向读者介绍了应该如何选择要关注的政策以及优先考虑的政策。

本书的第三篇详细探讨了每项重要的减排政策，其中每一章都包含了相关政策及其目标的详细信息，包括何时应用该项政策、能够使政策有效的关键设计原则，以及政策的应用案例研究等。通过阅读相关章节，读者将能够掌握在何种情况下应用该项政策以及其关键的设计要素。

八、小结

应对气候变化需要尽快采取行动限制排放，以避免全球温升超过 2℃

目标。 世界各国政府、企业和组织都做出了减排承诺，为实现更深层次的减排、走向低碳未来奠定了基础。现在的关键是将这些承诺转变为实际行动——这就需要重点分明、精心设计的政策。

这项任务并非不可能实现。 现有的技术可以帮助我们迅速转向清洁能源系统。 在不考虑环境效益的情况下，低碳未来的成本与高碳未来的成本大致相同。因此，摆在我们面前的挑战不是技术问题，也不是经济问题，而是如何制定正确的政策并确保其设计和执行得当。

参考文献

[1] H A Biswas, T Rahman, N Haque. Modeling the Potential Impacts of Global Climate Change in Bangladesh: An Optimal Control Approach [J]. Journal of Fundamental and Applied Sciences, 2016, 8 (1): 1-19.

[2] Umesh Adhikari, A Pouyan Nejadhashemi, Sean A Woznicki. Climate Change and Eastern Africa: A Review of Impact on Major Crops [J/OL], Food and Energy Security, 2015, 4(2): 110-32. https://doi.org/10.1002/fes3.61.

[3] Risky Business Project. The Economic Risks of Climate Change in the United States [EB/OL]. 2014. https://riskybusiness.org/site/assets/uploads/2015/09/RiskyBusiness_Report_WEB_09_08_14.pdf.

[4] US EPA. Causes of Climate Change[EB/OL]. 2016. https://19january2017snapshot.epa.gov/climate-change-science/causes-climate-change_.html.

[5] Nicholas Stern. Stern Review: The Economics of Climate Change. HM Treasury[EB/OL]. 2006. http://mudancasclimaticas.cptec.inpe.br/~rmclima/pdfs/destaques/sternreview_report_complete.pdf.

[6] Mike Munsell. Solar PV Prices Will Fall below $1.00 per Watt by 2020[J/OL]. Greentech Media. [2016-06-01]. https://www.greentechmedia.com/articles/read/solar-pv-prices-to-fall-below-1-00-per-watt-by-2020.

[7] Ryan Wiser, et al. Forecasting Wind Energy Costs and Cost Drivers: The Views of the World's Leading Experts[EB/OL]. Lawrence Berkeley National Laboratory, 2016. https://emp.lbl.gov/publications/forecasting-wind-energy-costs-and/.

[8] Lazard. Lazard's Levelized Cost of Storage Analysis: version 1.0[EB/OL]. 2015. https://

www.lazard.com/media/2391/lazards-levelized-cost-of-storage-analysis-10.pdf.

[9] EPIS. Large Scale Battery Storage[EB/OL]. [2016-04-05]. http://epis.com/powermarket-insights/index.php/2016/04/05/large-scale-battery-storage/.

[10] International Energy Agency. Lighting[EB/OL]. [2017-12-05]. http://www.iea.org/topics/energyefficiency/lighting/.

[11] International Energy Agency. Energy Efficiency Market Report 2015[R/OL]. 2015. http://www.iea.org/publications/freepublications/publication/MediumTermEnergyefficiencyMarketReport2015.pdf.

[12] Energy Innovation. Policy Solutions[EB/OL]. [2018-01-10]. https://us.energypolicy.solutions/.

[13] Clean Energy Solutions Center[EB/OL]. [2017-12-05]. https://cleanenergysolutions.org/.

[14] Paris Contributions Map, CAIT Climate Data Explorer[EB/OL]. [2017-12-05]. http://cait.wri.org/indc/.

[15] Science Based Targets. Companies Taking Action[EB/OL]. [2017-12-05]. http://sciencebasedtargets.org/companies-taking-action/.

[16] RE100. The World's Most Influential Companies, Committed to 100% Renewable Power[EB/OL]. [2017-12-05]. http://there100.org/home.

[17] Climate Action Tracker: Global Emissions Time Series[EB/OL]. http://climateaction-tracker.org.

[18] Fossil Free. Divestment Commitments[EB/OL]. [2017-12-05]. https://gofossilfree.org/divestment/commitments/.

温室气体减排路线图

温室气体排放的显著减少有助于减缓气候变化的影响以及到 21 世纪末将全球温升控制在 2℃ 以内。为了确定最有效的减排领域，就要找到最大的排放源。研究结果表明，全球温室气体排放量的 75% 来自 20 个国家，94% 来自工业过程、电力和热力生产以及交通运输、工业和建筑用能消耗，因此必须集中精力减少这 20 个国家的工业过程和能源排放。

用以解决排放问题的政策通常分为四类：性能标准政策、经济信号政策、研发扶持政策和支持型政策，每种政策相互补充。其中，性能标准政策有助于提升新设备性能，实现由于市场障碍而无法通过释放经济信号而实现的成本节约；经济信号政策非常高效，能够推动由性能标准政策驱动的更节能的设备的大规模使用；研发扶持政策和支持型政策通过消除阻碍市场规模化的壁垒将新技术推向市场，并降低现有技术的成本，因而有助于降低实施性能标准政策和经济信号政策的成本。

解决排放问题并没有万能良方，一系列相互补充的政策是最好的方法。在本篇中，我们将讨论和介绍这些政策，以及确定最佳方案的策略方法和设计成功政策方案的原则。定量建模的结果表明，这些政策的良好设计和实施可以帮助世界各国走向将全球温升控制在 2℃ 以内的道路。

第一章

―――

步入低碳未来之路

如引言所述，为避免气候变化产生最坏影响需要大幅减少温室气体排放，但是，我们需要付出多少努力？需要哪些类型的减排和排放路径？应把精力放在哪里？本章将重点解决这些问题，并分析能够产生最大影响的领域。

一、避免气候变化带来最坏影响

大气中的温室气体浓度以 ppm 表示，代表大气中每百万颗粒中的温室气体颗粒数量。非 CO_2 温室气体的影响则通过将这些气体转化为等量的 CO_2 进行测量，称为二氧化碳当量（CO_2e）。温室气体的 CO_2e 数值范围很广，如一个甲烷分子相当于约 30 个 CO_2 分子产生的温室效应，而其他化学物质，如主要用作制冷剂的含氟气体，其单位分子产生的温室效应相当于数千个 CO_2 分子的作用。值得注意的是，CO_2e 的数值并不是一成不变的，它是随评估气体在大气中存续的时间尺度（如 20 年尺度的甲烷的 CO_2e 高于 100 年尺度的）以及气候变化科学进展而变化的。大气 CO_2e 总量包括 CO_2 及所有其他导致气候变化的气体的总排放。

国际社会已经达成普遍共识：为了防止气候变化带来的最坏影响，必须在 21 世纪末之前将全球温升控制在 2℃ 范围内。尽管过去几年中我们为实现这一目标付出了一些努力[1]，但是为了确保至少有一半的机会实现 2℃

目标，我们必须在 2100 年之前将 CO_2e 浓度限制在 500 ppm 以内。然而，截至 2015 年，CO_2e 浓度测量值已达到 485 ppm，且每年以 2 ～ 4 ppm 的速度增长[2]。为了在 2100 年之前实现 500 ppm 的目标，我们需要立刻行动起来，把各项措施落到实处。但就排放量而言，这又意味着什么呢？

大气中的碳排放总量是影响气候变化和温升的主要因素。换句话说，正如引言中所讨论的，这是一个存量而非流量的问题。因此，有必要从累计排放量而非年排放量的角度来考虑排放量和必要的减排量。这就要求我们在整个 21 世纪都要做出有显示度的减排行动。但为了简明起见，以及考虑到未来几年不确定性的增加，我们将侧重于评估从现在到 2050 年的必要减排量。

如果不采取额外措施，那么 2016—2050 年，温室气体排放量将超过 2 万亿 tCO_2e[3]。尽管采用的气候模型有所差异，但模型分析结果表明：为了实现 500 ppm 目标，2016—2050 年的累计总排放量应在基准情景基础上下降 25% ～ 55%[4]。

本书参考了在 2013 年完成建模的"低气候影响情景下严格排放控制的策略研究"（Low Climate Impact Scenarios and the Implications of Required Tight Emissions Control Strategy, LIMITS）项目的一部分，特别参考了西北太平洋国家实验室与马里兰大学全球变化与地球系统科学联合研究院使用"全球变化评估模型"（Global Change Assessment Model）进行建模对 2010—2050 年排放量完成的评估结果。有关"全球变化评估模型"、LIMITS 研究，以及 IPCC 排放情景的更多信息参阅附录 II。

LIMITS 研究结果表明，为了确保有一半的机会实现 2℃目标，我们至少需要在 2010—2050 年减少 41% 的累计温室气体排放量（图 0-1）。

这个值是全球总体评估值，各个国家所需实现的具体减排量取决于其发展状况。例如，工业化程度最高的国家，需要实现高于 41% 的减排量，以补偿其他经济发展较为快速的新兴经济体。值得注意的是，随着减排工作的逐渐推进，实现 41% 的累计温室气体排放量目标将要求在后续年份实现更大的年减排量。到 2050 年，全球年排放量必须在基准情景上减少

65%，经济更发达地区则需要达到减少 70% 甚至更多。

　　本书对全球范围内的减排潜力进行了评估。"全球变化评估模型"的分析结果表明，为了确保在 50% 的概率水平上实现 2℃目标，我们需要在 2010—2050 年实现 40% 以上的累计温室气体减排量。这也是本书中所设置的目标。

二、《巴黎协定》迈出良好的第一步

　　2015 年 12 月，189 个国家（占全球温室气体排放量的近 99%）签署了《巴黎协定》[5]，同意在未来 10～30 年内尽最大可能限制排放。本书认为，《巴黎协定》的核心就是各国提出了具体减排目标（以下简称巴黎承诺）。如果所有的减排目标都得以实现，将意味着向 2℃目标路径迈出一大步。如图 0-7 所示，与基准情景相比，落实《巴黎协定》只能达到 2℃目标对应减排水平的 1/3。如果将现行政策和《巴黎协定》承诺延长到 2100 年（付出同等的努力情况下），排放曲线将向 2℃目标路径移动约 80%。尽管美国决定退出《巴黎协定》，但其他国家的承诺仍然占当前全球排放量的 80% 以上。此外，美国各州、城市和企业声明，他们将致力于实现减排目标，这也将有助于推动美国减排。

　　巴黎承诺代表一项重要的外交成就，为推动全球经济往正确的方向发展提供了非常重要的动力。然而，巴黎承诺本身并不能实现 2℃目标，也不会导致减排的落地实施。各个国家还必须制定相应的政策，推动发电厂、工厂、建筑、车辆以及森林产生实质性的变化。因此，我们需要思考两个重要问题：一是政策制定者如何缩小现有巴黎承诺与 2℃目标路径之间的差距？二是政策制定者如何将这些目标转化为实际的减排行动？

三、重点之一：高排放国家

　　尽管《巴黎协定》覆盖了全球近 99% 的排放量（如果美国退出，则将降至约82%），但其中有20个国家的排放量占比达到近75%（图0-8和图1-1）。排放量排名前20位的国家均于2015年提交了减排承诺（尽管美国自那以后宣布退出），但其中许多国家可以进一步加强其承诺。例如，气候行动追踪组织（Climate Action Tracker，一家追踪和评估气候政策的独立组织）评估以下国家的承诺为"不足"[1]——印度尼西亚（第四大排放国）、俄罗斯（第五大排放国）、日本（第七大排放国）、加拿大（第八大排放国）、韩国（第十二大排放国）、南非（第十四大排放国）、澳大利亚（第十五大排放国）[6]；中国和美国的承诺为"中等"[2]水平[6]。许多排放大国（包括排名前10位国家中的4个）的微弱贡献表明，如果将重点放在增加这些国家的减排量上可能会对全球减排产生积极影响，并有助于进一步向2℃目标路径迈进。

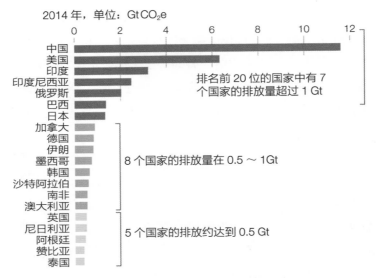

图 1-1　排名前 20 位国家的排放量差异很大

注：经世界资源研究所"CAIT气候数据探测器"许可转载，2017年，可从 cait.wri.org 在线获取。

---

[1] 评级为"不足"，意味着如果政府采取不充分的立场，温升可能会超过 3～4℃。
[2] 评级为"中等"，意味着不符合将温升限制在 2℃ 以下的目标，因为这一目标将要求许多其他国家做出相对更大的努力并实现更深层次的减排。

四、重点之二：最大排放源

另一个可能需要引起更大关注的问题是，各国如何把巴黎承诺转化为可执行的政策，从而推动本国实际的减排？这就需要我们对温室气体排放源进行评估。

截至目前，能源和工业过程（包括农业和废弃物）排放是全球 CO_2e 排放的最大驱动因素（图 1-2）[1]。能源和工业过程排放量分别约占全球排放量的 74% 和 20%，合计占比达到近 94%。在印度尼西亚、巴西和尼日利亚等一些国家，森林砍伐和其他土地利用变化导致的排放是主要的温室气体排放源。[7] 工业过程排放源的相关研究很多，本书第七章第二节将详细讨论与之相关的具体政策。

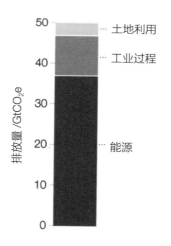

图 1-2　2014 年能源和工业过程排放情况

注：经世界资源研究所"CAIT 气候数据探测器"许可转载，2017 年，可从 cait.wri.org 在线获取。

考虑到能源是最大的温室气体排放源，那么自然就会提出这样一个问题：哪些因素驱动了与能源相关的温室气体排放？与能源相关的温室气体

---

[1] 能源类别包括热电生产、制造业和建筑业、交通、其他燃料燃烧和飞逸性排放。

排放主要集中在电力[1]、交通、建筑和工业部门，其中电力部门通常是最大的排放源（图 1-3）[2]。这些排放主要来自电力和供热用的燃煤和天然气，以及车用燃油。

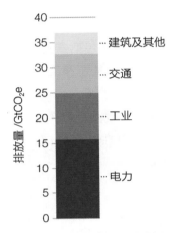

图 1-3　2014 年电力、工业、交通和建筑等部门的能源排放

注：经世界资源研究所"CAIT 气候数据探测器"许可转载，2017 年，可从 cait.wri.org 在线获取。

五、低碳未来路线图：关注高排放国家的最大排放源

排放量排名前 20 位国家的特定部门 CO_2 排放量数据指明了重点减排的工作方向。毫不夸张地说，除了以下路径，没有任何其他路径能够帮助我们实现低碳未来，因此必须根据其对一个或多个目标的贡献来评估每项政策方案。

1. 减少建筑和工业部门的用电需求

建筑和工业部门是主要的电力需求来源，因此提高建筑和工业能效是一项大规模且经济有效的战略。提高能效通常是最具成本效益的减排方式，初始能效投资可通过降低燃料成本带来多年的红利。

---

[1] 电力包括热电厂和其使用的能源。

[2] 其他燃料燃烧包括来自生物质燃烧、固定排放源和移动污染源的甲烷和氧化亚氮，还包括来自商业和机构活动、住宅、农业、林业和渔业的二氧化碳。

2. 降低电力部门的碳强度

电力部门也可以通过降低发电的碳强度来实现减排。利用风能、太阳能、水力、地热和核能等非化石能源技术发电，可以避免煤炭和天然气等化石燃料燃烧产生的排放，以及由此造成的空气质量问题。

3. 降低交通部门碳排放

交通部门是温室气体排放的一个巨大且不断增长的来源。减少交通部门碳排放的主要途径包括提高汽车燃油经济性、实现汽车电气化（同时降低发电的碳强度），以及通过智慧城市规划和公共交通减少私家车的出行需求。

4. 减少非电力工业部门排放

非电力工业部门排放是温室气体排放的另一大来源，主要包括工业过程排放（如水泥生产、甲烷散逸和燃烧的化学过程）及钢铁等工业的热力排放。

5. 减少热带雨林国家的毁林和森林退化

在热带雨林国家，土地利用及其变化和林业是主要的排放来源。鉴于此，这些国家的政策制定者应将工作重点放在减少毁林和森林退化上。为了实现这些目标，可以采取很多方案[8]，如通过建立保护区来合法保护森林，对提供生态系统服务和不使用林地进行木材生产的土地所有者进行奖励。

尽管土地利用是影响减排的一个重要方面，但本书重点关注能源和工业过程减排。土地利用减排的科学、政策和主体与能源和工业过程减排有很大的差异，需要土地利用政策领域的专家予以单独研究。

六、小结

即使完全实现了《巴黎协定》目标，也只能带来实现 2℃ 目标所需减排量的 1/3，这意味着进一步减排任重道远。但更重要的是，各国的巴黎承诺仅仅是目标，除非将其转化为高效、分行业的国家政策，否则将收效甚微。本书的目的就是引导和实现这一过程。

　　一是对排放源进行评估。能源和工业过程是大多数经济体温室气体排放的主要来源。就能源领域来讲，电力、工业、交通和建筑部门的排放量分布比较均匀。评估结果表明，为了实现有效减排，政策制定者需要侧重于减少工业和建筑部门的电力需求，以降低发电的碳强度，提高汽车燃油经济性，同时提供清洁替代品，并减少工业过程排放。对于某些经济体而言，有必要着重关注如何减少由土地利用变化带来的排放。

　　二是需要研究如何实现这些目标。为了分析这一问题，接下来将讨论四种类型的能源政策。

参考文献

[1] Intergovern-mental Panel on Climate Change. Climate Change 2014 Synthesis Report: Summary for Policymakers[R/OL]. 2014. Table SPM1. https://www.ipcc.ch/pdf/assessment-eport/ar5/syr/AR5_SYR_FINAL_SPM.pdf.

[2] James H Butler, Stephen A Montzka. The NOAA Annual Greenhouse Gas Index (AGGI). U.S. Department of Commerce/National Oceanic & Atmospheric Administration[R/OL]. 2017. Table 2. https://www.esrl.noaa.gov/gmd/aggi/aggi.html.

[3] Elmar Kriegler, et al. What Does the 2℃ Target Imply for a Global Climate Agreement in 2020? The LIMITS Study on Durban Platform Scenarios[J/OL]. Climate Change Economics. [2013-11-01]. https://doi.org/10.1142/S2010007813400083.

[4] About LIMITS[EB/OL]. Science for Global Insight, n d. https://tntcat.iiasa.ac.at/LIMITSPUBLICDB/dsd?Action=htmlpage&page=about.

[5] World Resources Institute. Paris Contributions Map. CAIT Climate Data Explorer, INDC Dashboard[EB/OL]. http://cait.wri.org/indc/.

[6] Climate Action Tracker. Rating Countries[EB/OL]. [2017-12-13]. http://climateactiontracker.org/countries.html.

[7] World Resources Institute. CAIT Country Greenhouse Gas Emissions: Sources and Methods [EB/OL]. 2015. http://cait2.wri.org/docs/CAIT2.0_CountryGHG_Methods.pdf.

[8] Intergovernmental Panel on Climate Change. 9.6.1 Policies Aimed at Reducing Deforestation—AR4 WGIII Chapter 9: Forestry[R/OL]. [2017-12-11]. http://www.ipcc.ch/publications_and_data/ar4/wg3/en/ch9s9-6-1.html.

第二章

能源政策设计方法

前面我们已经评估了实现 2℃ 目标所需的减排量，同时还分析了温室气体排放的主要来源——减少电力、建筑、交通、工业部门的能源排放，以及工业过程排放是实现深度脱碳的唯一途径。

但是政策制定者如何通过政策来体现这些减排目标呢？要回答这个问题，首先要了解四种基本的能源政策，以及它们是如何相互强化及相互作用的。

一、能源政策类型

许多政策制定者已经认识到减少温室气体排放的迫切性，以及减缓气候变化带来的严重影响的重要性。但他们需要大量的数据，从各种类型的政策中筛选出有效的政策。不同政策适用于不同情况，有些所谓的"好"政策可能无法有效应用于实际中。尽管这项工作有其复杂性，但对于哪些是有效政策人们逐渐达成了一种共识，即将性能标准、经济信号与研发扶持相结合。除了这些基本的政策类型，也需要支持型政策进行配合，如能够降低由于采纳新兴低排放和零排放技术而带来的财务风险的策略。

需要再次指出的是，应对气候变化并没有什么万能良方。许多经济学家认为，碳定价是一种灵丹妙药，可以帮助推动所有必要的变化。这其实是错误的想法。碳定价，作为一种经济信号，在许多情况下确实能发挥作用并收到效果，但在一些容易出现市场失灵的经济体中，这一方法就不可行了。本章特别介绍了碳定价的局限性，具体问题则在其他章节介绍，但总而言之，市场失灵往往会导致碳定价无法带来预期的效果。

基于此，我们强烈建议：一套包括性能标准、经济信号、研发扶持以及支持型政策的政策组合，才是降低温室气体排放的最有效、最低成本的方式。如果设计得当，这些政策将通过系统内部的灵活性而得到相互补充。但是，政策组合并不是政策的简单混合，有太多的政策方案没有实际价值。因此，首先要为每个部门选择正确的政策，然后再通过精心设计使其得以切实落实。

（一）性能标准政策

性能标准政策从设备、燃料或部门角度设定定量目标，规定了企业或设备必须达到的性能水平，如汽车燃油经济性标准或燃煤电厂的颗粒物排放标准。

在价格无法发挥有效作用的领域，性能标准政策将提供量化信号或最低性能准则，从而有助于为市场设定竞争范围，允许在受保护范围内进行竞争，以支持符合限制条件的最低成本解决方案的实施。

性能标准政策尤其适用于价格无法发挥有效作用的领域，并推动相关领域的低成本节能减排。例如，消费者往往对购买节能电器或新能源汽车的兴趣并不大，除非增加的前期成本投资能够在一到两年内通过节能得到回报（即它们的贴现率非常高）。性能标准政策有助于增加具有价格优势的高效、低碳解决方案的实用性和大规模推广，使其迅速被消费者接受。

性能标准政策的另一个作用是推动长期脱碳所必需的技术创新。如果没有这类政策刺激所带来的需求信号，企业可能没有足够的投资机会为新领域的研究和开发提供资金[1]。与此相反，在强有力的性能标准政策的助推下，并逐步明确时间表，企业就会有很强的动力投资创新。以电动汽车（EV）为例，它被普遍认为是全球脱碳行动的关键[2]。鉴于在现有汽车燃料效率水平上，短期内电动汽车的相关技术不具备最低成本优势，因此需要制定更高的性能标准政策来推动电动汽车的部署和创新。在这种情况下，性能标准政策的单位减排成本可能高于经济信号政策，但短期内仍需要性能标准政策为长期的低成本方案创造条件，如零排放汽车（ZEV）强制法案（要求制造商出售一定比例的零排放汽车）或低碳燃油标准（在燃油的全生命周期碳强度随时间降低）。

此外，性能标准还适用于因市场壁垒而阻碍具有明确的经济有效性的节能技术的采用这种情况。

性能标准政策也具有一定的局限性，它只对新产品有效，而对于建筑供热和制冷系统等长期投资项目而言就是一种局限。性能标准政策还需要监管机构对相关的技术和商业运营有一定的了解。这类政策必须足够严格，以刺激能源创新，但在成本效益方面也必须合理，要考虑制造商的实际达标能力。

（二）经济信号政策

经济信号政策可通过两种形式来实现：抑制污染的收费，如碳税；鼓励清洁替代产品的补贴，如节能产品激励。

从减排角度来看，讨论最多的政策是碳定价，详见本书第八章第一节。碳定价发出的信号能够覆盖各个经济部门，影响商品的购买及其使用。碳定价在技术上是中性的且能够产生有效的收入来源，有助于实现其他政策目标。

此外，许多其他的经济信号也很重要。例如，电力部门的上网电价政策（根据发电厂的单位发电量支付固定电价，详见本书第四章第一节）可帮助实现电力脱碳。交通部门实施的"税费奖惩系统"（将针对低燃料效率汽车收取的费用退还给节能汽车购买者，详见本书第五章第二节）能够鼓励消费者购买节能汽车。

从广义上讲，经济信号政策是一种有助于减排的策略，但对于短期内的效率提升或长期创新而言，它并不是一项足够充分的政策。例如，市场失灵和交易壁垒会限制经济信号政策所具有的推动采纳低成本甚至零成本能效升级措施的能力，而这些措施可以减少排放。这类例子有很多，包括分散激励、短回报期和不一致的财务评估、前期投资资本不足以及投资者未能按预期收到投资效益等 [1]。出于这些原因，经济信号政策最好与性能标准政策相结合，以应对那些面临重大市场壁垒的排放源。

房屋租赁是应用这种政策组合的典型案例。大多数房屋租赁是由承租人而非房屋所有人（通常由他们做出影响能效的投资决定）支付水电费的，这往往就会存在分散激励的情况。无须支付水电费的房主鲜有动力对安装了低效热水器和冰箱的公寓进行翻新，而承租人更不可能对房屋进行资本投资。经济机会由此错失，仅凭经济信号政策无法解决。相比之下，一项良好的建筑节能标准（性能标准政策），只要执行得当，便可以做到这一点。

尽管与完全高效的市场相比，市场壁垒会削弱经济信号政策的减排成效，但其（尤其是污染费或污染税）可以给政府创造新的收入，而政府可将这些收入重新投资于清洁技术和其他社会领域。作为一种为投资低碳技术寻找资金的方法，经济信号政策还是非常有效的。

（三）研发扶持政策

清洁技术为我们带来了宝贵的环境、健康和经济效益，但这些效益至少在短期内还无法完全反映在人们在市场上支付的价格中，其投资研发的收益也将在未来彰显，通过带来的技术进步来降低未来的减排成本，因此也将降低政策组合的运行成本。

研发带来的这些溢出效应需要政策支持，这些支持可以是直接的（如政府资助大学或国家实验室的研究项目），也可以是为私人机构的自主研发创造一个有利的政策环境。

---

[1] 对此感兴趣的读者可参阅：Jeffrey Rissman. It Takes a Portfolio: A Broad Spectrum of Policies Can Best Halt Climate Change in Electricity Policy[EB/OL]. Electricity Policy, 2016. http://energyinnovation. org/wp-content/uploads/2018/01/2016-08-18-Broad-Spectrum-Published-Article.pdf. Chris Busch, Hal Harvey. Climate Policy for the Real World. Energy Innovation, 2016:11–21. William H Golove, Joseph H Eto. Market Barriers to Energy Efficiency: A Critical Reappraisal of the Rationale for Public Policies to Promote Energy Efficiency. Lawrence Berkeley National Laboratory, 1996.

技术应用的关键是在技术的生命周期内实现单位成本的下降，这个周期包括在研究环境下进行学习，在生产和应用过程中获得实践经验，以及实现规模效益。

首先，价格的下降由实验室研发、创造和对一项新技术的迭代测试等驱动。然后，在为商业化做准备的过程中需要一个示范阶段，通过对工程的改进来降低价格。随着技术在更大范围的应用，规模效益和实践经验（吸取大规模或在某一系统内应用技术时得到的经验教训，而这些经验仅从实验室研发中无法得到）都会促使价格降低。最后，一旦商业可行性得到实现，随着市场渗透的不断加深，大量的规模效益和额外的实践经验将不断降低生产成本。价格下降的过程并不是自动的，必须经过积极的技术研究（早期阶段），再逐步改进和应用（中期和后期阶段），才能最终实现降低成本的目标。

可以用学习曲线描述这些新技术成本下降的规律性模式。信息技术因具有指数学习曲线而闻名。能源技术在性能和成本方面也呈现出规律性的改进模式[3]。太阳能光伏发电就是一个很好的例子。这项技术可以追溯到20世纪50年代，但之后多年来的应用发现其商业使用成本太高，只有在非常有限的情况下，如为卫星供电，才能得以使用。1997年，每瓦晶体硅太阳能电池的价格为76.67美元[4]。随着时间的推移，实验室研究（包括从商业半导体行业学习）压低了价格，而随着价格的下降，更多的太阳能得到了商业化应用，应用过程也逐步加快。这样就开始了一个反馈循环，并进一步压低了价格。2016年，太阳能电池的每瓦价格达到0.26美元，19年间下降了99.7%[4]。

图2-1中的学习曲线显示，每当全球太阳能发电量翻一番时，太阳能电池板的成本就会下降约22%。学习曲线可以帮助我们结合未来的排放目标选择政策：一旦减排需求已知，就可以评估利用现有商业化技术实现减排的潜力；如果剩余的减排赤字已知，就可以根据新兴技术在学习曲线上的位置对其进行分部门评估，以找出最有前景的技术并提供研发扶持。

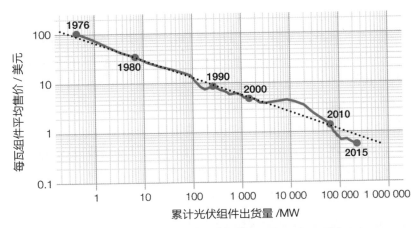

图 2-1　太阳能光伏组件的成本随着应用的扩展而逐渐降低

注：本图是根据参考文献 [1]、[3]、[4]、[5]、[6] 编制的数据，如 "国际光伏技术路线图 ITRPV" 第 48 页所述，ITRPV；VDMA，2017 年。

　　一旦清楚了未来努力的目标，政策制定者就可以反推出最有前景的技术。当然，没有人可以对未来了如指掌。在基础研究和早期研究的过程中遭遇一些失败是不可避免的，但是这并不意味着政府应减少对有前景技术的研发扶持。

　　与性能标准政策和经济信号政策组合后，研发扶持政策有助于将实验室技术推向市场，并为低成本减排提供新的解决方案（图 2-2）。

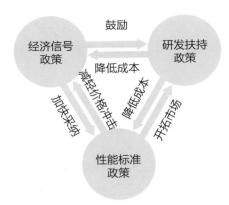

图 2-2　不同的政策类型可以相互促进和补充

（四）支持型政策

除了前面阐述的三种类型政策外，采用一整套的支持型政策有助于提高性能标准政策、经济信号政策和研发扶持政策的有效性并降低其成本。支持型政策往往有助于降低交易成本、改善信息传播和简化决策程序。家用电器能效标识就是一种支持型政策，这种政策不会设定最低性能标准或外部效应价格，而是为购买者提供更多信息帮助他们选择最节能的产品。

此外，还有许多不同的支持型政策，本书第三篇的相关章节将对其中一些支持型政策进行介绍。然而，这些政策倾向于为前面讨论的三种类型政策提供配套支持，在重要性方面也排序靠后。

二、政策设计原则

在前面讨论的四种类型政策之间进行选择只是实现强有力的政策组合的第一步，所选择的具体政策必须设计得当才能有效地发挥作用。每种类型的政策都有确定其是否成功的某些特征。多年的能源政策设计和评估经验表明，政策设计需要一套原则，这些原则是性能标准政策、经济信号政策和研发扶持政策的基本组成要素，是政策成功与否的关键（尽管支持型政策是政策组合的重要组成部分，但由于其具有多样性，因而很难存在一套设计原则，不属于本节讨论范围）。

在本节中，我们将为每种类型的政策确定其最重要的适用设计原则。这些原则不需要太复杂，要便于理解，如果在能源政策中没有得到重视，就可能会产生灾难性的后果。

表 2-1 中列出了相应的政策设计原则。

表 2-1　能源政策设计原则	
政策类型	**原则**
性能标准政策	• 建立标准的长期确定性，为企业提供相对合理的规划期 • 建立内在的持续改进机制 • 标准侧重于结果而非技术 • 防止因过于简单或存在漏洞而产生投机行为

政策类型	原则
经济信号政策	• 设立长期目标，为企业提供确定性 • 充分考虑每项技术的所有负外部效应 • 使用价格发现机制 • 消除不必要的软成本 • 奖励清洁能源发电量，而非投资 • 抢占 100% 的市场，并在可能的情况下进入上游或关键环节 • 确保经济激励具有灵活性
研发扶持政策	• 为确保研究取得成果而建立长期承诺 • 通过同行评审来确定研究重点 • 设定阶段目标以结束运作不佳的项目 • 按类型或项目集中研发以实现飞跃 • 为企业提供高质量的公共设施和专业知识 • 在不阻碍创新的情况下保护知识产权 • 确保企业可以使用高级 STEM 人才

（一）性能标准政策

1. 建立标准的长期确定性，为企业提供相对合理的规划期

性能标准政策会影响企业的决策和投资。有些企业可能选择投资研发，以提高能效并达到电器能效标准；还有些企业可能选择投资风力发电场，以满足可再生能源配额制（即规定应达到的最低可再生能源发电比例）要求。

商业投资需要花费时间并伴有一定程度的风险。例如，某汽车制造商可能需要几年的时间，并花费数千万或数亿美元，才能在大幅提高效率的研究中取得进展。如果缺乏长期的政策确定性，制造商投资这项研究就可能面临很大风险。如果制造商认为在必要的时间内取得成功的概率很低，或者在研究投资获得回报之前政策发生变更的可能性很高，那么他们可能就不会愿意冒险进行前期投资。

如果某项性能标准政策在采用后很快就能奏效，企业无法利用几年的时间开展准备工作，那么企业就可能无法以尽可能低的成本或高质量的产品来满足该政策的要求。

正如企业不应突然被要求执行比预期更严格的标准一样，性能标准政策也不应在最后时刻延迟或突然放松。标准的延迟或削弱有利于落后者（即没有充分投资研发和开展其他满足标准的准备工作的企业），同时也会伤

害有诚意进行必要投资以达到标准要求的公司。努力达到新标准的公司依靠这些标准来获得研发投资回报，因为他们能够以低于竞争对手的成本提供符合标准的有吸引力的产品。如果他们被迫与竞争对手陈旧、低效但廉价的产品竞争，他们很有可能无法看到预期的经济回报。

通常在特定的行业中，标准公布时间应该至少与完成整个产品升级（即开发新产品、重置生产工艺、更新营销材料等）所需要的时限一致。这一时限因行业而异，但一般至少需要几年甚至十几年。越早了解标准（如 2～3 次产品升级期）可能会越有利。

由于技术进步所固有的不确定性，可能无法严格规定某一特定技术未来 10 年所需达到的合理性能水平。对此，可以有两种解决办法。一是基于市场上已有的某些可用产品制定新标准，如可将标准设定为 3 年后达到排名前 1/5 的现有产品所具备的性能水平。这将保障有可用技术来达到这一标准，因为 3 年前已经有商业化产品达到了这一标准。二是制定一个性能改进时间表，确定将在何时生效，并可在未来许多年持续实施，改进的幅度将于监管机构规定的生效日期之前确定，同时受其影响的行业也应提供意见。这种方法的优点在于有助于灵活性的提高，但它降低了与已知改进时间表相关的确定性，使性能标准政策易受政治干预并易导致监管被俘现象的发生。因此，此方法只有在对实施更严格的标准达成共识的情况下才能使用。

2. 建立内在的持续改进机制

性能标准政策必须有一个自行强化机制，才能避免在执行过程中造成停滞和失效。这种情况可能会一直继续下去，直到技术开始接近基本限值（如热力学理论效率限值），或完全被另一种技术代替（如汽油车可能被电动汽车取代），或行业开始饱和（如可再生电力占总发电量的比重增加）。

在颁布标准的法律、法规中建立改进机制很重要，这就意味着法律规定了一项随着时间而逐步采取更严格标准的要求。对标准的调整可以根据已知的时间表进行（如每三年或每四年），法律可以规定调整幅度，如果不确定也可以规定调整的方式（这两种方法请参阅前一节），还可以仅规定一个固定的年份改进百分比。

因为立法机构甚至监管机构必须选择通过行政立法来加强标准，所以建立标准的改进机制有助于防止发生长期停滞现象。例如，美国 1985 年的汽车燃油经济性标准要求达到每加仑 27.5 英里[1]（每 100 km 8.55 L），但到 2011 年都没有再更新，美国为此付出了数千亿美元的代价。

日本的"领跑者计划"就具有良好的持续改进机制。"领跑者"能效标准涵盖了许多不同种类的产品，对每类产品都按照制定的时间表进行审查。在审查时，把市场上最节能的产品能效选定为几年内所有制造商必须达到的标准。这项政策还通过将标准略提高到最节能产品的能效水平之上，而推动了潜在的额外技术改进。为了进一步提高灵活性，制造商必须达到基于某一特定类别的所有产品出货量的加权平均值标准。为了确保达标，制造商可能只销售达到标准的产品，也有可能提供未达到标准的产品，但前提是制造商应销售足够数量的超标准产品，以使所有货物的加权平均能效高于标准。由于"领跑者计划"的实施，日本的乘用车能效在 1995—2010 年提高了 49%，冰箱能效在 2005—2010 年提高了 43%，电视机能效在 2008—2012 年提高了 61%[5]。

3. 标准侧重于结果而非技术

应根据期望的性能结果（如燃油效率、污染物排放）制定标准，而不是强制使用特定的技术。例如，与其要求货车安装特定类型的颗粒物过滤器，不如规定货车每行驶 1 km 可能排放的最大颗粒浓度水平。

强调性能结果而不是特定技术的重要性，是为了给企业提供最大的空间以实施创新和应用不同的解决方案，从而可以以最低的成本实现预期结果（有可能存在使用新技术或在法规制定时还没有预料到的技术）。这样也将减轻政策制定者的负担，让他们不需要随时跟进所有标准实施领域的技术发展。

但是也有例外的情况，当一项技术尚未完全成熟但已做好商业化准备，且有希望在未来取得非常好的效果时，就有必要为这种有前景的技术创建一个单独的性能标准，或将其单独分割出来。这样做可能会在竞争激烈的

---

[1] 英里＝1.609 km。

市场环境中为其提供一定的实施空间，使其实现规模经济，并发展到不再需要单独性能标准的程度。一个很好的例子是可再生能源配额制，具体将在本书第四章第一节中展开讨论。

可再生能源配额制是一个典型的技术发现过程，即规定一定比例的电能必须由清洁能源提供（有时规定能效），而电力公司将决定满足标准的最具成本效益的方法。例如，电力公司可以选择建造风机或太阳能电池板，或启动需求侧能效计划。然而，某些可再生能源配额制却对欠发达技术（如海上风电）进行了单独分割，规定必须由该来源提供至少占特定百分比的能源。尽管这并不是技术发现，但在短期内将其单独分割出来是合理的。随着海上风电技术的发展和价格的下降，这种单独分割将变得没有必要。

4. 防止因过于简单或存在漏洞而产生投机行为

虽然一些制造商会自愿创造出远远超过性能标准政策要求的尖端产品，但大部分制造商只会在遵守法律的同时尽可能少做工作。他们会在遵守法律条文的同时寻找漏洞，削弱法律的意义。

如果一个标准过于错综复杂，同时根据设备不同的设计功能和使用情况，对不同型号的设备进行很多区别和划分，那么就会给企业留下许多可钻的空子，使其采取投机行为。为了在制定标准的过程中避免投机行为和产生漏洞，应当最大限度地简化程序并确保文字清晰，并从广义上说明必须实现的目标，而不是针对具有不同功能的设备制定特殊的或不同的规则。

例如，美国 EPA 为小汽车和轻型货车定义了不同的汽车燃油经济性标准。轻型车可以根据某些次要的设计功能被归类为轻型货车（如"具有特殊功能的，可用于越野或非公路运行和使用"的车辆）。[6]制造商能够利用这两个不同的标准做文章，通过进行必要的且最少的设计变更，使其生产的许多小汽车被归类为轻型货车，即使这些车辆通常销售给个人。这导致了 20 世纪 90 年代 SUV（归类为货车）销售的繁荣，直到 2005 年开始加严轻型货车燃油经济性标准，该情况才有所好转。[7]

还有一种漏洞出现在设计粗糙的测试标准中。大众汽车的柴油排放测试程序本是为减少被测试车辆的污染而设计的，结果却用在车检时专门应付尾气检测，以使平时大量排放污染物的汽车可以蒙混过关。

（二）经济信号政策

1. 设立长期目标，为企业提供确定性

经济信号政策通过两种机制实现节能。一方面，它会影响消费者的行为，如消费者可能会由于燃料税而选择少开车，或者关闭空调。如果消费者了解到价格的变化，并以合理的经济方式做出反应，那么在政策生效后很快就会产生相应行为。另一方面，它会影响消费者在购买新产品时所做的选择，或者影响企业在制造新设备时做出的决定，进而影响制造商选择生产和销售的设备，如碳税将增加对节油设备的需求，而制造商将努力对这一需求作出回应。

正如企业试图达到性能标准政策的要求（前文讨论过）一样，他们也将根据经济信号政策采取行动、改进产品。他们需要时间投资研发活动、改变生产流程、改变供应链、更新营销材料，甚至需要用数年的时间来充分响应目前所了解的价格信号。

与性能标准政策相比，价格信号政策的持久性和规模往往存在不确定性。根据政府在特定时间的政治偏好和经济观点，税率可能会发生显著变化。而且设计良好的补贴政策，应当可以随着技术的成熟而被逐步淘汰。这种不确定性会干扰企业的计划，降低价格信号的有效性。例如，假设仅授权在几年内对化石燃料征税，且存在更新的可能，企业就可能会认为，如果在任何新开发的产品进入市场之前税项存在消失的可能，那么在研发和工厂改造方面进行大规模投资就是不明智的。即使税项更新一再发生，每次更新的持续不确定性也将抑制企业对税项的反应。因此，如果一开始就为企业提供充足的长期确定性，那么企业就有望实现更高的能效改进。补贴也是如此。本书第四章第二节中讨论的美国生产税抵免政策就是因未能提供长期确定性而导致不良投资决策的一个例子。

同样，对未来补贴率了解有限的企业在进行投资时必须考虑止损措施。如果风力发电上网电价政策一次只延长一年，那么企业将无法基于上网电

价政策来决定是否建设大型风力发电厂，因为建设大型风力发电厂需要一年以上的时间进行选址、申请许可和建设。

一般来说，补贴应该随着时间的推移逐步取消，而税项应该随着时间的推移逐步增加。在可能的情况下，应选择并明确规定经济激励的终点或目标。例如，风电补贴的目标可能是帮助风电企业扩大规模，使其能够在没有补贴的情况下具备竞争优势。碳税的长期目标可能是对排放的社会成本进行充分定价，然后长期地保持在这个水平上。如果一个长期目标是在公开的环境下确定的，那么将有助于企业理解政策制定者的意图，并在制订计划时考虑到这一点。

"加利福尼亚州太阳能计划"就是一个成功的逐步停止激励措施的例子。该计划为住宅太阳能装置提供补贴，并根据累计装机容量逐步缩减，而且明确制定了未来的发展轨迹和时间表。该计划被广泛认为是一项近乎最优的补贴政策，在帮助加利福尼亚州扩大住宅太阳能规模的同时，使经济效益达到了最大化[8]。

2. 充分考虑每项技术的所有负外部性，并使用价格发现机制

经济激励可以通过两种方式进行构建：明确规定激励金额，或通过建立机制发现激励价值。从经济学角度来看，政策中应设定一个既定数量或既定价格，然后利用市场寻找其余价值。两种机制各适用于特定的情况。

如果给定政策目标的价格（如排放造成损害的价值——外部性）已经明确，则可以根据该价格设定税收或补贴，并允许市场在该价格下发现相应的活动量，以确定降低单位活动排放量的方法。例如，政策制定者可能无法具体规定每个行业（如水泥、化工、钢铁）的确切减排量，因为它们都是具有不同减排机会的独特而复杂的行业。然而，如果政策制定者对排放造成的危害有一个很好的估计，他可以把碳税定在这个水平上。这样，每个行业都有动力找到最具成本效益的方法来减少自己的排放量，直到剩余的减排方案都比税收成本更高为止。从社会经济学的角度来看，社会福祉在这一点达到最优（因为进一步的减排成本将高于它们带来的效益）。

当经济激励作为一种价格发现机制时，如果政策制定者知道自己想要

实现的目标量（如电网中具体的清洁能源比例），那么就可以使用价格发现机制来确定实现这一目标所需要的最低激励。例如，在反向拍卖中，某种商品（如清洁电力）的供应商相互出价，以竞争谁将接受最低补贴。这时，可以根据每个供应商按价格提供的生产量，把补贴设定在最低水平以便获得足够数量的清洁电力。

3. 消除不必要的软成本 [1]

监管效率严重低下或审批程序繁杂带来的挑战会提高成本、拖延时间或阻碍对清洁技术的投资。这些软成本有多种形式，如申请"退费"要提交的大量文件表格、烦琐的环境质量研究 [2] 及缓慢的许可证办理过程等。在许多情况下，这些要求都充分合理。对于汽车退费制度，政府需要避免对一辆汽车多次退费。对于环境质量研究，需要充分研究以确保新项目不会伤害濒危物种、损害居民家园或导致环境恶化。但是，必须在监管压力和清洁技术投资带来的财务吸引力之间进行平衡。

政府应采取措施降低软成本以促进经济脱碳。对大型清洁能源项目来说，提前划定特定的区域来进行大型基础设施建设是一种很好的方法。例如，没有重要的野生动物栖息的大面积沙漠，可能被预先划分为太阳能储备区，该地区的太阳能项目可以大大减少特定许可或审批要求。得克萨斯州风电的"竞争性可再生能源区"就是其中一个成功的例子，具体将在本书第四章第二节中展开讨论 [9]。降低软成本的另一种方法是制定必要的标准申请表，并允许在线（通过互联网）提交申请。

这些方法因不同的政策和技术会有所差异，所以政策制定者应不断简化清洁能源技术的审批程序，以降低成本并推动大规模应用。

4. 奖励清洁能源发电量，而非投资

对清洁能源的经济奖励应以清洁能源发电量、使用量为基础，而不是以装机容量或购买、安装清洁能源基础设施的投资额为基础。这将确保只有在这些资源得到实际使用的情况下才提供奖励。

---

[1] 编辑注：软成本类似行政成本或交易成本。
[2] 编辑注：环境质量研究类似于环境影响评价。

基于装机容量的补贴可能会导致三个问题。第一，它会鼓励使用更便宜、更劣质的设备。成本更低的风机的额定输出功率可能与高质量的风机相同，但它可能会更频繁地发生故障或无法生产出同样多的电能。第二，基于装机容量的补贴会促进不适合扩大装机容量的地区进行电力设施安装。例如，它可能会鼓励在风速较低的地区，或没有足够的输电能力的地区安装风机。第三，基于装机容量的补贴会消除基于发电量的激励政策，因为补贴是根据设备的功率大小而不是发电量支付的。

5. 抢占 100% 的市场，并在可能的情况下进入上游或关键环节

如果政策作用于下游（接近最终销售点），那么当消费者或企业所要购买的付税商品受到来自其他地区的免税商品的影响时，经济信号政策会变弱，并且更容易出现问题。在许多情况下，如果作用于上游（更接近产品的生产或进口点），经济信号政策会产生更大的影响。例如，对煤矿征收的煤炭税将使煤炭价格上涨，并促使发电厂改用其他燃料，而基于燃煤发电量的电力税不仅更难实施，而且不太可能影响发电厂经营者改用其他燃料。因此，经济信号政策应尽可能在上游实施。有先见之明的上游主体将通过采用成本更低的方案来减轻税收的影响，税收的剩余影响将通过商品定价传递给消费者。

6. 确保经济激励具有灵活性

以补贴形式呈现的经济信号政策，将确保这些激励措施的灵活性，并且省去不必要的交易成本。灵活性激励是一种很容易转移的激励形式，类似于现金奖励。赠款或现金奖励具有很高的灵活性，但税收抵免不具有灵活性。例如，在美国，为了避免提供补贴，政府通常实施税收抵免政策（减免某些类型的所得税）。通常，获得税收抵免的实体没有足够的收入来充分享受税收抵免。因此，为了享受税收抵免政策，他们被迫与有足够合格税项的平等税负投资者合作，通常是投资银行和其他大型金融机构。这意味着，直接提供给清洁能源开发商的激励会变得更少（寻找和谈判税收抵免合同的成本很高），项目成本会提高。因此，向开发商提供现金补贴或赠款会更有效率。

确保补贴的灵活性，并且由预期的接受者使用，有助于降低清洁能源项目面临的风险及复杂性，并确保政府资金能够最有效地用于补贴项目。

（三）研发扶持政策

政府的扶持在能源研发过程中起着重要作用。这种扶持有三种形式。一是政府可自行在国家实验室或类似机构中进行研究；二是政府可以资助其他人进行研究，主要是在大学和企业；三是政府可以通过制定政策来创造有利的环境以促进企业进行研发，并使其工作更有成效。以下介绍了研发扶持政策的设计原则，具体内容将在本书第八章第二节中详细论述。

1. 为确保研究取得成果而建立长期承诺

研究和开发新技术是一个漫长的过程，任何特定技术的研发工作都可能需要几年的时间。对研发的扶持必须是长期的、稳定的且持续的，以鼓励企业投资推动创新所需的人员和设备。

2. 通过同行评审来确定研究重点

为了帮助确定资金使用的优先级别，政府应让企业参与进来，因为其可以为早期相关的技术、市场、可扩展性和技术挑战带来关键的专业知识。将这一经验用于融资决策，有助于确保政府的研发资金得到合理使用。

3. 设定阶段目标以结束运作不佳的项目

由于研发具有内在风险，并且可能涉及大量的时间和资源，因此资助研发的企业或政府应定期审查项目并确保它拥有被继续投资的潜质。使用分阶段的方法是在项目获得持续资金支持之前确定项目必须达到的某些阶段性目标的过程，未能达到阶段性目标的项目将被结束，以便将资源用于其他更有前景的研究。

4. 按类型或项目集中研发以实现飞跃

政府资助和扶持研发的一种有效方式是将资金集中在某个特定主题上，支持对此类课题研究更专注、更精细化的机构，最好这些机构位于同一地点，以使从事类似技术工作的研究人员能够共享信息并协同工作，同时避免了因许多不同机构做类似研究而分散了资金使用引起的效率低下问题。如果做得好，这种方法也有助于建立"创新中心"，如加利福尼亚州硅谷已成为全球软件和信息技术创新的首选地。

5. 为企业提供高质量的公共设施和专业知识

许多国家已经投资了昂贵的高科技设备用于研发，这些设备通常归政府所有。改进政府和企业研发项目的一个方法是允许企业与政府的实验室开展合作研究，从而使企业能够克服由于需要自己购买设备而带来的一些成本障碍。

6. 在不阻碍创新的情况下保护知识产权

强大的知识产权（IP）体系是鼓励企业研发投资的关键。如果专利不受保护，那么任何一家企业都可以将他人的研究成果用于自己的产品当中，这样会降低或打消企业主动开展研发的积极性。政策制定者应确保专利制度足够强大并大力鼓励创新，同时也应注意不要因提供过于宽泛的知识产权保护而导致不必要的诉讼及扼杀创新。

7. 确保企业可以使用高级 STEM 人才

高素质劳动力是实现成功研发的关键因素。在理想情况下，企业和政府的研究机构应当拥有大量具备科学、技术、工程和数学技能（STEM）的研究人员。为了吸引这些人才，政策制定者应当制订高质量的教育计划，并确保移民法允许公司从其他国家聘请 STEM 人才。

三、小结

政策制定者在气候和能源政策方面有许多选择，但这些选择通常可分为四类：性能标准政策、经济信号政策、研发扶持政策和支持型政策。性能标准政策设定了最低性能要求，可以将更高效、更清洁的技术推向市场，特别适用于存在重大市场壁垒或难以获得信息的情况。经济信号政策，不管是补贴产品和成果，还是对投入或排放征税，都可以鼓励采用更高效的技术和排放更少的污染，对价格敏感且有大量替代品的行业尤其有效。如果结合使用，这两类政策将相互补充，共同推动企业创新，将更好的技术带入市场，可应用于汽车、工厂和发电厂等经济部门。研发扶持政策可以降低实施性能标准政策和经济信号政策的成本，同时提供新技术。各种各样的支持型政策也很重要，可以加速对信息的获取，并推动新的、更高效的技术投入使用。

如果遵循一套广泛适用的设计原则对这些政策进行设计，性能标准政策、经济信号政策和研发扶持政策将最有效。这些原则有助于区分政策的好坏，同时最大限度地降低成本。

本章介绍了四种主要的气候和能源政策及其关键设计原则。在这一框架下，接下来将分析政策制定者如何从数百项政策方案中做出选择，以创建一个强有力的政策组合方案，并利用各种政策之间的关系来协同降低温室气体排放。

参考文献

[1] M Grubb, C Carraco, J Schellnhuber. Technological Change for Atmospheric Stabilization: Introductory Overview to the Innovation Modeling Comparison Project[J]. The Energy Journal Special Issue, Endogenous Technological Change and the Economics of Atmospheric Stabilization. 2006: 1-16.

[2] Climate Action Tracker. Zero Emission Vehicles Need to Take Over Car Market to Reach 1.5℃ Limit: Analysis[EB/OL]. 2016. http://climateactiontracker.org/news/260/Zero-emission-vehicles-need-to-take-over-car-market-to-reach-1.5C-limit-analysis.html.

[3] International Energy Agency, Organisation for Economic Co-operation and Development. Experience Curves for Energy Technology Policy[EB/OL]. 2000. http://www.wenergy.se/pdf/curve2000.pdf.

[4] Zachary Shahan. 13 Charts on Solar Panel Cost & Growth Trends[EB/OL]. CleanTechnica, 2014. https://cleantechnica.com/2014/09/04/solar-panel-cost-trends-10-charts/.

[5] Japanese Ministry of Economy, Trade, and Industry. Top Runner Program: Developing the World's Best Energy-Efficient Appliance and More[EB/OL]. 2015. http://www.enecho.meti.go.jp/category/saving_and_new/saving/data/toprunner2015e.pdf.

[6] United States. 40 CFR 86.1803-01 – Definitions[EB/OL]. https://www.law.cornell.edu/

cfr/text/40/86.1803-01.

[7] Alexis C MADRIGA. Why Crossovers Conquered the American Highway[EB/OL]. The Atlantic, 2014. http://www.theatlantic.com/technology/archive/2014/07/how-the-crossover-conquered-americas-automobile-market/374061/.

[8] Arthur van Benthem, Kenneth Gillingham, James Sweeney. Learning-by-Doing and the Optimal Solar Policy in California[J/OL]. The Energy Journal, 2008, 29(3). https://doi.org/10.5547/ISSN0195-6574-EJ-Vol29-No3-7.

[9] Warren Lasher. The Competitive Renewable Energy Zone Process[EB/OL]. ERCOT, 2014. http://energy.gov/sites/prod/files/2014/08/f18/c_lasher_qer_santafe_presentation.pdf.

第三章

确定减排政策的优先次序

在第一章中，我们评估了全球温室气体排放的主要来源，以及为实现 2℃目标所要实现的必要减排。为了实现这一目标，我们需要在 2050 年之前将全球累计排放量在基准情景上减少约 50%。当然，如果从 2050 年当年的排放量来看，需要比基准情景降低 50% 以上。

为了实现这一目标，政策制定者有许多方案可以选择。在第二章中，我们概述了可用的政策类型——性能标准政策、经济信号政策、研发扶持政策、支持型政策，以及相应的关键设计原则等。任何一种政策都不能单独应对气候变化。相反，每种政策类型都会强化其他类型的政策，由多项政策组成的强大组合是实现实际减排的最具成本效益的方法。

了解了减排目标和政策类型，接着我们要研究的问题是哪些政策组合可以在降低温室气体排放方面发挥有效的协同作用。本章阐述了确定这些政策的框架，并为如何优先选择减排政策提供了自己的见解。

一、第一步：从定量视角来看经济

（一）关键：评估经济结构和排放源

减排终将要落实到对实体经济中的高能耗产品和工艺进行脱碳，包括小汽车、公共汽车和其他车辆，建筑和家用电器，发电厂以及工厂等 [1]。

因此，确定和筛选将对某个国家的减排产生最大影响的政策的决策过程，必须从评估该国的高能耗产品和工艺开始，如有多少辆车，它们的能效如何，汽车数量和能效预期将如何变化，等等。

关键的第一步在于确定一国的主要排放源（与第一章的全球评估非常相似）及其未来的排放轨迹，进而确定应重点关注的领域。例如，对印度尼西亚能源部门的一项分析预测，到 2050 年，其电力需求将增加近 10 倍，这意味着电力部门应制定政策，避免通过燃煤发电来满足所有或大部分的用电需求，这将在 2050 年达到明显的减排效果。

（二）建议：评估不同方案的排放影响

对能源和技术的评估不必过于复杂，因为政策筛选的第一步是对能源需求和排放源进行全面了解。政策制定者只有掌握了更多的信息，才能做出更好的决定，才能更有效地预估政策对未来能源使用和排放的影响，从而判断能否实现气候目标。

接下来，政策制定者可以利用能源和技术的评估信息对技术和政策的减排潜力进行定量评估，这是一个健全的评估和政策筛选体系中的重要一环。在资源有限的地区，也可以根据经济和排放源的总体评估结果做出优先选择。

1. 评估工具之一：边际减排成本曲线

分析温室气体减排潜力的常用方法是技术评估。例如，对一个特定国家的电力部门的研究可能表明，用水力发电厂、风力发电厂和太阳能发电厂取代燃煤电厂可以减少 2 亿 t CO_2e 的排放量。技术评估有助于确定特定设备（如汽车、发电厂或工厂电机）技术进步带来的温室气体减排潜力。

在许多情况下，技术评估与资本、运营、维护和燃料成本的预估变化

---

[1] 每个国家和地区对于土地的利用方式也可以增加或减少总体排放量，但土地利用不在本书的讨论范围之内。

相对应。然后，成本估算可用于确定不同技术方案的相对成本效益。例如，对电力部门的同一个案例研究可能发现，用水力发电厂、风力发电厂和太阳能发电厂取代燃煤电厂会增加 1 亿美元的资金成本，但在发电厂的整个生命周期内因为减少煤炭使用可降低 2 亿美元的运营成本，总共节省 1 亿美元。总的来说，每减少 1 t CO_2e 排放可节省 1 美元的成本。对各种技术方案也可采取类似的评估方式，使用边际减排成本曲线进行比较，如图 3-1 所示，其中 X 轴代表减排潜力，Y 轴代表成本效益。

政策制定者可以使用边际减排成本曲线来评估特定技术进步在特定时间段内的减排潜力和成本效益（单位温室气体减排美元值）。麦肯锡成本曲线就是这类分析的一个例子[1]。边际减排成本曲线是一个非常有用的工具，可以帮助政策制定者了解哪些技术最有助于减少排放，以及不同技术方案的相对成本。例如，麦肯锡发现，在全球范围内，通过提高化工业电机系统的能效，可以在 2030 年实现约 2.5 亿 t CO_2e 的减排量，并节省约 60 欧元 /t CO_2e 的减排成本[1]。

虽然边际减排成本曲线是政策制定者的一个有用工具，但它并未给出如何实现技术进步的关键细节。换言之，它是以技术为导向的；正如气候和能源建模中常见的那样，这些曲线可以帮助我们从技术视角来看待减排潜力和成本。虽然了解不同技术减排的技术潜力很重要，但这并不能帮助政策制定者确定具体的执行细节，即使用哪些政策才能使这些最具成本效益的减排技术得以大规模应用。

2. 评估工具之二：政策成本曲线

要想帮助政策制定者确定最佳的政策方案，就需要使用另一种评估工具——政策成本曲线，这一曲线将重点放在政策而非技术上。能源政策模拟模型（EPS 模型）就是这样一种工具，它是由能源创新政策与技术公司团队开发的一种免费向公众开放、经过严格审核的计算机模型。EPS 模型是在减排成本曲线基础上的重大进步，因为它允许政策制定者评估政策而非技术的减排潜力和成本效益。虽然 EPS 模型只是评估气候和能源政策的其中一种工具，但在本书中广泛采纳了这一模型的结果。附录 I 将进一步

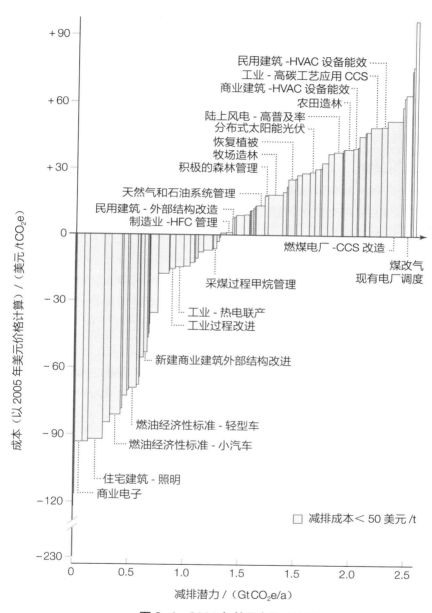

图 3-1　2030 年美国中期减排曲线

图片来源：麦肯锡公司. 减少美国温室气体排放：多少成本？ [EB/OL]. [2007-12-01]. https://www.mckinsey.com/business-functions/sustainability/our-insights/reducing-us-greenhouse-gas-emissions#. （经许可转载）

详细介绍 EPS 模型。

　　政策成本曲线所需要的输入变量与边际减排成本曲线一样，与此同时还考虑了不同政策落实这些技术变革的能力。例如，在前面列举的电力部门的例子中，边际减排成本曲线没有指明哪些政策能够以最具成本效益的方式，用水力发电厂、风力发电厂和太阳能发电厂取代燃煤电厂，只是说这么做可实现 2.5 亿 t CO_2e 的减排量。相比之下，政策成本曲线将展示出哪一项或一组政策，可以实现电力部门相同的减排目标，如 50% 的可再生能源配额制。而从 EPS 模型甚至可能会发现，50% 的可再生能源配额制将促成一套不同的可再生技术的建立，从而以较低的成本实现相同的减排目标。这种方法的优势在于，它可以向政策制定者指明他们可以使用的具体政策工具，以及每项政策为实现目标减排所需的严格程度。与边际减排成本曲线非常相似，政策成本曲线还将比较不同政策的成本效益和减排潜力，从而帮助指明哪些政策组合能够以最低成本带来最大的减排量。

　　图 3-2 是使用 EPS 模型生成的美国减排政策成本曲线。它显示了各种政策的成本曲线，每种政策都设置了严格的预算约束。每个方框代表特定环境下的某项政策，宽度表示年均 CO_2e 减排量，高度表示 2050 年之前减排的单位平均成本或节约金额 [1]。X 轴下方的方框表示到 2050 年平均计算下来将节约成本的政策，X 轴上方的方框表示需要额外增加成本的政策。

　　曲线的最左边是以性能标准政策为主的成本节约型政策。性能标准政策通常会节约成本，因为在多数情况下节能技术和措施已经存在，但其他市场壁垒阻止了这些节约行为的实现，如建筑部门的分散激励壁垒（第二章中已经讨论过）。碳价不太可能捕捉到这些提高能效的机会，因为即使没有额外的政策，这些节能环节仍然可以节省成本。在这些情况下，性能标准政策将为节能打开机会之门，因为经济信号政策可能不足以克服市场壁垒。

　　经济信号政策的减排潜力和成本集中在政策减排成本曲线的中间。碳定价等经济信号政策可以实现低成本和中等成本的减排，对于那些对成本

---

[1] 政策成本曲线中使用了到 2050 年的成本和节约量的净现值，用所有未来年度的减排量之和除以建模年数得出平均年度减排潜力。任何特定年度的结果可能会存在很大差异。

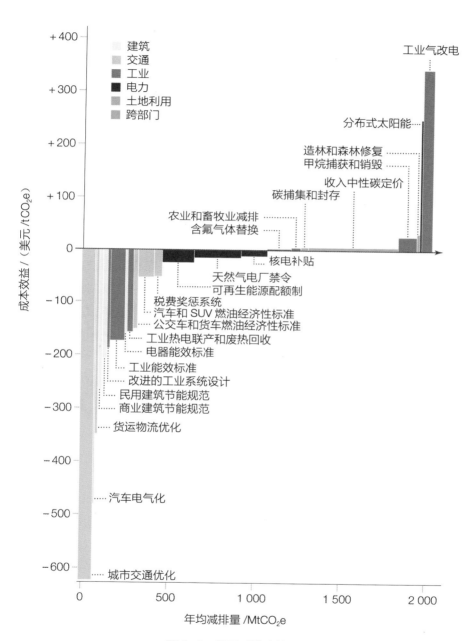

图 3-2　美国减排政策成本曲线

注：Mt 代表百万吨。

图片来源：能源创新政策与技术公司 . EPS 模型 . [2018-01-10]. https://us.energy policy.solutions.

很敏感，受到较低市场壁垒影响并拥有现成替代品的行业尤其重要和有效。例如，如果电力调度优先考虑最低成本的资源组合，并且电力结构呈现高度多样化，那么碳价有助于实现电力部门减排，从而允许使用低排放方案取代高排放方案。

虽然研发扶持政策并没有在曲线中显示出来，但其可视作由其他政策所带来的降低成本或节约额增加的叠加效应。研发扶持政策是被有意排除在政策减排成本曲线之外的，因为单位研发成本对排放产生的影响具有极端不确定性。然而，研发扶持政策对于开发新技术和降低现有低碳技术的成本至关重要，有助于性能标准政策和经济信号政策实施所带来的成本降低和节约额增加。

制定边际减排成本曲线或政策成本曲线既耗时又昂贵，而且在许多情况下，研究结果可能与其他国家类似。因此，资源有限的政策制定者应考虑参考已进行了定量政策分析的类似国家的研究，以获得这类信息。在许多情况下，顶层设计在各个国家都是一致的。本书第三篇将进一步讨论分析各个不同国家的模式和政策选择[1]。

边际减排成本曲线和政策成本曲线可以帮助政策制定者了解可用方案以及这些方案的减排潜力和成本。在掌握了这些信息和知识后，政策制定者仍需筛选出最强有力和最具成本效益的政策。

二、第二步：确定优先政策

在政策成本曲线上可能会有数百项气候和能源政策，每一项政策都有不同的优缺点和目标。为了确定优先政策，需要创建一个选择标准的层级结构。

在这里需要再次强调的是，应以政策组合来推动温室气体减排，而不是仅仅依靠单一政策。一项政策产生的节约额可以用来支付另一项政策的

---

[1] 能源创新政策与技术公司为中国、美国、墨西哥、波兰和印度尼西亚制定了政策成本曲线，并将在未来两年内完成更多的政策成本曲线。这些成本曲线覆盖了全球一半以上的碳排放量，其中某些曲线可以作为其他国家的替代曲线。

成本。性能标准政策、经济信号政策和研发扶持政策具有良性交互效应，如第二章所述。最有效的方法就是充分利用不同政策和政策类型的优势以实现优势互补。

按优先顺序排列的政策选择标准包括减排潜力、成本和其他考量因素。

（一）温室气体减排潜力

最为重要的是，应根据温室气体减排潜力来确定政策的优先次序，因为这是气候和能源政策的主要目标。如果某些政策的减排潜力明显很高，那么政策制定者应首先关注这些政策，这将最大限度地减少排放，同时限制实现排放目标所需的政策数量。

政策制定者应在一定年限内对减排潜力进行综合评估，原因有两个：第一，就全球变暖而言，最重要的是温室气体累计排放量及其对大气产生的温室效应，而不是特定年份的排放量；第二，根据政策的类型，任何一年的减排都可能存在很大差异，如随着现有设备的退役及被新的节能设备所取代，能效标准将推动越来越多的减排。因此，仅从任何一年的情况来看可能都无法正确表征这些政策的节能潜力，最好考虑一段时间内的累计排放总量。

值得注意的是，许多可以通过性能标准政策实现的低成本或节约成本的减排计划需要很长的时间才能完全见效。更具体地说，如前所述，性能标准政策通常只影响新设备，其影响随着现有设备（如汽车、空调或工业电机）的磨损、退役及被新设备所取代而增长。由于需要尽快减少排放，而性能标准政策通常会节省成本，但需要一段时间才能发挥其全部效力，因此这敦促着我们必须尽快实施性能标准政策。

（二）经济影响

继温室气体减排潜力之后，特定政策的经济影响是需要考虑的最重要的标准。例如，两项同样有效的政策，其中一项政策的成本可能低于另一项政策（或可能带来更多的节约额），那么在评估政策时就需要考虑两种类型的经济影响：直接经济影响和宏观经济影响。

1. 正面或轻微负面的直接经济影响

通常情况下，减排涉及一些前期投资，这些投资可能会带来一系列效益，通常包括降低能源成本（如能效类政策）、降低运营成本（如太阳能和风能等可再生能源发电类政策，在这种情况下，"燃料"是免费的）或增加收入（如甲烷捕获类政策，可以产生其他副产品）。在评估一项政策的经济影响时，有必要同时考虑前期资金成本和随着时间推移产生的效益。在许多情况下，即使考虑通货膨胀和贴现，节约的能源和运营成本也将足以用于支付前期投资。评估影响的最佳方法是评估政策的净现值，如图 3-2 所反映的前期投资、产生的成本或节约量以及累计减排。净现值可以提供一个很好的近似值来表征遵守特定政策对个人、企业和政府产生的直接经济影响。因此，应把成本最低或节约最多的政策列入优先考虑范围。

2. 积极的宏观经济效应

由于气候政策影响能源选择，而能源用于各个经济部门，因此气候政策在整个经济中会产生涟漪效应。使用宏观经济模型对这种涟漪效应进行评估，并分析其对就业、工资和国内生产总值（GDP）的影响，这些都是重要的政治考量因素。总体而言，宏观经济建模会放大能源政策的直接影响。然而，就某些气候和能源政策而言，已经出现了一些重要的结构性变化。一般来说，能源部门是资本密集型行业，而占大部分家庭支出的当地商品和服务业为人员密集型企业。由能源节约带来的节约资金如果用于商品和服务业会带来更多的工作机会，所以即使是成本中性的能效项目也会产生积极的就业影响 [1]。也有分析发现，可再生能源发电创造的就业机会多于化石燃料发电 [2]。从长远来看，气候政策推动了能源创新，这有助于提高受这些政策影响的国内企业在全球市场上的竞争力。例如，中国的可再生能源使其成为全球可再生能源技术出口国，并助推经济增长 [3]。当然，如果气候政策提高了参与全球市场的企业的直接投入，那么可以考虑将气候政

---

[1] 可参阅：David Roland-Holst. Real Incomes, Employment, and California Climate Policy（Next 10）[EB/OL]. 2010. https://next10.org/sites/default/files/Roland_Holst_Final.pdf.

策带来的节约额退还给这些企业，以保持其全球竞争力。关于气候政策如何对某个国家的企业产生影响这个问题，应根据每个国家每个行业的具体情况来评估和考虑。

虽然宏观经济效应可能难以估计，但在评估实施哪些政策的过程中，可以考虑这一点。

（三）其他考量因素

1. 政策可行性

毫无疑问，气候政策能否被实施也是需要考虑的一个关键问题。如果没有机会实施，那么也就没有必要再深入探究一项高减排潜力、设计完善的政策。为此，政策制定者不仅要考虑他们所关注的特定政策是否有机会被通过，同时还要考虑其是否能够被付诸实施，并将重点放在那些有很大机会能够得到良好实施并推动实际变革的政策上。

2. 能源安全

许多国家需要进口一部分燃料。依赖外国能源会使一个国家更容易受到供应中断、地缘政治事件引起的价格冲击以及贸易伙伴施加的政治压力的影响。它还可能通过外交援助或军事力量，影响某一国家做出支持或不支持其他国家的决定。总之，它可以削弱一个国家的自治权，对一个国家的自主选择将产生限制。

减少使用大部分或部分需要进口的燃料类型的政策有助于减少这些负面影响，并促使某一国家能够追求自身利益。虽然增加国内能源生产（无论是清洁能源还是化石能源）的政策具有相同的效果，但减少对化石燃料的依赖是一个更好的策略，因为增加化石能源生产将对减排目标造成破坏性影响。

3. 公共健康和其他协同效益

大多数旨在减少温室气体排放的政策都将产生协同效益：除了减缓气候变化，也会对社会产生积极影响[4]。最重要的协同效益通常是改善公共健康（意味着更少的人生病，更少的人过早死亡）。热燃料，包括所有的化石燃料和生物质，在燃烧过程中会释放出有害的空气污染物，如颗粒物、氮氧化物、硫化物和挥发性有机物 [5]。这些污染物对人类健康的影响可以通过流行病学暴露—反应函数和人口统计学数据来估算。政策制定者应考虑实施减排政策拯救生命，并进一步考虑由于采纳了减排政策后经过生命质量调整的寿命延长情况。

特定减排政策还可带来其他协同效益。例如，减少道路汽车数量的城市交通政策（通过鼓励骑自行车、步行和使用公共交通），可帮助减少因交通拥堵损失的时间和生产力。这些政策也有助于对抗久坐不动的生活方式，而久坐不动的生活方式是导致发达经济体某些最具破坏性疾病的主要原因 [6]。政策制定者在制定减排政策组合时，应考虑每项政策所带来的全方位效益。

4. 社会公平

温室气体减排政策的主要目的是避免气候变化给人类社会带来巨大危害。世界各地的低收入人群尤其易受影响，因为他们没有足够的资源来轻易适应气候变化。与对弱势群体的影响相比，减排政策本身可能带来的经济倒退效应微不足道。因此，即使是一项将带来经济倒退效应的减排政策，如果从总体角度考虑可能对低收入者有利，那么其也存在合理性。然而，理想的做法是确保减排政策设计尽量减少对低收入居民的负担，使社会能够更公平地共担成本。

一些政策，包括许多性能标准政策，在其目标资产的生命周期内不会产生净成本：燃油节约额足以弥补高效与低效模式之间的初始投资成本差额。在这些情况下，可以通过返利活动、零利率融资或类似机制来帮助降低初始资金投入。

其他政策，如碳定价，确实会产生净成本，即使成本在上游（如在炼油厂或发电厂）产生，大部分成本也会转移到消费者身上。低收入消费者的大部分收入花在能源服务上，如交通、供暖、制冷、照明和烹饪等。因此，就像销售税和增值税一样，碳定价往往会给低收入者带来更大的负担。

碳定价的真正目的是，化石燃料的成本能够更好地反映出真正的社会成本。因此，所有人，无论收入水平如何，都应该为气候危害的全部价值付出代价。政策制定者应当想办法用所得到的收入抵消碳定价给低收入人群造成的负面影响，而不是提供碳定价豁免，或是选择一个无法反映化石燃料燃烧真实成本的过低价格。这一问题将在本书第八章第一节中展开更详细的讨论。

三、第三步：制定一套明智的政策组合

尽管有几十项政策可供政策制定者选择，但世界各国、各地区和各城市数十年的政策设计和实施经验表明，只有少数精心选择和精心设计的政策可以实现深度脱碳。

政策建模中出现了一种趋势：不同的地区通常会产生相似的结果。当然，根据一个国家的经济结构和排放源，不同政策的相对有效性存在差异，但同样的一小组政策（严格执行并设计良好）始终能够有效地大幅降低温室气体排放。那么是哪些政策呢？

利用 EPS 模型和西北太平洋国家实验室与马里兰大学全球变化联合研究院所发布的区域温室气体排放数据，我们评估了从现在到 2050 年为确保到 21 世纪末有一半的机会将全球温升控制在 2℃以内所采取的全球气候和能源政策的减排潜力。通过分析证实，一个强有力的气候政策组合可以使各主要能源部门迈上一个有前景的排放轨迹。图 3-3 显示了各部门可以实现的减排量。

图 3-4 显示了每项主要政策对满足 2℃目标所需的全球温室气体减排的相对贡献。这些主要政策包括可再生能源配额制和上网电价政策；补充性电力部门政策（如电力部门商业模式改革）、汽车性能标准、税费奖惩系统、电动汽车促进政策、城市交通优化政策（如停车限制和增加对替代交通模式的投资）、建筑节能规范和电器节能标准、工业能效标准、工业过程排放政策、碳定价以及研发政策。附录 II 中就相关分析展开了深入讨论。

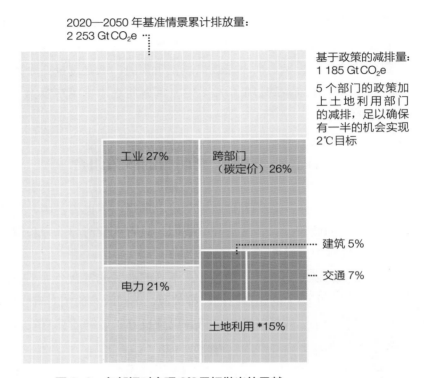

图 3-3　各部门对实现 2℃ 目标做出的贡献

数据来源：使用经国际应用系统分析学会（IIASA）许可的数据进行分析，这些数据可从 IIASA-LIMITS 情景数据库下载，https://tntcat.IIASA.ac.at/limits publicdb/dsdaction=htmlpage&page=about。
* 本书对土地利用排放量进行了单独计算，见第二章。

　　值得注意的是，这里分析的政策减排潜力是相较于现有政策的减排量。换言之，某政策的减排潜力不考虑已颁布政策的减排效果。更确切地说，考虑的是新出台政策，或者通过加强现有政策带来的减排潜力。例如，中国、欧洲和美国已经制定了到 2020 年的强有力的汽车燃油经济性标准。尽管我们估计了加强这些标准的影响，但在分析中并未考虑现有标准的未来减排量，这里所指的减排潜力都是减排增量。

第二篇　温室气体减排路线图

065

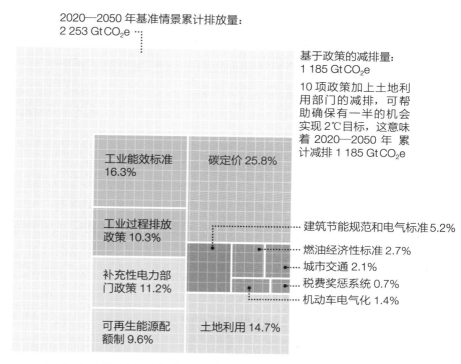

图 3-4　不同政策对实现 2℃目标做出的贡献

数据来源：使用经国际应用系统分析学会（IIASA）许可的数据进行分析，这些数据可从 IIASA-LIMITS 情景数据库下载，https://tntcat.IIASA.ac.at/limits publicdb/dsdaction=htmlpage&page=about。

　　在设计和实施良好的情况下，图 3-4 中的每一项政策都有成功案例，并已带来了显著的减排成果。例如，美国加利福尼亚州的可再生能源配额制在降低电力部门排放方面取得了巨大成功（在本书第四章第一节中讨论）；日本的"领跑者计划"显著提高了能效（在本书第五章第一节中讨论）；中国的"万家企业节能低碳行动"大幅减少了工业用能（在本书第七章第一节中讨论）。

　　这些政策取长补短、互为补充，最大限度地降低了碳减排成本。例如，可再生能源配额制、建筑节能规范和汽车节能标准实现的节能将帮助降低碳定价的总成本。

本书的第三篇将重点介绍每项政策，并详细描述其最适用的情景以及设计方法。同时，还提供了相关研究案例，探讨政策实施的成功与失败，以验证政策设计原则对每项政策的成功所起到的关键性作用。

每个地区在排放和能源构成、政治机制和政策执行力方面都是独一无二的，但是本书中讨论的政策经反复证明对多数地区是非常有效的。

四、小结

强有力的气候和能源政策是相互补充和相互支撑的，可以大大降低减排成本。性能标准政策、经济信号政策、研发扶持政策和支持型政策都应该是良好政策组合的一部分。首先，必须对一个国家的排放源进行定量评估，从而有助于确定所选政策的减排潜力、成本和其他影响。其次，政策制定者应将工作重点放在减排潜力最大、成本最低的政策上，优先考虑那些减排潜力大、在长周期内节约成本的政策。最后，政策制定者应制定政策组合，包括特定部门的性能标准政策、强劲的经济信号政策（主要是碳定价）、研发扶持政策，及有助于降低减排成本并提供额外达标选择的支持型政策。其他需要考虑的因素，如政策可行性也很重要。

哪些政策能够最有效地实现减排已经不再是什么秘密了。数十年的经验和建模方面的新进展表明，一组设计和实施良好的政策能够最经济有效地实现深度脱碳。

在本书的第三篇中，我们将具体分析每一项政策，通过案例研究分析其取得的成功经验和失败教训，并进一步讨论区分政策成功与失败的关键设计原则。

参考文献

[1] McKinsey & Company. Greenhouse Gas Abatement Cost Curves: Sustainability & Resource Productivity[R/OL]. [2017-11-11]. https://www.mckinsey.com/busi ness-functions/sustainability-and-resource-productivity/our-insights/greenhouse-gas-abatement-cost-curves.

[2] Daniel M Kammen, Kamal Kapadia, Matthias Fripp. Putting Renewables to Work: How Many Jobs Can the Clean Energy Industry Generate?[R]. RAEL Report, University of California, Berkeley, 2004.

[3] Tim Buckley, Simon Nicholas. China's Global Renewable Energy Expansion[EB/OL]. Institute for Energy Economics and Financial Analysis, 2017. http://ieefa.org/wp-content/uploads/2017/01/Chinas-Global-Renewable-Energy-Expansion_January-2017.pdf.

[4] Jamie Hosking, Pierpaolo Mudu, Carlos Dora. Health in the Green Economy: Health Co-Benefits of Climate Change Mitigation[R]. World Health Organization, 2011.

[5] U.S. EPA. Criteria Air Pollutants[EB/OL]. Policies and Guidance, [2014-04-09]. https://www.epa.gov/criteria-air-pollutants.

[6] Hosking, et al. Health in the Green Economy: health co-benefits of climate change mitigation in the transport sector[R]. World Health Organization, 2011.

第三篇

温室气体减排首选政策

在第一篇和第二篇中，我们主要分析了温室气体排放源，并得出了重点关注排放量排名前 20 位国家的工业过程和能源利用是实现低碳未来的最佳途径的结论。此外，我们还讨论了不同的政策类型——性能标准政策、经济信号政策、研发扶持政策、支持型政策以及它们之间如何进行优势互补，从而引出了一个重要的观点：应对气候变化没有什么万能良方，只有进行政策组合才对减排最有效。最后，我们概述了政策制定者应如何确定主要的减排政策，以及如何在这些政策之间进行选择。通过这些分析，我们希望根据许多国家几十年来取得的经验，辅以最新的建模能力，能够证明只需要一小部分的政策组合就能够实现 2℃目标所需的深度脱碳。

本篇中，我们对这些政策进行了深入探讨。每一章都从政策如何运作、何时使用、最适用的政策设计原则以及如何实施几个方面进行介绍，同时列举了有关案例。通过这些章节我们可以了解到每一项政策的细节、对全球减排的潜在贡献，以及如何进行高水平设计等。为了获得更详细的信息，政策制定者应该着重关注对特定政策开展研究的机构，下面的许多章节中都提到了这些机构的工作内容以及他们可能会提供的重要资源。

第四章

电力部门

目前，在全球温室气体年排放量中电力部门占 25%，排放量约为 120 亿 tCO$_2$e。预计到 2050 年，电力部门温室气体排放量将增加到 189 亿 tCO$_2$e，约占 2050 年温室气体年排放量的 30%。如果不采取额外的政策，那么到 2050 年电力部门将占据 28% 的累计排放量[1]。

电力部门排放量的增长主要是由发电使用的煤炭和天然气数量不断增加造成的。例如，据美国能源信息署预计，全球燃煤发电量将从 2010 年的 8 100 TW·h 增长到 2050 年的 11 100 TW·h，而全球天然气发电量将从 2010 年的 4 600 TW·h 增长到 2050 年的 11 100 TW·h[2]。

减少电力部门排放涉及使用低碳或零碳技术发电，同时需要减少电力需求。提高零碳发电份额的最佳政策是可再生能源配额制和上网电价政策，具体将在本章第一节展开讨论。鼓励发电厂使用清洁能源和减少用电等补充性电力政策也很重要，具体将在本章第二节进行介绍。其他政策，如通过提高高能耗产品（如电器）能效来减少需求，将在介绍相关部门的其他章节中讨论。

电力部门在促进经济脱碳方面发挥着重要作用。本章所讨论的这些政策至少可以为 2℃目标贡献 21% 的减排量（图 4-1）。

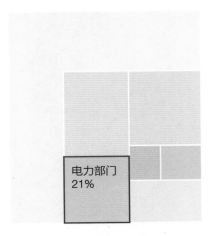

图 4-1　电力部门的减排潜力

数据来源：使用经国际应用系统分析学会（IIASA）许可的数据进行分析，这些数据可从 IIASA-LIMITS 情景数据库下载，https://tntcat.IIASA.ac.at/limits publicdb/dsdaction=htmlpage&page=about。

第一节　可再生能源配额制和上网电价政策

　　电力部门是全球温室气体排放的一个关键来源，约 30% 的排放来自用于发电和供热的燃料燃烧 [2]。幸运的是，电力部门能源转型的经济性在不断提高，特别是正在向风能和太阳能发电的转型。但这种转型不会自己发生：电力供应商，主要是电力公司，他们的认知和投资都集中在以化石燃料为主的发电系统上。因此，需要强有力的政策信号来刺激电力公司和私营企业对作为替代品的可再生能源进行投资。

　　在电力部门推广可再生能源的两项最常见也是最成功的政策是上网电价政策和可再生能源配额制。仅这两项政策就可为 2℃ 目标贡献至少 10% 的减排量（图 4-2）。本节同时考虑了上网电价政策和可再生能源配额制的应用，因为它们在促进可再生能源方面的作用相似；尽管上网电价政策是以价格为基础的，而可再生能源配额制是以目标为基础的，但它们都为可再生能源发电建立了补偿机制，并能够推动可再生能源的增长。

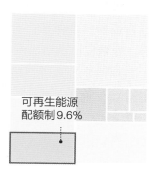

可再生能源
配额制9.6%

图 4-2　可再生能源配额制的潜在减排量

数据来源：使用经国际应用系统分析学会（IIASA）许可的数据进行分析，这些数据可从 IIASA-LIMITS 情景数据库下载，https://tntcat.IIASA.ac.at/limits publicdb/dsd action=htmlpage&page=about。

一、政策概述与目标

可再生能源配额制和上网电价政策的目标是激发可再生能源发电市场，进而实现一系列的公共政策目标，包括减少空气污染、刺激经济和脱碳。每项政策都将推动可再生能源的增长，且经过精心设计可实现不对新发电资源过度付费。

设计可再生能源配额制和上网电价政策的一个重要步骤是确定哪些能源运用哪一项政策在推动碳减排（通常是该政策的主要或次要目标）方面的成效在很大程度上取决于涉及哪些资源。政策制定者应充分考虑政策中应包括哪些技术，并确保选定的技术将对政策目标的实现起到支撑作用。

其他政策也可以促进可再生能源的推广。例如，为可再生能源投资或生产提供税收抵免。尽管这些政策在某些地区可能很有价值，但不在本节的讨论范围之内。

（一）上网电价政策

上网电价政策是基于价格的可再生能源采购机制。根据该机制，由政策制定者为符合条件的可再生能源发电厂的单位发电量确定一个担保价格，该价格通常比整个电力市场的平均电价高，由消费者承担溢价部分的费用。上网电价政策通常需要三个条件：有保证的电网接入、持续的长期购买协议以及基于可再生能源发电成本、价值或竞争性技术的支付方式[3]。上网电价政策通常针对某项特定技术进行价格分类（如风能发电与太阳能或生物质发电的价格不同）。然而，政策制定者也可能会选择使用其他机制，包括反向拍卖、竞争性投标或成本规避测试，以确定具体项目的电力价格。本节在"政策设计建议"部分将更详细地讨论这些机制及其使用理由。

上网电价政策的关键设计要素包括以下内容：

①能否以及如何为不同技术、规模、地点和具有其他特征的电力制定不同的电价；

②哪些可再生能源技术有资格获得电价补贴；

③电价如何反映货币价值的变化（如通货膨胀）；

④在电力供应商相互竞争供电的重组市场中，电价是固定的还是随电力现货价格而变化的；

⑤上网电价政策的支付期限；

⑥上网电价政策可用的能源或电量；

⑦电价补贴是否以及如何随时间变化来反映成本的变化或技术的价值；

⑧采购价格是通过拍卖确定还是通过行政定价确定。

（二）可再生能源配额制

可再生能源配额制为电力供应商（LSE）[1]设定了采购目标，要求其在特定日期之前，从符合条件的可再生能源生产者那里采购固定比例的发电量（如到 2025 年风能和太阳能占比达 25%）。这些目标通常对 LSE 具有

---

[1] LSE 是零售客户的电力供应商，包括电力公司和零售电力供应商。

约束力，并可以对违规行为进行处罚。然而，也有一些可再生能源配额制是自愿的。

通过信用体系可以追踪 LSE 对可再生能源配额制的遵守情况。LSE 必须持有代表单位能源可再生能源比重的信用证书，即"可再生能源证书"。该证书会根据符合条件的发电厂的发电量（如 1 MW·h 的风电可能会产生一个可再生能源证书）进行授予。可再生能源配额制允许 LSE 在公开市场上购买证书，通过与上游可再生能源电力供应商签订合同获得证书的合法所有权，或者通过建造和运营可再生能源发电厂来获取自己的证书。可再生能源配额制是否允许可再生能源证书与电力分开出售，即是否为"非捆绑可再生能源证书"，取决于可再生能源配额制的具体要求。

可再生能源配额制通常主张对所有符合条件的可再生能源技术发放同等效力的可再生能源证书。然而，一些可再生能源配额制允许针对某些技术、规模或地区产生的可再生能源发放超额证书，或者针对某项技术产生的可再生能源发放专门证书（通常称为"创业证书"），以刺激对特定技术或区域的投资。通过使用可交易的信用系统，可再生能源配额制通过调动市场行为来降低 LSE 的达标成本。

可再生能源配额制的设计要考虑以下关键因素：

①哪些实体需要遵守可再生能源配额制；

②哪些技术、地区和年份符合可再生能源证书的发放条件；

③是否对特定技术发放创业证书；

④可再生能源证书是否可以存储并跨年度结转；

⑤鉴于当前的市场状况，什么目标和时间表是符合实际的；

⑥可再生能源证书是否与发电捆绑在一起（直接挂钩），也就是是否可以在不考虑购买可再生能源电力的情况下进行拆分和交易；

⑦如果允许 LSE 从其他地区购买可再生能源证书，那么可再生能源配额制如何符合贸易或商业规则（如美国州际贸易），如何协调不同地区对可再生能源证书的定义，以及如何避免重复计算交易的可再生能源证书；

⑧是否有成本上限，即"替代达标付费率"，如果有，应为多少；

⑨是否规定提供可再生能源证书的最小发电厂规模，及如何规定；

⑩企业是否可选择向监管机构支付一笔费用（称为"替代达标费用"）来满足要求，收取多少费用，以及如何使用这些费用；

⑪是否应为可再生能源配额制设定特定年份的目标，或者设定累进的速率，以鼓励长期的、可预测的改进。

上网电价政策和可再生能源配额制可以互补，在某些情况下甚至可以相互关联。例如，美国一些州使用上网电价政策来支持小规模可再生能源，使用可再生能源配额制来激励公共事业的规模扩建，从而实现整体的可再生能源目标[1]。但是，对于同一项技术，同时使用上网电价政策和可再生能源配额制是行不通的。

二、政策应用

何时应用上网电价政策或可再生能源配额制至少取决于三个因素：①国内可再生能源行业的成熟度；②技术多样性和可再生能源供给量；③电力行业市场定价经验。

（一）上网电价政策

通过设定规定时间内的保障性价格，推动新增发电上网，上网电价政策可为可再生能源供应商提供透明、稳定的收入。这就降低了开发商的风险，使他们可以产生足够的收入来偿还整个投资期内的项目成本。

对于那些需要大量投资才能从商业示范阶段转向市场成熟阶段的新兴产业和技术来说，上网电价政策提供的收入稳定性尤其重要。例如，德国2009 年设定的 150 欧元 /MW·h 的海上风电上网电价[4]，推动了海上风电

---

[1] 案例请参阅：DSIRE. PSEG Long Island: Commercial Solar PV Feed-In Tariff[EB/OL]. 2017. http://programs.dsireusa.org/system/program/detail/21865. DSIRE. Clean Energy Standard[EB/OL]. 2017. http://programs.dsireusa.org/system/program/detail/5883.

生产的快速增长，同时大幅降低了价格。从 2009 年到 2016 年，德国的海上风电装机容量从 40 MW 增加到 4 130 MW[5]，这使德国的全球海上风电装机容量占比达到 29%[6]。2017 年，德国海上风电开发商能够在没有补贴的情况下签订长期合同，这反映出早期政策在降低新技术价格方面取得了成功，最终提高了海上风电技术在开放市场上的竞争力[7]。

然而，行政定价将使上网电价政策在精确达标和成本控制方面表现很差。在前文所述的德国案例中，2004 年起开始实施的海上风电上网电价政策[8]，直到 2009 年之前都没有引致海上风电设施的新增投资。从更大的范围来看，德国未能有效地引导资金投入可再生能源。例如，2004 年，德国确定了 2012 年和 2020 年可再生能源发电比重分别达到 12.5% 和 20% 的目标，并为实现该目标通过上网电价设定了固定支付价格（图 4-3）[8]。到 2012 年修订目标时，德国的可再生能源发电比重达到 26.2%，但电价成本给公众造成了很大负担[9]。

因此，德国和有关国家对其上网电价政策进行了调整，将市场开发和成本下降都列入考虑范围[10]。这些调整包括反向拍卖机制，当能源结构中所需的可再生能源数量已知时，这种机制非常有效。在反向拍卖机制中，政策制定者为固定数量的可再生能源建立了一个开放的市场，开发商以具有竞争力的价格投标，最低投标价格获胜，然后随着项目的发电收入，资金得到回笼，这样就避免了管理性地设置价格，从而极大提高了成本效益。

总之，上网电价政策可以用于引导成熟市场的可再生能源投资，尤其对于新兴、欠发达的可再生能源市场（这些市场的电力行业缺乏基于市场的定价经验），上网电价政策更是一种特别宝贵的工具。在这些市场中，上网电价政策可以引致投资，并降低技术成本，通过更广泛的应用带来规模效益和实践经验（建造和装备新电厂的过程会促进流程改进，从而降低成本）。

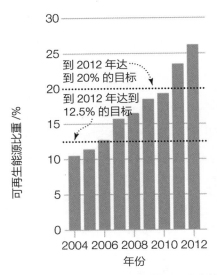

图 4-3　2004—2012 年德国可再生能源比重

注：使用经弗劳恩霍夫研究所许可的数据进行分析。

数据来源：能源图 . [2017-12-12]. https://www.energy-charts.de/power_inst.htm.

（二）可再生能源配额制

可再生能源配额制的优势体现在两个方面：政策确定性和由市场定价。

1. 政策确定性

可再生能源配额制旨在设定标准和目标而非价格，它通过规定电力部门需要实现的可再生能源目标，从而提供政策上的确定性。

可再生能源配额制的政策确定性取决于政策设计，如果能够满足三个条件，则政策的确定性会显著提高。第一，受可再生能源配额制约束的 LSE 必须有足够的收入才能获得可再生能源证书。一般来说，可再生能源证书的资金来源于对零售商的收费，这就形成了稳定的收入基础。然而，当以估计的达标成本为基础时，这些收费是固定的；当根据实际可再生能源证书的价格和采购量进行调整时，这些收费是变化的。当可再生能源证书的预算基于固定收费时，无论可再生能源证书是由州政府（如纽约）还是由 LSE（如大多数其他地区）购买都可能导致因预算过低而无法支持可再生能源配额制目标的实现。在这种情况下，购买者将没有足够的收入购买所需数量的可再生能源证书，并且将无法实现可再生能源配额制目标。第二，可再生能源配额制必须向不符合标准的 LSE 发出强有力的执行信号。通常情况下，是通过替代达标收费的方式来实现的，即所谓的"罚款"，如果未能达到可再生能源配额制目标，LSE 就必须缴纳罚款。这些罚款金额必须足够高，以刺激 LSE 达成可再生能源配额制目标。第三，可再生能源配额制必须向开发商提供可持续的收益，可以通过签订可再生能源长期合同实现，也可以通过在可再生能源发电厂的整个生命周期内购买可再生能源证书实现。如果不满足这三个条件，就可能会导致可再生能源证书的不足（即没有足够的建设项目），从而影响可再生能源配额制的成效。

2. 由市场定价

可再生能源配额制的另一个显著优势在于价格发现，如果市场是竞争性的，它将会对成本进行控制。目前有两种可再生能源证书采购市场：集中式现货市场和拍卖市场。集中式现货市场为可再生能源证书建立了一个中央结算所，买家可以在那里以最低成本购买可再生能源证书。拍卖市场会公布 LSE 所需的可再生能源证书数量，并要求开发商以一次性价格进行竞价，通常会与之签订长期合同。理论上，现货市场是经济高效的，因为可再生能源发电厂会通过竞争提供可再生能源证书，允许买家以最低价格购买，而不是通过合同锁定购买价格。然而，这一优势可能会被它给开发商带来的风险所抵消，这就要求他们提高投标价格。

可再生能源证书的价格每年都会有很大的变化，这取决于供需变化和政策的确定性。例如，可再生能源配额制通常允许存储可再生能源证书，这样一来，电力公司就可能充分利用当下具有吸引力的价格或可开发的可再生能源资源存储证书，从而导致未来几年证书的价格下跌。而在其他情况下，如土地稀缺或输电设施不足则可能导致证书的价格攀升。一些地区通过对不满足可再生能源配额制的单位电力收取替代达标费（罚款）来执行可再生能源配额制。如果这些费用低于实际成本，电力公司就可以通过选择支付罚款来减少对客户的收费。图 4-4 说明了美国东北部可再生能源证书价格的变化。

图 4-4   可再生能源证书（REC）价格每年都会有很大的变化

注：图表经劳伦斯伯克利国家实验室许可转载。

　　拍卖市场和现货市场哪一个能够带来最低成本，这取决于可再生能源市场的成熟度。与具有成本竞争性成熟技术的传统发电厂相比，可再生能源证书市场上价格的波动只不过是一种中等的障碍。不太成熟的技术很有可能通过长期合同以最具成本效益的方式提供电力能源。

　　可再生能源证书通常也是技术中立的，它可以降低消费者的履约成本，但可能会对新兴行业造成进入壁垒。可再生能源配额制拍卖允许所有可再生资源进行竞争，只要它们具有可再生能源配额制的资格。因此，更成熟、更便宜的可再生技术受到青睐，而高潜力的新兴技术反而遭到冷落。因为这些新兴技术需要有进入市场的机会和更高的收入，才能显著压低成本从而受到青睐。这不仅会挤掉潜在的新产业，妨碍潜在的供应链或软成本突破，还会降低可再生能源的多样性——而后者是以合理成本实现高比例可再生能源的一个关键 [11-14]。

缓解这一影响的方法之一是使用分割法，即规定必须使用某种技术或一组技术来满足一定的可再生能源配额制要求。例如，历史上许多可再生能源配额制都对太阳能光伏（PV）进行了分割，即使用这种技术应当满足的可再生能源配额制的最低要求，这种方法帮助推动了太阳能光伏价格的迅速下降。目前的集中式光伏发电就很好地应用了这种方法。方法之二是使用阶梯式可再生能源配额制，即把不同的资源列为不同的层级。例如，一级资源可能严格包括零排放技术（如风能和太阳能），二级资源可能包括更广泛的可再生能源技术（如生物质和垃圾发电），而后者的单位发电量所获得的证书更少。

每一项政策都在促进可再生能源发展中发挥着重要作用。上网电价政策在新兴的、欠发达的可再生能源市场（这些市场的电力行业缺乏市场定价经验）中尤其具有价值。可再生能源配额制最适合推广尚未完全成熟但已比较明确的可再生能源技术。考虑这些政策的国家可能会分两步走或采取混合政策——为新兴技术建立上网电价政策，再随着技术和市场的成熟而逐步转向可再生能源配额制。

（三）清洁能源配额制

当前，可再生能源的成本效益通常已经超过了新核电。但是，对一些地区而言，新核电是一种经济有效的零排放能源。而且，许多地区已经建立了大量的核电设备。例如，美国目前的核电装机容量约达到 112 GW，而中国约为 48 GW。全球核电装机容量达到 359 GW[15]。此外，下一代核反应堆可能比现有的核反应堆具有更高的成本竞争力，从而为核电的大规模扩张创造了机会。

通过调整可再生能源配额制，可以将核电在内的所有零碳电源包括在内。当可再生能源配额制扩大到包括更多的技术类型时，就可以被称为"清洁能源配额制"。针对清洁能源配额制，政策制定者可以设定一个目标，即要求电力公司利用包括核电站和可再生能源在内的零碳电力技术生产一定数量的电力。与可再生能源配额制一样，清洁能源配额制依赖于信用体系，也被称为"零排放证书"，与可再生能源证书类似。

在一些电力市场竞争激烈、市场价格较低的地区，由于种种原因，现有的反应堆很难维持盈利，面临关闭的局面。例如，美国有多达 2/3 的核电站可能在当今市场处于亏损状态[16]，现有的核电站可能是某些地区最具成本竞争力的零排放电力来源之一，当地政府会向这些核电站提供零排放补偿，以便为维持其存续创造良好的政策基础。

面对核电站提前关闭以及很大一部分零碳发电的潜在流失，美国一些州已转向实施清洁能源配额制。迄今为止，美国的大多数清洁能源配额制都侧重于为现有核电设施提供补偿。在大多数情况下，除了可再生能源证书外，清洁能源配额制还专门为核电站设计了零排放证书，以确保有足够的收入来维持核电站的盈利，同时也避免削弱可再生能源证书对推动新技术进入市场的激励作用。

随着太阳能电池板和风机等可再生能源技术的逐步成熟，政策制定者可以考虑将可再生能源配额制发展为清洁能源配额制，关注所有来源的清洁能源发电。这种政策有助于将新技术推向市场，同时确保现有的零碳技术能够因此得到补偿。

三、政策设计建议

本书第二章讨论的一些政策设计原则也适用于上网电价政策和可再生能源配额制。

（一）确保长期稳定性

保持长期的稳定性是上网电价政策和可再生能源配额制的核心要素。上网电价政策应保证在合理的时间段（至少 10 年，最多 30 年）内对可再生能源发电厂提供补偿，从而确保投资者获得合理的投资回报。投资回报期应与发电技术的预计使用寿命相一致，当然也可以缩短投资回报期以带来更大的确定性，从而减少承购方可能面对的长期风险。例如，风电厂和太阳能发电厂的生命周期通常为 20 年，因此满足可再生能源配额制的购电协议应采用 10 ～ 20 年的固定单位电力价格。同样，上网电价政策的每项技术收费应保持一致。这些措施有助于降低融资风险、投资成本和由于违约或绩效不佳带来的风险。

可再生能源配额制必须具有较长的时间跨度，以便为 LSE 履约预留准备时间。购买可再生能源证书需要建设新的可再生能源发电厂，这可能需要大量的时间。LSE 及其合作伙伴必须在电厂和相关输电基础设施建设开始之前的几年内确定和申请获批选址，开展互联研究，并进行合同谈判。可再生能源配额制目标应该允许其在一个具有雄心但合理的时间范围内完成。一个明确的长期信号能够为与可再生能源供应商的谈判提供帮助，后者需要确认自己可以从可再生能源证书的交易（基于双方合同约定或现货市场行情）中获得稳定的收入。因此，可再生能源配额制应设定至少 10 年的目标，以 15 年或 20 年为佳，同时可取中间年份设定中期目标。

保持上网电价政策和可再生能源配额制的长期稳定性，关键是确保收入可用于支付成本。第一种方法是使用固定预算为这些项目提供资金，如前所述，其中可再生能源采购资金来自基于事前达标成本评估而设定的固定电价；第二种方法是首先确定所需的可再生能源数量，然后从客户那里获得必要的收入。使用固定预算是一种效率较低的方法，因为分配给可再生能源采购的资金必须足够灵活，以适应快速变化的市场条件。第二种方法将成本分摊到一大群客户身上，而这些客户肯定会继续从供应商那里购买电力，这就确保了收入稳定性，同时最大限度地减少了对消费者的财务扰乱。此外，它还巧妙地将收费与电力系统的使用联系起来。

（二）使用价格发现机制

如果各国已经有了可再生能源目标，且较之其他因素更重视成本效益，则应考虑采用可再生能源配额制，而不是上网电价政策。上网电价政策通常使用行政命令设定价格，对可再生能源发电厂提供补偿，因此不是理想的价格发现机制。上网电价政策可以进行调整，以更好地适应不断变化的成本，如使用反向拍卖发现某些技术的价格，然后使用拍卖价格作为电价。

采用公开招标（尤其是反向拍卖）的可再生能源配额制是较为高级的价格发现机制，尤其适合更成熟的市场。在满足可再生能源配额制的过程中，LSE 至少可以通过两种方式"发现"可再生能源证书的价格，即反向拍卖和现货市场。更常见的反向拍卖会设定所需可再生能源发电的数量和特征（如开发期限、位置、持续时间），并启动一个竞价拍卖，通过该拍卖，潜在开发商向 LSE 提供资产整个生命周期内的单位发电价格。一旦收到所有投标书，LSE 就会选择满足所需特征价格最低的开发商，同时以拍卖价格为基础，就可再生能源证书和相关发电的长期合同进行谈判。只要有足够的开发商参与拍卖，或开发商没有被禁止参与，反向拍卖就是强大的、最有效的价格发现机制。

然而，只有确保足够的参与，拍卖才具有成本效益。LSE 通常是特定国家或地区的唯一购买群体，因此政策制定者必须注意确保 LSE 以鼓励竞争的方式进行拍卖。在任何情况下，LSE 都必须尽量提前公示拍卖信息，包括在拍卖前与地区潜在开发商进行接洽，明确规定投标要求，与客户共享常规报价，以促进投标过程的顺利进行。对于拥有和运营可再生能源发电厂的 LSE，监管机构还必须决定是否允许他们参与竞拍，如果允许就必须确保 LSE 最终选择的公平性。

可再生能源证书现货市场通过一段时间内的供需变化来发现价格。这需要很高的市场成熟度，因为可再生能源证书的价格将随着时间的推移而变化，从而给开发商带来风险。同样，可再生能源开发商可能会出更高的价格以应对这一风险，这样一来，可再生能源证书的价格也将上涨。尽管如此，现货市场对于降低可再生能源配额制的达标成本还是很有用的，尤其是当现货市场跨越多个相互协调发展的区域时，可以增加供给侧竞争。例如，洲际可再生能源证书现货市场允许某一国家的 LSE 利用另一个国家的丰富资源来完成可再生能源配额制目标[1]。

---

[1] 当然，合规和可再生能源信用追踪机制应当保持同步，以防止重复计算，并确保可再生能源配额制政策能够实现推动新可再生能源发电投资的预期效果。

（三）消除不必要的软成本

减少可再生能源的软成本至少需要考虑三个关键方面的因素：选址、上网接入和交易成本。这些因素对可再生能源配额制和上网电价政策的成功将会起到良好的支撑作用。为可再生能源选址，或者说找到一个安装可再生能源设备的地方，将经历一个漫长的审批过程，会增加投资风险和开发成本。另外，办理许可和租赁场地也会产生大量的成本和延误，可能最终导致项目的失败，尤其对于大型可再生能源项目和接入世界级风能、太阳能资源的输电项目而言，更要注意这些问题。当可再生能源开发商不确定能否在项目运行期内将电力出售给可靠的交易方时，交易成本就会增高。本章第二节中有相关投资政策的介绍，详细地描述了这些策略。

（四）奖励清洁能源发电而非投资

可再生能源配额制和上网电价政策的设计通常是为了奖励清洁能源发电而非投资。上网电价政策的设计是根据单位发电量对可再生能源发电厂进行补贴。同样，可再生能源证书是专门针对可再生能源发电厂的单位发电量设置的。

与装机容量目标和初始投资补贴相比，奖励清洁能源发电具有一定的优势。装机容量目标要求建设一定数量的可再生能源发电容量，但会产生一些问题：一方面，尽管它可能会刺激市场的快速发展，但并不一定保证可再生能源发电并网或者实现项目的设计目标；另一方面，除非项目属于公共事业组织，否则容量目标可能无法提供稳定的收入来源以减少可再生能源的投资成本。

同样，以装机容量为基础的投资激励措施可以对清洁能源投资者起到很好的刺激作用。但是，投资激励可能无法保证达到开发商预测的系统性能。例如，尽管投资者可能会获得建设大型风电场的激励，但承购方（直接从发电厂购买电力的公司）仍可能承担设备维护、发电不足或发电过量以及风力预测不准确等带来的风险。

（五）确保经济激励具有灵活性

可再生能源配额制和上网电价政策必须平衡激励的灵活性和资产生命周期内性能的稳定性。过早收回经济激励可能会降低开发商在系统的整个生命周期内维持绩效的动机，激励周期过长可能会增加开发风险和系统运营成本。

上网电价政策有时设计为税收抵免而不是直接支付单位发电量的电价。例如，在美国，风电享受的发电税收抵免额为 23 美元 /（MW·h）。通常，获得税收抵免资格的电厂没有足够的收入来享受税收抵免。因此，为了享受税收抵免政策，他们被迫与有足够应税收入的税务股权投资者合作，通常是投资银行和其他大型金融机构。

这种方法的问题在于，首先，税务股权投资者通常拿走税收抵免额的 50% 以上，因此政府补贴中只有不到一半最终用于被补贴的项目；其次，由于金融市场的问题，税务股权投资者可能无法在合同期内维持所需的应税收入水平；最后，中小规模可再生能源项目无法因此受益。通过使用税收抵免代替补贴会增加项目成本，并且无法充分利用纳税款。税收抵免和其他融资工具将在后文中展开详细讨论。

（六）建立内在的持续改进机制

上网电价政策应通过密切追踪装机成本以及相应调整行政定价逐步完善。政策制定者应该持续提供补贴，随着市场信心的提高，价格变得越来越清晰，行业也越来越成熟，届时可逐渐下调补贴价格。同样，上网电价政策应将正在实现商业化但缺乏市场占有能力的新技术纳入其中。

可再生能源配额制的持续改进可以采取两种形式：一是定期（最好在原目标到期之前很长时间）提高可再生能源配额制目标，以保持市场健康发展；二是采取更强有力的方法，即设定所需可再生能源证书的年增长率（如 3%），而不是设定一个高峰目标。这样将会产生一个巨大的投资信号，能够在项目立项时最大限度地利用政治资本。

最后，更为重要的是，可再生能源配额制不仅需要在目标年份达到目标值，而且要规定中期目标，为投资者发出持续的信号，避免由于 LSE 采取无规律的、特别是前松后紧的投资采购策略而导致无法完成目标。建议建立一个金融借贷系统，把项目开发的不确定性考虑进去。金融借贷系统允许特定年份超额完成目标或者未完成目标，只要可再生能源证书总数与多年期（如 4 年期）的可再生能源证书总需求保持一致即可。

（七）侧重于结果而非技术

这一原则特别适用于可再生能源配额制。通过规定 LSE 采购一定比例的可再生能源（不考虑具体能源品种），可再生能源配额制在识别技术和降低成本方面的表现要优于上网电价政策。例如，在 2002—2012 年实施可再生能源配额制的初期阶段，美国加利福尼亚州的风电和生物质发电量超过了太阳能发电，但随着太阳能发电成本的大幅下降，太阳能发电取代风电成为目前用于达到可再生能源配额制目标最常用的技术（图 4-5）。

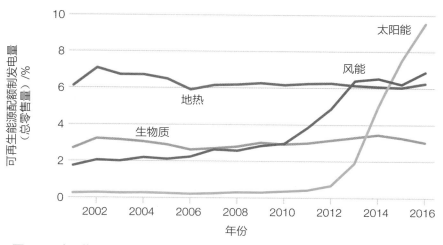

图 4-5　加利福尼亚州可再生能源配额制（RPS）允许随着价格的变化使用最低成本的资源达到目标

注：美国能源信息署 . 电力数据探测器 . [2017-12-12]. https://www.eia.gov/electric/data/browser/.

在特定情况下，可以对特定技术进行分割（会违反竞争性原则），但随着技术的逐渐成熟和成本的降低，这种分割政策应逐步被淘汰。

（八）通过简化流程和避免漏洞来预防投机

为了使可再生能源证书市场保持正常运作并吸引更多的投资，必须有一个清晰的可再生能源证书追溯系统。[1] 在美国，根据输电运营商提供的电子数据（可用于验证发电量），单位可再生能源发电量可获得一个唯一的可再生能源证书 ID 号。接下来，如果某 LSE 为了遵守可再生能源配额制而购买可再生能源证书，则被购买的可再生能源证书将在追溯系统中显示为"退役"状态。这种强大的追溯系统可以防止重复计算，并允许跨地域交易，前提是追溯系统要实现互联，且像跨地区碳市场一样，彼此对可再生能源配额制的目标要足够相似。

可再生能源证书市场也应该有明确的上网能力要求。政策制定者必须决定可再生能源证书是否必须在政策所在区域的电网上网，还是来自其他地区的非捆绑可再生能源证书（也就是可以仅购买可再生能源证书而不购买电力）也可用于实现可再生能源配额制的目标。例如，最低成本实现目标的方案通常是允许来自不同地区的达到规定条件的可再生能源证书参与可再生能源配额制。但这将导致一些项目被选址于政策制定者管辖地区范围之外，从而导致可再生能源配额制对本地区的经济或排放产生的影响有限。此外，如果允许来自多个地区的可再生能源证书参与某一地区的可再生能源配额制，则应要求参与地区也对可再生能源的定义相同。例如，美国宾夕法尼亚州将煤层气作为一种可再生能源，但其他州并没有将该能源列入符合可再生能源配额制要求的列表内。因此，如果某一可再生能源配额制计划允许使用跨地区可再生能源证书，那么政策制定者必须确定一种方法来协调对可再生能源配额制的不同定义。

---

[1] 更多有关美国可再生能源信用追溯系统的信息请参阅：Center for Resource Solutions. Renewable Energy Certificate Claims and Ownership[EB/OL]. 2015. https://resource-solutions.org/learn/rec-claims-and-ownership/.

四、案例研究

（一）美国

除了风电上网电价政策［实施生产税抵免：23 美元 /（MW·h）］，以及对于其他可再生能源发电技术实施的基于装机容量的投资税收抵免外，美国并没有制定任何国家层面的可再生能源政策。相反，美国给予了各州很大的可再生能源政策空间，使其对能源结构有很大的控制权。

美国共有 29 个州制定了能源结构和目标各不相同的可再生能源配额制，占全国发电量的 55%[17]。有些州对某些类型的资源进行了分割，而另一些州则将大型水力发电等成熟技术排除在外。大多数州都采用了净电表电价，具有小规模太阳能发电量的消费者可以在电价账单上获得电价抵免。这些政策为可再生能源的发展创造了一个多样化、充满活力的投资环境。

2002 年，加利福尼亚州率先采用了可再生能源配额制，此后一直在可再生能源领域处于领先地位。目前，加利福尼亚州在可再生能源装机容量和发电量方面领先于美国其他州，太阳能发电量占比最高，2016 年达到 13.8%[18]，这在很大程度上得益于该州持续改善的政策。加利福尼亚州目前的可再生能源配额制目标是到 2030 年可再生能源发电量占比达 50%（不包括大型水力发电和小型客户自备发电，后者通过净电表电价获得上网电价补贴）。加利福尼亚州的 LSE 一直超额完成可再生能源配额制目标，充分利用了其充满吸引力的投资环境，提高了履约的确定性。这一高履约情况使加利福尼亚州立法者有信心将其于 2002 年制定的到 2017 年达到 20% 的初始可再生能源配额制目标提前到 2010 年达到 20%（2006 年颁布），2020 年提高到 33%（2011 年颁布），及 2030 年达到 50%（2015 年颁布）。

加利福尼亚州可再生能源配额制采用了一种可实现技术和价格发现的反向拍卖机制，通过该机制，LSE 向发电厂发出招标请求，符合条件的发电厂可参与投标，就可再生能源证书和相应发电量签订长期合同（捆绑式"可再生能源证书"），帮助 LSE 完成其发电任务。这就使履约成本保持在较低水平，如 2012—2014 年，加利福尼亚州在可再生能源配额制履约的同时还带来了成本节约 [19]。然而，加利福尼亚州的履约方案受到地理限制 [1]，政策要求其在本州产生至少 70% 的可再生能源证书，虽然这有助于促进当地经济和工业发展，但确实也限制了对州外资源的应用（可能是更经济的竞争资源），并可能会增加履约成本。

此外，加利福尼亚州的可再生能源配额制是一种技术发现机制，导致其对太阳能发电采购的快速上升，因为该州几乎没有其他有竞争力的选项。尽管太阳能发电的比重随着成本的下降而增加，可是可再生能源配额制的履约成本却有所上升。这也给电网带来了问题：在低需求时期，日间大量的太阳能发电导致了"弃光"现象的发生。促进资源结构多样化的新的补充性政策，特别是更多地利用州外可再生能源资源（如风能、地热和水电），可帮助其以更低的成本达到 50% 的可再生能源配额制目标。

（二）中国

在燃煤发电和可再生能源发电领域，中国都处于国际领先地位。中国的可再生能源装机容量在世界排名第一，截至 2016 年，风电装机容量达到 148 GW，太阳能发电装机容量达到 77 GW，常规水电装机容量达到 332 GW[20]。中国还将继续推动可再生能源的发展，到 2020 年风电装机容量将超过 210 GW，太阳能发电装机容量超过 110 GW。

中国有三项互补的可再生能源政策：上网电价政策、可再生能源发电目标和可再生能源装机容量目标。中国的上网电价政策采用一种常规设计，自 2003 年以来，可再生能源技术按照具体技术类型获得单位电量补偿。为了确保上网电价更加接近成本，中国根据不同技术类型进行特许权招标来发现价格，这种新的拍卖机制为对应的可再生能源技术提供了新的统包价格。此外，根据资源的可获得性，不同地区的上网电价也不同。例如，在风力资源丰富的地区，上网电价较低，而风力资源较少的地区，上网电价也会相应上涨。

---

[1] 从技术上来讲，如果这些资源链接至州级电网，则也可在州外建立这些资源。

然而，尽管对发电提供了持续的补偿，但中国一直存在"弃风"和"弃光"的问题，因为针对装机容量目标完成情况的奖励，刺激的是投资而不是发电量。例如，2016 年 21% 的风力发电被弃置[1]。尽管开发商在上网电价政策框架下有充足的动力，但电网管理者、LSE 和地方政府则几乎没有动力来接受这些可再生能源的发电量并支付给发电商补偿款。政府和国有企业将重点放在了实现"十三五"规划的装机容量目标上。由于奖励的是装机容量而不是发电量，因此自 2010 年以来，中国对新可再生能源设施的投资已与世界其他地区的总和持平甚至有所超越，然而许多可再生能源电厂未接入电网，或被弃置，为以煤炭为主的火力发电让路。

中国现有的体制缺乏还在于无法满足几个其他设计原则：由于依靠装机容量目标及特定技术的上网电价，中国现有的体制并不具有技术和价格发现机制。最近，中国政府表示，可能会更频繁地调整上网电价，提高其可再生能源政策的价格发现水平。此外，认识到弃电问题，中国已开始试点实施可再生能源配额制驱动下的可再生能源证书交易体系，以允许区域间可再生能源交易，减少对特定技术上网电价和装机容量目标的依赖[21]。

尽管如此，中国已经取得了重要的成功，特别是在降低软成本和目标的持续改进方面。西电东输工程将西部地区丰富的风电资源直接输送到东部电力消费中心，从而降低了软成本。此外，中国开发商可以从国有开发银行获得低息贷款，从而降低了新项目的投资成本。装机容量目标的持续改进同样推动了持续进步和可再生能源投资，这为取得巨大成功奠定了基础。在全球电力需求占比快速增长的同时，中国也是太阳能光伏制造大国，2012 年光伏产能占全球产能的 70%。[22]

（三）德国

德国提出了一些从全球来看最雄心勃勃的可再生能源目标：到 2025

---

[1] 弃风电量为 49.7 TW·h，总发电量为 241 TW·h。　Brian Publicover. China Adds 19.3GW of Wind in 2016 but Curtailment Soars. Recharge News [EB/OL]. 2017. http://www.rechargenews.com/wind/1210416/china-adds-193gw-of-wind-in-2016-but-curtailment-soars.

年，可再生能源比重达到 40% ～ 45%，到 2035 年达到 55% ～ 60%。自2000 年开始制定可再生能源目标以来，德国的上网电价政策一直是推动快速采用可再生能源发电的主要因素。上网电价设定年限为 20 年，因技术变动定期调整上网电价水平。

直到目前，德国尚未建立旨在价格发现的上网电价政策，因此快速采用可再生能源发电产生了巨大的成本。目前，用户电费中的平均可再生能源附加费接近总电费的 25%，工业用户可免缴该附加费以保持其全球竞争力。为了降低成本，并将部分风险转移到相对成熟的可再生能源发电行业，德国从单一的固定上网电价补贴转向溢价上网机制，这一方面降低了补贴金额，另一方面也允许发电厂从电力批发市场中获得收入。因此，通过溢价上网机制支付大部分成本的可再生能源发电厂可以在能源批发市场上展开竞争，从而降低消费者的电力价格。

为了提高其价格发现能力，德国每年都会根据可再生能源拍卖结果下调上网电价 [23]。此外，上网电价为前期补贴，根据不同技术设置不同水平，前 5 ～ 10 年的补贴更多，此后每年都会削减。通过这些方式，德国希望降低可再生能源转型的成本，同时刺激足够的投资以实现其脱碳目标。

五、小结

经验表明，上网电价政策和可再生能源配额制都是加快可再生能源电力转型有效的低成本方案。对于可再生能源市场不成熟的国家而言，上网电价政策可以使其获益更多，并最大限度地降低开发商的风险，刺激所有可再生能源技术的发展。随着市场不断走向成熟，更适合实施可再生能源配额制，利用最低成本的技术来满足某一国家的可再生能源目标。每项政策都可以调整以弥补发现的不足，在许多情况下，这两项政策甚至可以一起组合使用。

电力部门脱碳是向全经济深度脱碳迈出的重要一步。随着电力部门碳强度的降低，其他部门的低碳化，特别是建筑低碳和交通电气化，将日益成为重要的脱碳战略。这两项政策可帮助各国在电力部门脱碳的道路上走得更远，至于其是否具有成本效益，不仅取决于本章所阐述的政策设计，同时也取决于某一国家根据不断变化的市场条件调整其可再生能源政策的能力。

第二节　补充性电力部门政策

许多国家的电力系统正面临着彻底的低排放改造，以提高整个电力系统的灵活性、促进新技术应用，并改变现有的电力商业模式。但是，国际电力系统已呈现出日益多样化的趋势，这一转型过程没有任何统一的路径。有关降低成本的最佳途径、如何维持基本照明以及怎样提供清洁的电力系统的讨论，往往聚焦在是以电力公司还是以市场为主导，或者是由立法机构还是由监管机构来推动系统变革。因为电力政策是多样化的，所以这些问题并没有所谓的"正确"答案，并且之后仍将如此。

清洁能源成本的大幅度下降使超低碳电力系统成为可能，这种系统的成本和稳定性几乎与传统电力系统相当[24, 25]。但将电力系统的碳排放归零并不像将可再生能源配额设定为100%那么简单。即使在可再生能源配额制或上网电价政策的最佳设计情景下，也需要一种更系统的方法，来确保电力系统的转型并将成本控制在可负担的范围内，且能够促进经济繁荣、维持稳定性和向未覆盖地区的客户提供电力服务。

这些补充性电力部门政策在经济脱碳的过程中发挥着重要作用，且至少可为确保有一半的机会实现2℃目标贡献11%的减排量（图4-6）。

图 4-6　补充性电力部门政策的潜在减排量

数据来源：使用经国际应用系统分析学会（IIASA）许可的数据进行分析，这些数据可从 IIASA-LIMITS 情景数据库下载，https://tntcat.IIASA.ac.at/limits publicdb/dsd？ action=htmlpage&page=about。

一、政策概述与目标

　　更系统的计划需要上网电价政策和可再生能源配额制以外的能源政策。电力部门的其他变革可以加速可再生能源配额制和上网电价政策的实施，并推动进一步的减排。其中，最重要的政策类型包括改善电网灵活性、基于绩效的监管、运作良好的竞争性电力市场、现有发电厂有序退役，以及能够降低可再生能源项目风险的投资政策设计。这些政策合力将有助于加速电力部门的转型，并为 2℃目标贡献至少 11% 的减排量。

　　本节所介绍的政策的目标是为实现低成本、高可靠性的清洁电力所需的机制框架和实物系统提供支持。为了实现这一目标，政策制定者可以将重点放在五个方面：提高电网的灵活性、利用基于绩效的监管系统、设计和运营有竞争力的电力市场、推进老旧发电厂的有序退役、通过投资分级政策降低开发可再生能源的风险。

（一）电网的灵活性

电力系统脱碳必然会削减煤炭使用量（至少不需要碳捕集和封存，目前这种技术的成本仍然很高昂），大大减少天然气发电量。核能可能仍然是发电结构的组成部分，但与其他零碳发电厂相比，核电成本仍相当高。太阳能发电和风电的成本相对较低，但其发电量受到光能和风能禀赋的影响，因此需要更灵活的电力系统来支持电力脱碳。

为了满足瞬息万变的电力需求，电网必须保持一定的灵活性。幸运的是，已经有许多方案可提高电力系统的灵活性。电网灵活性可以来自实物资产，如配备电池和可快速切换的天然气发电厂，也可以通过改进电网运行效率来实现，如使用先进的信息技术更好地协同优化电力供需。

图4-7给出了电网灵活性的方案，大致是按照目前的成本顺序排列的。成本最低的方案（第一方案）是改进电网运行效率，激发现有系统潜在的灵活性。这些措施包括缩短每个电网重整和调度的时间，将更准确的实时天气预报纳入电网运行以及扩大地理范围，在既有输电能力的情况下，利用更加多样化的资源组合，使电网运营商保持系平衡等。

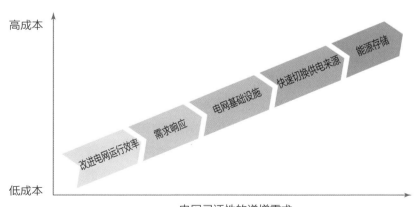

图 4-7　电网灵活性方案的成本示意图

注：图表转载自美国政府公开数据，改编自 Paul Denholm 等的《可再生能源发电的储能作用》，2010 年，https://www.nrel.gov/docs/fy10osti/47187.pdf。

第二方案是需求响应。它是一套分级、分类和汇总电力需求的方法，目的是将电力需求从供应不足的时期转移到供应过剩的时期。例如，开关和声控可以将每栋建筑变成一个储能电池，通过对建筑和供水系统进行预冷或预热，恒温器和热水器可以成为电网灵活性的重要组成单元，同时还可保障建筑用户获得同等的舒适度和服务 [26]。

第三方案是电网基础设施。改进输电和配电基础设施也可以提高电网的灵活性。输电能力的提高使电力更易于在区域内输送，这意味着可以利用一个地区更多的资源来帮助平衡供需。同样，跨区域输电能力的提高意味着不同地区的运营商可以进行电力交易。这使运营商可以利用多个地区的资源来平衡供需，同时也允许运营商在当地价格较高的情况下进口电力，或者在当地产能过多和价格较低的情况下出口电力。配电系统基础设施建设也有助于平衡供需，与输电系统情况类似。例如，升级基础设施实现双向电力流动（传统的是从大型发电厂向客户的单向流动），将为分布式能源的应用（如屋顶太阳能或建筑内储能电池）创造机会，在满足即时能源需求的基础上进一步满足差时能源需求。

从成本效益的角度来看可采取快速切换供电来源的方案。联合循环天然气发电厂可以提供这种服务。如果满足环境约束条件且得到适当补贴，一些水电厂也可以提供这种服务。

最后一种方案是能源存储，它也可以满足电网灵活性需求。2011—2017 年 [27]，电池储能成本下降了 80% 以上，甚至在某些多供电来源（跨技术）的灵活竞标中以低价胜出 [28]。

随着全球电力系统的转型，可能会出现更多的电网灵活性方案。政策制定者应寻找创新机会，改善电网运行，推动需求响应 [29]，建立必要的输电基础设施，开展重要的配电系统升级 [30]，支持发电厂的灵活运营并促进储能的应用。

（二）基于绩效的监管系统

电力供应在某些方面具有自然垄断性。例如，为每栋建筑构建多组电线是行不通的。因此，除非政府直接拥有某一地区的电力基础设施，否则对私营垄断电力公司的监管将始终是电力政策的一部分。在世界许多地方，私营垄断电力公司通常都按照"服务成本"模式进行监管，这种模式允许电力公司对所有资本投资获得回报，并将大部分运营费用转嫁给客户。如果目标是扩展电力系统，那么这种结构将会很好地发挥作用，但它同时会催生由电力公司控制的、资本密集型基础设施，两者之间是相悖的[1]。

　　为了解决这些矛盾，在给予电力公司财务激励的同时实现重要的社会目标，一些地区采用了基于绩效的监管方法，这种监管结构为电力部门创新提供了新机会。基于绩效的监管可将电力公司的利润分出一部分去实现更重要目标[2]。如为满足人均 CO_2 排放等定量目标，监管机构可以向电力公司提供现金奖励或降低货款还款利率，同样，监管机构也可以因其未能达到关键目标而予以处罚。监管机构可以利用这种机制将适当的风险转移给电力公司，以实现更重要的社会目标，充分发挥电力公司作为市场创造者的角色，实现社会效益。

　　在设计基于绩效的监管时也应该考虑客户的负担能力。例如，监管机构可以限制电力公司的收入，即所谓的"收入上限"，以鼓励其提高效率，保持低成本运行。收入上限可根据电力公司产能的变化逐步进行调整[31]。这种方法有助于压低成本，在电力公司为客户提供获取清洁能源和需求管理服务平台的情况下，最大限度地提高电力公司的盈利能力。正如前美国电力监管者 Ron Binz 和 Ron Lehr 所说，基于绩效的监管将核心问题从"我为我得到的东西支付了足够的金额？"转变为"我为之付费的东西是我想要的吗？"[32]。

---

[1] 欲深入了解服务监管成本造成的资本偏差，请参阅：Steve Kihm, et al. You Get What You Pay For: Moving toward Value in Utility Compensation, Part 1: Revenue and Profit[R/OL]. America's Power Plan, 2015. http://americaspowerplan.com/wp-content/uploads/2016/07/CostValue-Part1-Revenue.pdf. Dan Aas, Michael O'Boyle. You Get What You Pay For: Moving toward Value in Utility Compensation, Part 2: Regulatory Alternatives[R/OL]. America's Power Plan, 2016. http://americaspowerplan.com/wp-content/uploads/2016/08/2016_Aas-OBoyle_Reg-Alternatives.pdf.

[2] 大量针对设计基于绩效的监管方案的资源请参阅：Energy Innovation: Policy and Technology. Going Deep on Performance-Based Regulation[EB/OL]. 2016. http://energyinnovation.org/publication/going-deep-performance-based-regulation/.

能效是用于测量电力公司绩效及为其提供补贴的一个成熟的绩效指标。能效投资可替代传统的电厂监管，因为能效会降低营销成本，并通过降低线损和系统峰值来取代扩大资本投资的需求。由于配电公司在大多数地方也提供零售电力，因此它们通常有足够的数据，基于用电量来评估可从能效投资中获益的客户，但是它们并不愿意鼓励行为转变或客户投资，因为这将削减其利润。在美国，用于解决这一矛盾的常见做法是，如果电力能够通过直接投资、客户教育以及将能效供应商与客户联系起来而进一步提高能效，则将会得到资金奖励。美国有 27 个州级项目实现了提高能效和低成本减排 [33]。

为电力公司提供绩效奖励的资金机制可为传统僵化的电力行业进行创新奠定基础。精心设计的、以绩效为基础的监管方式可以引导电力公司为完成既定目标而进行决策，同时为新技术的创新和整合创造机会。

（三）有竞争力的电力市场

在世界不同地区，发电侧、输电侧和需求侧已经不同程度地引入了竞争机制。许多国家引入了竞争性发电机制，市场监管机构为发电厂制定了批发电力交易竞争规则。一些地区还引入了竞争性输电机制，独立输电公司可以通过输电竞标和合同谈判来建造和运营输电线路。有些则采用了零售方式，便于居民和小企业客户选择自己的电力供应商。

通常情况下，需要一个系统优化者（通常称为"区域输电组织"）来促进区域内的竞争。区域输电组织通过公平、可靠和经济高效的方式调度发电厂以指导高压输电系统的传输。它们会为批发交易提供一个中立的平台，促进发电商、输电商和其他资源供应商之间的竞争，避免受市场力量的影响，优先调度成本最低的资源 1。

妥善管理的竞争性市场有降低价格、推动创新、为客户提供良好的服务并减少排放的潜力。但是，要设计能够满足所有近期和长期电力系统需

---

1 更多有关区域输电组织的运作方式的信息，请参阅：Regional Transmission Organizations：The Basics[EB/OL]. Western Clean Energy Advocates, 2016. http://westerngrid.net/wcea/rso/.

求的市场是很困难的，因此监管机构需要谨慎地采取行动，以确保市场能够很好地建立起来，实现清洁能源目标，同时平衡经济效益和可靠性[34]。一些外部性，尤其是环境外部性的定价可能超出了电力市场运营商的控制范围。这样一来，建立技术中立市场，同时利用其他机制，如碳税或总量控制（在第八章中讨论）来评估温室气体减排就显得更加重要。

如果要充分利用配电侧资源的全部价值为集成电网服务，则需要特别注意输电网与配电网之间的衔接。这可为低成本的清洁电网服务创造巨大的机会，但是抓住这个机会将面临两个挑战：首先，要为这些分布式资源制定进入大规模竞争性市场的规则；其次，需要协调输电系统和配电系统之间的运行，目前它们在技术和运行层面上没有实现互通。

为了适应不断变化的资源结构，竞争性电力市场必须更新其规则和产品定义，以挖掘电网灵活性在现有电力系统中的潜在价值[1]。特别是将供需从过剩期转移到短缺期的服务将特别有价值[35]。这包括对风能和太阳能短期变化的快速响应，以及由日出、日落或季节性风力模式引起的长期、可预测的波动。如果电力系统需要以高比例、低或零边际成本的资源高效运行，那么监管机构也可以开始考虑所需的长期转变[36]。

（四）老旧发电厂的有序退役

随着电力系统基础设施变得更清洁、更有弹性，监管机构必须为会产生污染的发电厂的有序和及时退役创造一个有利环境。在垂直一体化的地区，电力公司及监管机构做出的退役选择可能对客户的支付能力产生重要影响。美国"气候政策倡议"组织分析发现，从边际成本来看，与附近地区新建风电厂的统包资本和运营成本相比，约一半的美国燃煤电厂不具经济性[37]。但投资惯性仍使许多燃煤发电厂继续运营。在由受管制的电力公司运营发电厂的地区，允许电力公司将老旧、经济效益差的发电厂剩下的

---

[1] 有关批发市场运营商如何适应价值灵活性的详细示例，请参阅：Robbie Orvis, Sonia Aggarwal. A Roadmap for Finding Flexibility in Wholesale Markets[R]. America's Power Plan, Energy Innovation, 2017.

未提折旧余额出售给债券持有人，可使电力公司回收资本用于更高效和更清洁的替代品，帮助客户节约成本[38]。

在实施竞争性发电的地区，政策制定者可以通过严格的市场规则和鼓励产品的公平竞争来引导有序退役，以保持公平的竞争环境，避免发电厂所有者要求对不再具有竞争力的电厂进行改革[39]。运行良好的竞争性电力市场将发出适当的价格信号，确保在老旧电厂退役后维持电力系统平衡[40]。

（五）降低可再生能源项目风险（投资级政策）

可再生能源技术的初始成本很高，但运行成本很低，因为它们不需要燃料。这种高投资导致可再生能源对投资成本（即可再生能源技术前期贷款或投资所需支付的利率或回报率）非常敏感。例如，高贷款利率会显著增加风电厂的总成本（图4-8）[1][41]。

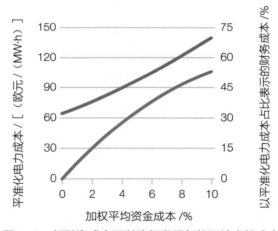

图4-8　低融资成本可以降低发展新能源技术的成本

注：图表经 BVG Associates 许可转载。Giles Hundleby，"LCoE 和 WACC（加权平均资本成本），" BVG Associates（博客），2016 年，https://bvgassociates.com/lcoe-weighted-average-cost-capital-wacc/。

回报条件和利率反过来又是由风险驱动的。当投资者面临更高的风险

---

[1] 假设有一个太阳能项目，该项目在未来 25 年内每年可预测的合同现金流量为 100 万美元。如果投资者要求的回报率为 7%，那么该项目的价值为 1 165 万美元。 但是如果回报率仅上升 1 个百分点，上调至 8%，则该项目的价值将下跌 8.4%，跌至 1 067 万美元。回报率增至 9% 将导致项目价值下跌 15.7%，跌至 982 万美元。

时，他们就要求获得更高的回报。因此，如果明智的公共政策可以降低风险，它就可以降低成本。这种政策产生的金额上的差距可能是巨大的，在某些情况下，总成本可能降低近 50%。

风险是多种多样的，如技术上可能会失败，风电厂的选址可能会遇到困难，施工可能会因许可证问题而延期，电力销售价格可能无法预知等。这些风险中的大部分可以通过明智的公共政策来缓解，同时不会损害关键的公共价值。如果这些问题都得到了解决，清洁能源就会变得更便宜。

这些风险中的第一个是技术风险，对于太阳能光伏发电和陆上风电来说，这一风险已经大大降低了，目前这些能源既可靠又便宜，许多股权投资者和项目融资机构都为其提供担保。许多其他市场化的技术也接近这一状态，包括集中式太阳能发热和海上风电。第八章第二节（"研发政策"）、第三章（"如何确定减排政策的优先次序"）和本章第一节（"可再生能源配额制和上网电价政策"）中介绍了减缓尚不具竞争力的方案面临的技术风险的方法。本节重点介绍技术风险较低的清洁能源技术，但这些技术仍可能受到开发过程和市场不确定性的影响，表现为项目开发风险和价格不确定性风险。

1. 项目开发风险

开发风险主要在三个环节出现：选址、许可办理和输电渠道。选址风险有许多方面，如土地所有权、使用条款和权利、道路和输电线路使用权以及环境影响和文化冲突等。每种风险都会带来一定的不确定性，有时会扼杀一个项目。如果开发商必须花两年的时间来解决选址问题，那就意味着两年没有回报，两年的费用支出，浪费两年的税收优惠期，等等。良好的政策可以通过提前开展土地分区、尽早与利益相关者沟通，同时为许可证设定具体的要求和时间框架，来大大减少这种不确定性。

一旦选择和批准了一个场地，就会相应地出现许多其他许可要求，包括土地使用权、施工标准、填料问题、监察、噪声、交通、能见度、灰尘、工人保护等。而这些许可证的发放工作通常是由许多不同的联邦、州、县和市办公室负责的。结果可能由于烦冗的文书工作，导致项目延迟几年。

以发展清洁能源为目标的地区可以通过事先谋划、制定明确的标准为符合这些标准的项目提供快速许可，从而避免这种代价高昂的混乱局面。这不是一项简单的工作，但它可以对风险降低产生深远的影响。

大型太阳能发电和风电项目还需要能够接入输电线路，以便将电力推向市场。对于没有现成的输电线路的场地，上述选址和许可问题还将再次出现在配套的输电建设项目中。建设能够将优质、低冲突的可再生资源地区与高需求城市相连接的输电线路，可加快可再生能源的普及，推动成本的降低。美国得克萨斯州建立的"竞争性可再生能源区"（在本节后面的案例研究中进行描述）就很好地说明了这一点，这项有计划的策略旨在建设一组连接该州风力资源区和用电中心的输电线路。

即使有输电线路，也可能因过于复杂的互联标准（某些地区似乎希望通过这种复杂设计将竞争对手排除在外）而面临阻碍。解决这一问题的方法是，建立清晰、直接的许可办理互联关系和程序，并设定合理的时间限制，同时应用非歧视性标准。互联过程的一些有用的设计要点包括进行合理但保守的筛选，以确保互联关系队列中不会被不需要建设的项目挤满；出于同样的原因，承包项目应优先于非承包项目；通过研究将成本公平地分摊给某一模块的所有项目；还要遵循一项原则，即不在官方程序之外进行电网的系统升级，仅可在官方程序内的特定时间升级。

2. 价格确定性风险

开发一个大型可再生能源项目的另一个主要不确定性领域是电价。与可靠的买家签订长期的、具有高度确定性的价格协议，以使以较低的贴现率进行资本投资和开展具有竞争力的项目融资变得更加容易。此外，长期电力合同也允许无追索权融资，这使规模以下的开发商可以与那些大规模的企业展开竞争。

大规模的能源供给有不同的营销条件，具体取决于其所处的监管系统，存在较大差异。拥有发电厂和输配电系统并直接出售给客户的传统垂直一体化垄断企业可以建造自己的发电厂，也可以自创市场与其他发电商签订购电协议。另一个极端是竞争性电力市场，在前一日拍卖机制的帮助下，电力以 5 分钟增量为单位得以出售。这两种市场结构可同时存在，因为放松管制的零售电力公司可以与不同的供应商签订合同，以避免和降低风险。在加利福尼亚州，项目可以签订长期合同，但未签订合同的这部分发电量可参与前一日拍卖或现货电力市场交易。

显然，长期价格更有可能来自电力合同而不是来自日度拍卖，但即使在竞争性电力市场中，双方合同也可以锁定很长一段时间的价格。

智能定价的要素包括：

- 对于建造自备发电厂的垂直一体化垄断机构，监管机构应允许 10 ～ 20 年的成本回收期，但必须将价格与竞争性市场提供的价格进行基准比较，以避免消费者超额支付。

- 对于由电力公司或监管机构创造市场的地区，如果向第三方公司发出新发电厂建设招标，监管机物要为投标方提供 10 ～ 15 年的长期合同。

- 对于前一日拍卖和竞争性现货能源市场，系统的设置应有利于能源生产商与能源供应商之间签订适当的长期双边合同。

在任何情况下，对清洁能源的公共激励应与合理的开发所需的时间范围一致（即至少 10 年）。设计长期的激励政策也有助于避免补贴政策是否延续的不确定性。

二、政策应用

世界各地均处于清洁电力发展的不同阶段 [42]，其各自的环境现状决定了对政策的选择。当前的电力结构是什么样子？该地区有哪些可用的发电资源？如何进行成本比较？这些问题的答案有助于确定哪些电网灵活性方案适用于该地区 [43]。主要的电力供应商是受管制的垄断性电力公司、政府还是有竞争力的供应商？这些问题的答案可以使政策制定者更深入地理解什么是基于绩效的监管或运作良好的竞争性电力市场。客户是否都得到了充足的电力服务，或者电力系统是否需要扩展以便为每个人提供电力？总体电力需求是在增长、保持稳定还是在下降？这些问题的答案可以帮助我们确定应优先考虑哪些政策以及如何实施这些政策。

（一）对于电力需求持平或下降的经济体

在发达国家，电力需求持平甚至下降的现象越来越普遍。这在很大程度上是由于能效政策取得重大进展以及诸如发光二极管（LED）等节能技术进步导致经济增长与能源需求增长脱钩。在电力需求持平或下降的地区，电网的灵活性、基于绩效的监管系统、有竞争力的电力市场和老旧发电厂的有序退役这四种机制都很重要，但老旧发电厂的有序退役可能特别重要。

过去以煤炭、石油或天然气为原料的电力系统需要退出历史舞台，以便为零碳电力腾出空间。这将导致很多发电商投资失败，无法收回投资成本。由于过去化石燃料发电占据主导地位，这些发电厂的提前退役可能需要新的电网运行方法，这些变化将带来支持化石资源的呼声。政策制定者应客观评估是否有足够的清洁能源替代化石燃料发电，同时考虑经济可行的能效政策、储能和需求响应，以便在老旧发电厂退役时保持持续供电[1]。如果可行，电力监管机构应坚持执行有步骤的退役和替代，同时为从旧工业过渡的工人提供支持。

（二）对于电力需求增长的经济体

各地区的电力需求增长可能有以下几个原因：总人口在增长，高能耗行业在扩张，更多的人摆脱了贫困能够负担得起电力成本，或者电动汽车行业正在快速增长。无论是哪种原因，电力需求持续增长的地区都应严肃

---

[1] 通常拥有和运营这些工厂的电力公司可能并不能给出关于退役可行性的可靠信息来源。因此，客观的第三方分析会有所助益，且21世纪电力伙伴关系等国际组织可以帮助提高分析能力。请参阅：https://www.21stcenturypower.org/。

考虑实施强有力的可再生能源配额制或上网电价政策，以及本节前面所述的几种机制。

不断增长的需求可能预示着宏观经济的发展趋势，但也可能预示着提高能效、执行更高的建筑和工业标准的机会。投资于能效相当于满足不断增长的需求的、最具成本效益的零碳资源[44]。电力需求不断增长的经济体应密切检查性能标准，如能效组合标准及电力公司能效激励机制。

当然，在高增长环境下，老旧发电厂的有序退役将不再是关注的焦点，清洁能源开始以相同或更低的用户成本取代老旧、污染严重的发电厂标志着电力部门的健康发展。当现有资源与新的清洁能源相比污染更重、运行成本更高时，有序退役显然是最适合的，前提是要有足够的资金来满足不断增长的需求并替换老旧发电厂。

（三）对于尚未实现全民通电的经济体

部署和维护电力基础设施是发展中经济体面临的一个重大挑战，这些发展中经济体尚未实现全民通电。将用户端连接到现有电网通常需要建设大规模的配电和输电基础设施，这就需要大量的资金，而这些资金可能不容易获得。高昂的前期成本，加上从可能难以持续支付电费的客户那里获得的潜在回报较低，会削弱吸引基础设施建设资金的能力。这时候，通常需要一定程度的国家支持。即使已经建立了电网连接，服务的可靠性也可能很低，从而形成恶性循环，降低电网扩展的预期价值。

许多未接入电网的家庭依靠柴油发电机等小型、分布式燃料发电或取暖，或燃烧煤、油或动物粪便来做饭、照明或为建筑供热，但这些都是重污染源，会对社区健康造成危害。幸运的是，技术发展提供了新的清洁电力方案，与被替代的发电方式相比，其中许多方案实际上可帮助客户节约成本。

随着技术成本的下降，新的能源接入方案也开始不断涌现，从超高效的太阳能家庭系统到社区微电网。离网或以社区为基础的共享太阳能和电池供电系统以较低的成本提供电力接入，并且在许多情况下比电网基础设施扩展更灵活。据塞拉俱乐部（Sierra Club）估计，农村地区通过太阳能微电网接入的电力成本约为 250 美元 / 户，且根据现有电网的距离，电网扩建成本为 1 000 ～ 2 500 美元 / 户不等 [45]。

为了提供电力接入，政策的着重点应放在资本动员以及推动电力接入的机构建设上，而不是通过改变前文所述的电力行业规制和批发市场规则来重组大型机构。塞拉俱乐部（Sierra Club）在扩大离网系统清洁电力接入的一些原则尤其适用：

①支持高效节能家电和农业设备的部署和开发；

②前期侧重于推动提供基本接入的小额投资，然后随着市场成熟和收入增加，建立融资机制，以提供更多服务；

③通过贷款担保或农村上网电价补贴（保证成本回收）来消除私人投资风险，从而降低接入成本；

④明确离网和微网区域的电力行业规制 [45]。

三、政策设计建议

（一）政策设计原则

1. 创建长期目标以为企业提供确定性

如果绩效目标保持稳定并且能够延续到未来，那么基于绩效的监管将发挥最大效用。投资者拥有的电力公司是低风险企业，能够将低成本投资的收益传递给用户（低风险最终反映在较低的电价中）。在服务成本受监管的情况下，电力公司投资者面临的大部分风险源于监管的不确定性——批准资本投资的监管机构可能会发生变更，从而增加电力公司未来无法收回全部投资成本的可能性。如果不能确定电力公司能否达到监管目标，那么基于绩效监管的一部分电力公司将承担额外的风险。但是，基于绩效的激励也有其优势，它创造了增加回报和抵消高风险的机会 [46]。

如果电力公司的补贴模式发生了变化，那么一些不确定性就会随即产生，但是可以通过明智的政策设计来减轻这一问题的影响。第一个原则应是在足够长的时间范围内（至少 5 ～ 8 年）设定绩效目标。更长的时间范围将为企业创新提供确定性，但是如果未来目标设定的太远，也会受到外部形势或外生事件不确定性的干扰。无论监管机构在项目开始时选择什么时间范围，他们都不应该在既定绩效期结束前对目标进行重大改变，以保持稳定的商业环境，避免造成更大的监管风险和不必要地增加电力公司的资金成本。在收入上限监管下，电力公司及其投资者需要确信，即使电力公司利润增加，监管机构仍将执行收入上限政策，从而维持激励的有效性。

　　长期的政策确定性对于降低可再生能源发展的风险也至关重要。需要保持政策确定性的一个例子是美国可再生能源生产税抵免（PTC）政策。尽管 PTC 的固定期限为 10 年，但美国国会允许其失效 5 次，有些年份甚至将其延期使用时间推迟到年底的最后几天，导致了风电行业出现动荡和不确定性，甚至导致一些生产商退出市场。如果不确定 PTC 是否会延期执行，风电行业在景气年份会加快建设速度，但在萧条年份就会停止建设 [47]。这种繁荣—萧条的投资周期将使生产商难以为继，还会导致效率低下（图 4-9）。

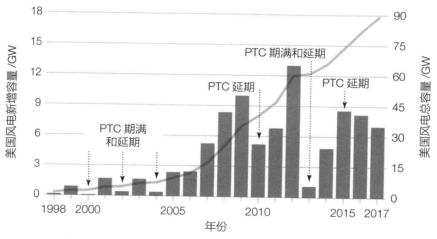

图 4-9　政策的不确定性造成了风能的繁荣—萧条周期 [47]

　　人们难免会想，这些政策时断时续，税收减免缺乏弹性，不仅没能为目标行业提供支持反而带来了行业发展的困扰。

2016 年，通过延长并逐步淘汰可再生能源税收抵免政策，美国基本上解决了这一问题。2017—2020 年，风能 PTC 逐步降至零，太阳能技术的投资税收抵免也从 2017 年的 30% 逐步降至 2022 年的 10%。对于将获得市场竞争力的技术，提前宣布逐步淘汰也可以达到降低风险的效果。

2. 充分考虑每项技术的所有负外部性

如果发电的边际价格没有反映出外部性，电力批发市场就会发出错误的价格信号，尤其是涉及碳和其他影响人类健康的空气污染物的时候。由于批发电力市场依靠边际电价以最低成本的方式对不同电厂进行调度，而其中仅考虑了直接燃料成本，因此实际上看似低成本的煤炭或天然气实则成本更高。如果所在地区或燃料来源地没有设定碳价，电力批发市场可以适当考虑根据发电厂的碳强度在其投标文件中增加有关碳的替代社会成本估算值[48]。这将为风能和太阳能等零边际成本资源创造更多收入，同时与天然气、煤炭和石油相比，可优先调度核电和水电等零排放资源。

3. 消除不必要的软成本

降低软成本的关键措施就是降低可再生能源的开发风险，软成本指的是建设风能和太阳能项目时，项目成本的非硬件组成部分。良好的政策可以通过对土地进行预分级，并为许可证设定明确的要求和时间框架，大大减少这种不确定性。例如，土地管理局等公共土地机构可以将土地划分为绿地、黄地和红地。只要满足明确的、预先规定的条件，绿地可用于可再生能源开发；红地是禁止开发的；黄地需要经历一个复杂、谨慎的过程来确定是否适合开发。事实上，目前几乎所有土地都被划分为黄地，因此效率极低。

然而，这并不是放宽环境标准的理由。政策制定者和社区有责任保护景观、栖息地、湿地、溪流、流域和物种。但是，这种预划分提供了一种有效的土地规划方法，能够帮助我们得到想要的结果。例如，红地包括荒野研究区；绿地可能是现有的油气田、州际公路走廊或不是重要栖息地的开阔地。

在明确环境保护标准的前提下，可以简化审批流程。第一步是列明项目开发商获得审批所需采取的必要步骤和审批过程将涉及的各级负责机构（联邦、州或地方）。可以与经验丰富的开发商共同确定申请许可证的关键路径。

然后，应按目的和管辖权来制定一套更清晰、更简单的要求，以规范这一过程。

①尽可能使用通用表格。

②必须明确获得许可证的资质要求。应有准确的表述，并有明确的时间表。这样，在关键风险（如双重许可证或口头许可证审批）得以管控时，开发商就能够追加和再投入资金。

③减少或消除任何不必要的程序。可建立一个主文件系统，或建立一个无纸化的工作流程。

④严格、快速地审批满足所有要求的许可证申请。

⑤承诺在合理的时间内对出现的问题进行回应。

⑥一项好政策应在地区之间实现共享，这样一来，制定合理的标准就可在多个地点进行复制，也就意味着开发商不必每进入一个地区都要重复提交申请，从而使他们能够经济高效地部署资源并将最佳实践带到更多地区。

一种补充性的治理方法是，任命一名监察员，在政策制定者的支持下，帮助开发商解决监管和许可问题。

通过这一精心设计和发布的流程，开发商就可以确切地知道申请新的太阳能发电厂许可证需要准备哪些东西。开发商将在时间、成本、选择承包商等方面做到心中有数，明确的时间表和审批步骤也可向投资者证明这是一个低风险项目。

4. 建立内在的持续改进机制

当监管机构设定的性能标准能够不断改进时，基于绩效的监管也将发挥有效的作用。随着技术推动可以实现电网的互联和迅速响应，使电力服务不断发展。目前，运营商能够监测系统运行，预测、调整并避免可靠性问题，而这在 10 年前是无法做到的。绩效目标应根据现实发展持续改进，如每年改进目标，而不是设定未来某一特定日期的硬性指标。这一原则与为企业提供确定性相关，因为基于监管下的绩效目标与电力补偿挂钩。持续改进绩效目标还可以创造长期的确定性，确保企业获得正确的信号和时间表来进行符合公共政策目标的战略投资，同时维持电力公司的盈利能力。

5. 标准侧重于结果而非技术

集中式批发电力市场和垂直一体化电力公司应在技术上保持中立，以实现低成本、低碳排放的电力服务。在批发市场中，这意味着需要考虑哪些资源可参与市场交易。许多批发市场以采用标准或定义产品的方式人为地阻碍清洁技术的发展。例如，参与辅助服务市场（如频率响应）可能要求使用同步发电机，因此即使基于逆变器的发电技术（如风能、太阳能和电池存储）具备相应的技术能力，也无法参与这些市场并从中获得收益[49]。当市场要达到所需的灵活性水平来平衡多种可再生能源发展时，它们应该保持技术中立，允许不同的资源组合以最低成本提供所需的电网服务。

对于垂直一体化的电力公司，他们可能更偏向于传统的高消耗投资，即与需求侧方案、储能和可再生能源相比，偏向于优先投资大型燃煤发电厂和传统电网基础设施。基于绩效的监管有助于鼓励电力公司在选择供需两侧资源时保持技术中立，从而为客户提供经济高效的服务。其中，收入上限和效率激励可能是激励技术中立的强大驱动因素。

6. 通过简化流程和避免漏洞来预防投机行为

斯奈普斯能源经济学咨询公司（Synapse Energy Economics）为监管机构编制的一篇有关绩效激励机制的手册中，解释了电力绩效投机行为：每一种绩效激励机制都会面临电力公司破坏规则或操纵结果的风险。"投机行为"是指，电力公司在实现目标时采取某种形式的捷径而并未采取预期的方式。例如，绩效激励机制鼓励电厂提高某项装机容量指标并在其超过某一特定阈值时予以奖励，而电力公司可能不惜以蒙受经济损失为代价，通过超配发电来增加该发电厂的批发售电量。这样一来，电力公司可能达到或超过该目标的容量指标要求，但纳税人却将因此蒙受了损失[50]。

设计绩效目标和激励措施的关键是，尽可能将它们与结果紧密联系起来。例如，如果目标是为了提高系统效率，监管机构可考虑衡量和设定峰值需求削减目标，而不是要求电力公司将固定比例的预算用在需求响应上，或购买固定数量的储能设备。电力公司可以满足这些目标，而无须验证这些技术是否用于实际峰值需求削减。相反，可以通过观察开始年份和随后年份的峰值需求来测量和验证峰值需求削减指标[51]。

如果设计不透明，那么电力公司可能采取投机行为来达到绩效监管的标准或目标。因此，首先必须确保电力公司绩效测量的透明度。这意味着应该与所有利益相关者共享测量方法和数据，以便利益相关者能够使用相同的公开可用数据来验证电力公司绩效。其次，应简化流程。数据收集和分析技术应尽可能简单明了，以便监管机构和其他利益相关者更容易确定数据的准确性。这反过来有助于加大数据的操控难度，进而降低监管成本[52]。

（二）其他考量因素

1. 区域协调

为了实现对可再生能源的高比例整合，一种最具成本效益的方法就是尽可能增加拥有不同资源的地区的多样性，以使可再生能源达到自身的平衡。例如，由于风力模式与距离呈负相关性，因此如果能够涵盖更广泛的地区，也就解决了有的地方有风、有的地方无风的问题，这样就减少了为了均衡不同地区的风电能力而对备用发电和储能的需求[53]。同样的道理，由于太阳的东升西落，从西部调度太阳能可以用来弥补东部地区因日落带来的产能不足的问题[54]。

政府可以通过多种方式实现电网在更大范围内的区域平衡，包括将小区域合并，或者简单地允许现有区域之间进行电力交易。例如，美国正在出现一种特殊的市场，允许彼此独立经营的地区之间进行电网平衡服务交易。不需要建设新的物理输电容量，仅通过允许不同地区之间进行交易，这些新兴市场每年可为美国西部的用户节省至少 1.4 亿美元的电费[55]。

此外，更好的输电连通性也可以增加交易量，同时有助于增加管理多种风电和太阳能发电供需方案。尽管输电成本高且难以选址，但规划可再生能源发电和输电项目可以产生巨大的效率 [56]。一份研究美国电网的报告发现，电网可以在接入 50% 以上风电和太阳能发电后，保持与 2013 年相同的成本，并稳定运行，同时实现在 2005 年基础上 80% 的温室气体减排，但这需要协调建设高压直流输电设施，以允许交易高价值可再生能源，减轻不稳定性的影响 [57]。

2. 公有电力公司

与最终受利润和股东利益驱动的投资者所有的电力公司不同，公有电力公司是由客户自己通过与国家或地方政府合作而建立的非营利性实体。公有电力公司直接遵循公共政策，实行民主化管理。与投资者所有的电力公司一样，对于公有电力公司的管理层和董事会而言向高比例可再生能源的转型也是一大挑战，但本节针对批发能源市场改革或基于绩效的监管提出的具体建议可能不会对公有电力公司产生影响。

然而，适用于基于绩效监管的某些原则，也可用于鼓励公有电力公司创新、评估其进展。持续设定、测量和更新定量绩效指标，尤其是需求侧管理和碳强度指标，应成为所有公有电力公司管理计划的核心内容[1]。对于小型电力公司来说，这可能是一个很大的激励，但即使是最简单的目标，也会发挥其应有的作用——指导电力公司努力提高客户价值。

与投资者所有的电力公司类似，能效措施也可能损害公有电力公司的盈利。能效措施会减少一些电力需求，进而减少电力公司的总售电量。为了收回过去投资的成本，电力公司会根据预期售电量设定电费。如果一家电力公司实施能效措施并减少售电量，它将无法收回过去投资的全部成本。解决这个问题的方法是与收入脱钩，即允许电力公司根据售电量追溯性地收回损失的收入或将剩余收入返还给客户。这样一来，就可以避免激励电力公司增加售电量[2]。担心因售电量减少而影响收入的公有电力公司，可考

---

[1] 有关电力公司绩效指标的更详细讨论，请参阅：Michael O'Boyle, Sonia Aggarwal. Improving Performance in Publicly-Owned Utilities[R/OL]. America's Power Plan, 2015. http://americaspowerplan. com/wp-content/uploads/2015/12/ImprovingPerformancePubliclyOwnedUtilities.pdf.

[2] 关于解耦及其设计选项的更全面解释，请参阅：Jim Lazar, Frederick Weston, Wayne Shirley. Revenue Regulation and Decoupling: A Guide to Theory and Application, Second Printing[R/OL]. Regulatory Assistance Project, 2016. http://www.raponline.org/wp-content/uploads/2016/11/rap-revenue-regulation-decoupling-guide-second-printing-2016-november.pdf.

虑通过上述方法来减少财务的不确定性，并促进能效的提升。

3.煤炭退役再融资方案

如果利益相关者发行超低息的受地方纳税人支持的政府债券，那么电力公司资产负债表中经济效益差的燃煤和燃油发电厂的转型成本将会很低。如前所述，许多经济效益差的发电厂都有未计提的折旧资产，提前退役意味着这些资产将成为发电厂所有人的损失。将这些资产从电力公司的资产负债表中转移，并转化为低成本的债券，可显著降低用户为帮助这些老旧电厂偿还成本而支付的费用。

典型的投资者拥有的电力公司的核准回报，即加权平均资本成本，反映的是公司债券和股东权益的结合。反过来，加权平均资本成本在很大程度上取决于电力公司的资金可行性、从客户那里收回所有成本的能力以及所在国的投资环境和借贷成本。一般来说，权益资本成本超过债务成本，政府支持的债务成本比公司债务成本更低。因此，将未计提的折旧资产从电力公司加权平均资本成本中（资产负债表）移除，转化为由政府或客户共同支持的债券，可帮助降低融资成本，有时甚至可达50%以上[58]。这反过来又将提高电力公司的再融资吸引力，并最终实现电厂退役。

四、案例研究

（一）英国

英国电力监管机构——天然气和电力市场办公室（Ofgem），利用价格管制或收入上限监管加上激励措施，通过设定长期收入，让公司维持盈利（前提是它们能够以更低的成本提供电力），从而提高了受管制电力公司的能效。这种价格监管模式被称为"收入＝激励补贴＋创新＋产出（RIIO）"，是迄今为止世界上最全面的基于绩效的电力公司费率计算方法。

RIIO的核心围绕详细的商业计划书展开，英国每家电力公司都必须制定商业计划书并提交给监管机构。商业计划书须指明每家电力公司在未来8年的预期支出，以此构成收入上限的基础。如果电力公司能够将支出控制在收入上限以下，那么电力公司可保留约一半的节约额作为其利润，另一半则与用户共享。但电力公司投资者也需要分担超额支出的损失，由此对成本效率起到了强有力的激励作用。

为了维持高水平的服务，商业计划书还必须响应 6 个主要类别的绩效激励：客户满意度、可靠性和可用性、安全的网络服务、联网条款、环境影响和社会责任，每项都需要有可测量的目标。如果这些目标很多都得以实现，将会为电力公司带来更高的整体利润，如果未能达到目标，也就意味着电力公司可能要遭受处罚。例如，Ofgem 可根据客户满意度测评系统，增加或减少电力公司半个百分点的收入。

长期收入上限和长期绩效激励的双重影响将为企业提供确定性，并实现持续改进。如图 4-10 所示，所有电力公司在首个绩效期内都能够收回投资成本，为利益相关者创造价值。此外，电力公司在与绩效相关的指标上表现良好，表明激励措施促进了实际的改善。

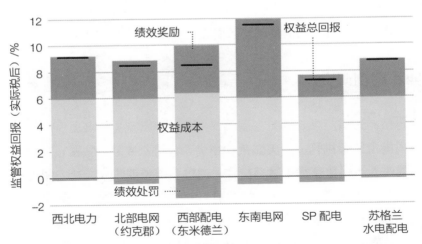

图 4-10　基于绩效的监管带来的总股本回报率超过股本成本

注：数据为英国政府公开数据，根据开放式政府许可条款，转载自 2015—2016 年 RIIO-ED1 年度报告，Ofgem，2017 年，https://www.ofgem.gov.uk/system/files/docs/2017/02/riio-ed1_annual_report_2015-16.pdf。

也有一些绩效目标太过宽松，在首个绩效期就为电力公司带来超额利润。尽管一些英国电力公司由于绩效太差而缴纳罚款，但大多数公司都因为高绩效而成功获得了奖励。虽然缴纳罚款和获得奖励的情况都有，但值得注意的是，多数的电力公司可以超额完成绩效。这表明，有必要提高绩效目标，以便电力公司和用户之间更好地共享收益，否则电力公司可能会利用这种信息不对称（即他们比监管机构更清楚绩效潜力及相关成本）而钻空子。

（二）美国得克萨斯州

得克萨斯州是美国七个集中式电力批发市场之一。其电力可靠性委员会（ERCOT）在一个单一电网的覆盖范围内运行全州的电力批发市场，这也是其独特性所在，而美国的其他电力批发市场则在另一个更大的互联电网覆盖范围内运行。得克萨斯州电力批发市场还包括以下特征：没有针对容量的市场；上限电价极高，可达到 9 000 美元 /（MW·h）。

得克萨斯州是最成功的风电集成市场之一，风电装机容量达 21 000 MW，峰值负荷为 71 000 MW[59]。2016 年，风电为得克萨斯州贡献了 15% 的发电量；2017 年 3 月，风电占得克萨斯州总发电量的比例达到了史上最高（25.4%）[60]。ERCOT 政策制定者作出了两个重要的政策决定，在为电力用户带来巨大收益的同时也推动了清洁电网的部署。其中一个政策决定是创建一批竞争性可再生能源区，投资近 70 亿美元用于输电项目建设[61]，以充分挖掘风力资源丰富的偏远西部地区的可再生能源资源，该项目已于 2013 年完成（图 4-11）。

安装在这些地区的输电线路立即缓解了主要的输电压力，并向可再生能源项目开发商发出了明确的市场信号，产生了超过 20 000 MW 的新风电，是排名第二的艾奥瓦州的 3 倍（图 4-12）[62]。

图 4-11　得克萨斯州竞争性可再生能源区

图片来源：《大型电网扩建后得克萨斯州弃风现象减少和电价为负值》，美国能源信息署，2014 年，https://www.eia.gov/todayinenergy/detail.php?ID = 16831。

图 4-12　得克萨斯州不同年份的新增风电装机容量

注：经许可使用"ERCOT 发电厂互联状况报告"数据，[ERCOT，2017 年]，http://www.ercot.com/content/wcm/lists/114799/GIS_REPORT__October_2017.xlsx。

　　竞争性可再生能源区是技术中立的，不需要一定拥有风力资源，而且可以让更多风能资源参与市场竞争。预计这些地区将激发至少 3 000 MW 的太阳能项目 [62]，以补充风电产量（风力资源主要集中在得克萨斯州西部地区的夜间）。这些地区还降低了可再生能源开发商的软成本，帮助他们接入了世界级风力资源，同时避免了输电接入造成延误带来的不确定性。因此，新的低成本风电将能降低项目和相关输电线路建设的成本，到 2050 年，预计可为用户节省约 160 亿美元的电费支出 [63]。

　　得克萨斯州政策制定者最近做出的另一个重要决定是，不再将市场装机容量的扩张作为政策目标。因为只要有足够的发电量，装机容量自然会达到一定水平。得克萨斯州提高了实时电价上限，并在备用装机容量下降的情况下启动了加价机制。通过精心设计的批发市场吸引高效电网投资，为用户节省了数十亿美元的成本支出 [64]。ERCOT 在淘汰数千兆瓦低效老旧燃气和燃煤电厂的同时，还利用超低价格的新燃气发电和风电，建成了更清洁、成本更低、更灵活及更可靠的电网 [65]。ERCOT 拥有足够多装机容量的经验表明，无须通过旨在扩充装机容量的市场来为企业的长期商业确定性提供保障，也能促进有关方面为充足的发电进行投资。

　　通过运作高效、技术中立的批发电力市场，得克萨斯州能够从其可再生能源配额制和输电线路投资中获益。明智的政策能够刺激风电及太阳能发电市场，在未来的岁月里为得克萨斯州民众带来切实收益。

（三）德国

　　德国的可再生能源也得到了长足发展，部分原因是其采取了降低可再生能源投资风险的政策。这些政策降低了德国可再生能源电力行业的软成本，提供了长期的确定性，并建立了持续改进机制。当然，德国没有实施本节中描述的其他扶持政策，这也是德国比其他地区花更长时间才实现可再生能源减排效益的部分原因。

　　融资成本占软成本的很大一部分，德国的风电和太阳能发电融资成本在欧盟是最低的。对于陆上风电项目，一般情况下融资成本在

3.5%～4.5%[66]。在很大程度上，德国之所以能够成功降低融资成本，是因为国家开发银行提供了低成本贷款。德国开发银行可以利用德国政府的信誉，以2%或3%的利息提供贷款。国内开发商利用低成本贷款，以及一小部分成本更高昂的项目股东权益，为陆上风电项目提供80%～100%的资金[66]。据气候政策倡议组织估计，2013年和2014年德国有60%～70%的可再生能源总投资最初是由开发银行提供的[67]。

　　长期确定性和持续改进也大大降低了德国可再生能源的投资风险。上网电价通过长期合同（8～15年）按固定费率收取，允许投资者在几乎没有风险的情况下收回大部分投入资本。2002—2014年，上网电价的价格风险最小，因为可再生能源发电厂收到的是固定电价；随着市场的成熟，2014年改为市场溢价机制，发电厂收到的是在市场电价基础上下调的上网电价[68]。德国2004年提出的可再生能源目标是，到2012年和2020年可再生能源比重分别达到12.5%和20%（图4-13）[69]。2012年，这一目标再次调整为2020年达到35%，2030年达到50%，2040年达到65%，2050年达到80%，从而为未来38年间政策的持续改进提供了依据。

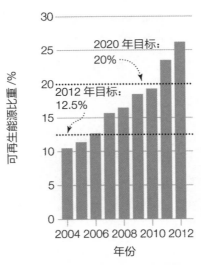

图4-13　2004—2012年德国可再生能源比重

注：使用经弗劳恩霍夫研究所许可的数据进行分析，"能源图"，访问日期：2017年12月12日，https://www.energy-charts.de/power_inst.htm。

五、小结

只有当补充性政策与可再生能源配额制协同发展时，建设高比例、灵活的可再生能源电力系统才具有经济可行性。特别重要的是，为了建立一个整合更多风电和太阳能发电的灵活电力系统，监管机构需要在以下方面做出慎重选择：电力公司如何盈利、批发市场如何运作以及我们如何从现有的化石燃料发电过渡到可再生能源发电等。如果没有这些工具，可再生能源转型的成本可能会高于所需成本，从而阻碍经济增长，将能源匮乏的社区排除在外，并降低能源密集型产业的竞争力。

参考文献

[1] Elmar Kriegler, et al. What Does the 2℃ Target Imply for a Global Climate Agreement in 2020? The LIMITS Study on Durban Platform Scenarios[EB/OL]. IIASA. https://tntcat. iiasa.ac.at/LIMITSDB/dsd?Action= htmlpage&page=about.

[2] World Resources Institute. CAIT Climate Data Explorer[EB/OL]. 2017. http://cait.wri.org.

[3] Toby Couture, Karlynn Cory, Claire Kreycik, et al. A Policymaker's Guide to Feed-In Tariff Policy Design[R/OL]. National Renewable Energy Laboratory, 2010. http://www. nrel.gov/docs/fy10osti/44849.pdf.

[4] Matthias Lang, Annette Lang. German Feed-In Tariffs 2014(from 2008)[EB/OL]. German Energy Blog. [2017-12-12]. http://www.germanenergyblog.de/?page_id=16379.

[5] Fraunhofer Institute. Energy Charts[EB/OL]. [2017-12-12]. https://www.en ergy-charts.de/ power_inst.htm.

[6] Offshore Wind. Global Offshore Wind Capacity Reaches 14.4GW in 2016[EB/OL]. [2017-12-12]. https://www.offshorewind.biz/2017/02/10/global-offshore-wind-capacity-reaches-14-4gw-in-2016/.

[7] Timothy Jones. German Offshore Wind Park to Be Built without Subsidies[EB/OL]. Deutsche Welle, 2017. http://www.dw.com/en/german-offshore-wind-park-to-be-built-without-subsidies/a-38430493.

[8] International Energy Agency. Renewable Energy Sources Act (Erneuerbare-Energien-Gesetz EEG)[EB/OL]. 2004. https://www.iea.org/policiesandmeasures/pams/germany/ name-22369-en.php.

[9] Fraunhofer Institute. Energy Charts[EB/OL]. [2017-12-12]. https://www.energy-charts.de/power_inst.htm.

[10] Kerstine Appunn. EEG Reform 2016: Switching to Auctions for Renewables[EB/OL]. Clean Energy Wire, 2016. https://www.cleanenergywire.org/factsheets/eeg-reform-2016-switching-auctions-renewables.

[11] See Trieu Mai, David Mulcahy, M Maureen Hand, et al. Envisioning a Renewable Electricity Future for the United States[J/OL]. Energy, 2014, 65: 374-86. https://doi.org/10.1016/j.energy.2013.11.029.

[12] Energy and Environmental Economics, Inc. Investigating a Higher Renewables Portfolio Standard in California[EB/OL]. 2014. https://www.ethree.com/wp-content/uploads/2017/01/E3_Final_renewable portfolio standard_Report_2014_01_06_with_appendices.pdf.

[13] California 2030 Low Carbon Grid Study[R/OL]. 2017. http://lowcarbongrid2030.org/.

[14] Alexander E MacDonald, et al. Future Cost-Competitive Electricity Systems and Their Impact on U.S. CO_2 Emissions[J/OL]. Nature Climate Change 2016 6(5): 526.

[15] U.S. Energy Information Administration[R/OL]. International Energy Outlook, 2016. https://www.eia.gov/outlooks/ieo/ieo_tables.php.

[16] Jesse Jenkins. What's Killing Nuclear Power in U.S. Electricity Markets?[R/OL]. MIT Center for Energy and Environmental Policy Research, 2017. http://ceepr.mit.edu/files/papers/2018-001-Brief.pdf.

[17] Galen Barbose. U.S. Renewables Portfolio Standards 2016 Annual Status Report[R/OL]. Lawrence Berkeley National Laboratory, 2016. https://emp.lbl.gov/sites/all/files/lbnl-1005057.pdf.

[18] U.S. Energy Information Administration. Electricity Data Browser[EB/OL]. [2017-12-12]. https://www.eia.gov/electricity/data/browser/.

[19] Galen Barbose. U.S. Renewables Portfolio Standards 2016 Annual Status Report[R]. Laurence Berkeley National Laboratory, 2016.

[20] China Energy Portal. 2016 Detailed Electricity Statistics[EB/OL]. 2017. https://china energyportal.org/2016-detailed-electricity-statistics/.

[21] John Parnell. China Trials Wind and Solar Certificate Scheme in Move Away from Feed-In Tariffs[EB/OL]. PV Tech, 2017. https://www.pv-tech.org/news/china-trials-wind-and-solar-certificate-scheme-in-move-away-from-feed-in-ta.

[22] Nagalakshmi Puttaswamy, Mohd Sahil Ali. How Did China Become the Largest Solar PV Manufacturing Country? [EB/OL]. Center for Study of Science, Technology & Policy, 2015. http://www.cstep.in/uploads/default/files/publications/stuff/CSTEP_Solar_PV_

Working_Series_2015.pdf.

[23] Christian Redl. The Recent Revision of Renewable Energy Act in Germany: Over- view and Results of the PV Tendering Scheme[EB/OL]. Agora Energiewende, 2016. http:// rekk.hu/downloads/events/2017_SEERMAP_Redl_EEG%20and%20tendering_Sofia. pdf.

[24] Trieu Mai, et al. Envisioning a Renewable Electricity Future for the United States[J/OL]. Energy, 2015,65: 374-86. [2015-02-01]. https://doi.org/10.1016/j.energy.2013.11.029.

[25] Alexander E MacDonald, et al. Future Cost-Competitive Electricity Systems and Their Impact on US CO_2 Emissions[J]. Nature Climate Change, 2016,6: 526.

[26] Sonia Aggarwal. Clean Energy, Batteries Not Included (Op-Ed)[EB/OL]. Live Science (blog), 2014. https://www.livescience.com/46973-clean-energy-storage-without-using-batteries.html.

[27] Stefan M Knupfer, et al. Electrifying Insights: How Automakers Can Drive Electrified Vehicle Sales and Profitability[R/OL]. McKinsey & Company, 2017. https://www. mckinsey.com/industries/automotive-and-assembly/our-insights/electrifying-insights-how-automakers-can-drive-electrified-vehicle-sales-and-profiability.

[28] Jeff St. John. UK's National Grid Goes Big into Energy Storage with 201MW of Fast-Acting Batteries[EB/OL]. Greentech Media, 2016. https://www.greentechmedia.com/ articles/read/uks-national-grid-goes-big-into-energy-storage-with-201mw-of-fast-acting-ba.

[29] Sonia Aggarwal, Jeffrey Gu. Two Kinds of Demand Response[R/OL]. Energy Innovation, 2012. http://energyinnovation.org/wp-content/uploads/2014/11/Two-Kinds-of-Demand-Response.pdf.

[30] Sonia Aggarwal, Michael O'Boyle. Getting the Most from Grid Modernization[R/OL]. Energy Innovation, 2017. http://energyinnovation.org/wp-content/uploads/2017/02/Grid ModernizationMetricsOutcomes_Feb2017.pdf.

[31] Dan Aas, Michael O'Boyle. You Get What You Pay For: Moving toward Value in Utility Compensation, Part 2: Regulatory Alternatives[R/OL]. America's Power Plan, 2016. http://americaspowerplan.com/wp-content/uploads/2016/08/2016_Aas-OBoyle_Reg-Alternatives.pdf.

[32] Ron Lehr. New Utility Business Models: Utility and Regulatory Models for the Modern Era[R/OL]. America's Power Plan, 2013. http://americaspowerplan.com/wp-content/ uploads/2013/10/APP-UTILITIES.pdf.

[33] Seth Nowak, et al. Beyond Carrots for Utilities: A National Review of Performance Incentives for Energy Efficiency[EB/OL]. American Council for an Energy-Efficient

Economy, 2015. https://aceee.org/beyond-carrots-utilities-national-review.

[34] Mike Hogan. Power Markets: Aligning Power Markets to Deliver Value[R/ OL]. America's Power Plan, 2013. http://americaspowerplan.com/wp-content/ uploads/2014/01/APP-Markets-Paper.pdf.

[35] Brendan Pierpont, et al. Flexibility: The Path to Low-Carbon, Low-Cost Electricity Grids[R/OL]. Climate Policy Initiative, 2017. https://climatepolicyinitiative.org/ publication/flexibility-path-low-carbon-low-cost-electricity-grids/.

[36] Sonia Aggarwal. Future Wholesale Markets and Implications for Retail Markets[R/ OL]. America's Power Plan, 2017. http://energyinnovation.org/wp-content/ uploads/2017/09/20170914_WholesaleMarkets-SoniaAggarwal.pdf.

[37] Jairo Chung, et al. Rate-Basing Wind Generation Adds Momentum to Renewables[R/ OL]. Moody's, 2017. https://www.researchpool.com/provider/moodys-investors-service/ us-power-and-utilities-rate-basing-wind-generation-adds-momentum-to-r/.

[38] Eric Gimon. New Financial Tools Proposed in Colorado Could Solve Coal Retirement Conundrum[N/OL]. Forbes (2017). https://www.forbes.com/sites/ energyinnovation/2017/04/19/new-financial-tools-proposed-in-colorado-could-solve-coal-retirement-conundrum/#76c34c2311c5.

[39] Robbie Orvis. The State of US Wholesale Power Markets: Is Reliability at Risk from Low Prices?[EB/OL]. Utility Dive, 2017, https://www.utilitydive.com/news/the-state-of-us-whole sale-power-markets-is-reliability-at-risk-from-low-pr/443273/.

[40] Robbie Orvis, Eric Gimon. The State of Wholesale Power Markets: Principles for Managing an Evolving Power Mix[EB/OL]. Utility Dive, 2017. https://www.utilitydive. com/news/the-state-of-wholesale-power-markets-principles-for-managing-an-evolving-p/447839/.

[41] Travis Houm. Forget Tax Credits. These Two Federal Policy Changes Are a More Immediate Threat to Solar[EB/OL]. Greentech Media, 2017. https://www.greentechmedia. com/articles/read/these-two-federal-policy-changes-could-be-way-more-damaging-to-solar.

[42] O Zinaman, A M Miller, D Aent. Power Systems of the Future[R]. National Renewable Energy Laboratory [NREL], 2015.

[43] Brendan Pierpont, et al. Flexibility: The Path to Low-Carbon, Low-Cost Electricity Grids[R/OL]. Climate Policy Initiative, 2017. https://climatepolicyinitiative.org/ publication/flexibility-path-low-carbon-low-cost-electricity-grids/.

[44] McKinsey & Company. Energy Efficiency: A Compelling Global Resource[R/OL]. 2010. http://www.mckinsey.com/~/media/mckinsey/dotcom/client_service/sustainability/pdfs/

a_compelling_global_resource.ashx.

[45] Justin Guay, et al. Expanding Energy Access beyond the Grid: Five Principles for Designing Off-Grid and Mini-Grid Policy[R/OL]. Sierra Club, 2014. https://content. sierraclub.org/creative-archive/sites/content.sierraclub.org.creative-archive/files/ pdfs/0825-Beyond-the-Grid-Report_05_web.pdf.

[46] Ron Binz, et al. Practicing Risk-Aware Public Utility Regulation[R/OL]. [2012-04-19]. http://www.raponline.org/wp-content/uploads/2016/05/ceres-binzsedano-riskawareregulation-2012-apr-19.pdf.

[47] U.S. Department of Energy. 2016 Wind Technologies Market Report[R/OL]. 2016. https://energy.gov/sites/prod/files/2017/10/f37/2016_Wind_Technologies_Market_ Report_101317.pdf.

[48] Samuel A Newell, et al. Pricing Carbon into NYISO's Wholesale Energy Market to Support New York's Decarbonization Goals[R/OL]. The Brattle Group, 2017. http:// www.nyiso.com/public/webdocs/markets_operations/documents/Studies_and_Reports/ Studies/Market_Studies/Pricing_Carbon_into_NYISOs_Wholesale_Energy_Market.pdf.

[49] Clyde Loutan, et al. Demonstration of Essential Reliability Services by a 300-MW Solar Photovoltaic Power Plant[R/OL]. National Renewable Energy Laboratory, 2017. https:// www.nrel.gov/docs/fy17osti/67799.pdf.

[50] Melissa Whited, Tim Woolf, Alice Napolean. Utility Performance Incentive Mechanisms: A Handbook for Regulators[R/OL]. Synapse Energy Economics, 2015. http://www. synapse-energy.com/sites/default/files/Utility%20Performance%20Incentive%20Mecha nisms%2014-098_0.pdf.

[51] Michael O'Boyle. Designing a Performance Incentive Mechanism for Peak Load Reduction: A Straw Proposal[R/OL]. Energy Innovation, 2016. http://americaspowerplan. com/wp-content/uploads/2014/10/Peak-Reduction-PIM-whitepaper.pdf.

[52] Melissa Whited, Tim Woolf, Alice Napolean. Utility Performance Incentive Mechanisms: A Handbook for Regulators[R/OL]. Synapse Energy Economics, 2015. http://www. synapse-energy.com/sites/default/files/Utility%20Performance%20Incentive%20Mecha nisms%2014-098_0.pdf.

[53] Michael Milligan. Capacity Value of Wind Plants and Overview of U.S. Experience[R/ OL]. Stockholm, Sweden, 2011. https://www.nrel.gov/docs/fy11osti/52856.pdf.

[54] Andrew Mills, Ryan Wiser. Implications of Wide-Area Geographic Diversity for Short-Term Variability of Solar Power[R/OL]. National Renewable Energy Laboratory, 2010. https://escholarship.org/uc/item/9mz3w055.

[55] Western Energy Imbalance Market. Quarterly Benefits and Greenhouse Gas Reports[R/

OL]. [2017-12-14]. https://www.westerneim.com/Pages/About/QuarterlyBenefits.aspx.

[56] Andrew Liu, et al. Co-Optimization of Transmission and Other Supply Resources[R/OL]. Eastern Interconnection States' Planning Council; National Association of Regulatory Utility Commissioners, 2013. https://pubs.naruc.org/pub.cfm?id=536D834A-2354-D714-51D6-AE55F431E2AA.

[57] Alexander MacDonald, et al. Future Cost-Competitive Electricity Systems and Their Impact on U.S. CO_2 Emissions[J]. Nature, 2016, 6: 526-531.

[58] Eric Gimon. New Financial Tools Proposed in Colorado Could Solve Coal Retirement Conundrum[N/OL]. Forbes (2017). https://www.forbes.com/sites/energyinnovation/2017/04/19/new-financial-tools-proposed-in-colorado-could-solve-coal-retirement-conundrum/#76c34c2311c5.

[59] Robbie Searcy. ERCOT Breaks Peak Record Again, Tops 71,000 MW for First Time[EB/OL]. ERCOT News Releases (blog). [2016-08-11]. http://www.ercot.com/news/releases/show/103663.

[60] Mark Watson. Wind Hits New Monthly Record for Share of ERCOT Energy[EB/OL]. Platts, 2017. https://www.platts.com/latest-news/electric-power/houston/wind-hits-new-monthly-record-for-share-of-ercot-21410272.

[61] Herman Trabish. Texas CREZ Lines Delivering Grid Benefits at $7B Price Tag[EB/OL]. Utility Dive, 2014. https://www.utilitydive.com/news/texas-crez-lines-delivering-grid-benefits-at-7b-price-tag/278834/.

[62] ERCOT. ERCOT Generator Interconnection Status Report[EB/OL]. 2017. http://www.ercot.com/content/wcm/lists/114799/GIS_REPORT__October_2017.xlsx.

[63] Wind Energy Foundation; American Wind Energy Association. A Wind Vision for New Growth in Texas[R/OL]. 2015. http://awea.files.cms-plus.com/TEXAS%20REPORT_11_16_15.pdf.

[64] Eric Gimon. Texas Regulators Saved Customers Billions by Avoiding a Traditional Capacity Market[EB/OL]. Greentech Media, 2016. https://www.greentechmedia.com/articles/read/texas-regulators-save-customers-billions.

[65] Robbie Searcy. ERCOT Reports Indicate Enough Generation Resources for Summer, Coming Years[R/OL]. ERCOT, 2017. http://www.ercot.com/news/releases/show/123359.

[66] Paul Noothout, et al. The Impact of Risks in Renewable Energy Investments and the Role of Smart Policies[R/OL]. ECOFYS, 2016: 40. http://diacore.eu/images/files2/WP3-Final%20Report/diacore-2016-impact-of-risk-in-res-investments.pdf.

[67] David Nelson, et al. Policy and Investment in German Renewable Energy[R/OL]. Climate

Policy Initiative, 2016. https://climatepolicyinitiative.org/wp-content/uploads/2016/04/Policy-and-investment-in-German-renewable-energy.pdf.

[68] International Energy Agency. 2014 Amendment of the Renewable Energy Sources Act (EEG 2014)[EB/OL]. 2014. https://www.iea.org/policiesandmeasures/pams/germany/name-145053-en.php.

[69] International Energy Agency. Renewable Energy Sources Act (Erneuerbare-Energien-Gesetz EEG)[EB/OL]. 2004. https://www.iea.org/policiesandmeasures/pams/germany/name-22369-en.php.

第五章

交通部门

　　交通部门对全球温室气体年排放量的贡献率达到 15% 以上，最新数据显示，2014 年交通部门的二氧化碳排放量约达到 75 亿 t [1]。到 2050 年，这一数值预计将增长到 90 亿 t 以上 [2]。如果不实施额外的政策，到 2050 年，交通部门将贡献 14% 的累计排放量 [2]。

　　排放量的增长主要是由汽车保有量和货运量的增加引起的。例如，2010—2050 年，客运需求预计将增加一倍以上，同期货运需求预计将增长近 60% [1]。如果不实施额外的政策，绝大多数的需求将通过石油燃料得到满足，而这将导致排放量的增长。

　　交通部门减排需要提高生产及销售车辆的平均能效，增加电动汽车的销售份额，并通过明智的城市规划提供拥有和使用小汽车的替代方案。本章第一节将分析如何利用车辆性能标准提高市场出售车辆的能效；第二节将介绍车辆购置费、燃料费及税费奖惩系统，以及如何鼓励消费者购买更节能的汽车并减少驾驶频率；第三节将评估促进电动汽车发展的政策；第四节探讨了城市交通政策以及政策制定者如何设计能够提供多种交通选择的低碳城市并激励有关投资。

　　交通部门脱碳是气候战略的一个重要组成部分，会带来显著的协同效益，如减少颗粒物排放污染和交通拥堵导致的时间损失。总之，本章讨论

---

[1] 需求以旅客周转量和货物周转量进行计算。

的交通部门政策至少可为实现 2℃ 目标贡献 7% 的减排量（图 5-1）。

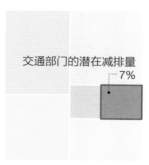

交通部门的潜在减排量
┈┈ 7%

图 5-1　交通部门的潜在减排量

数据来源：使用经国际应用系统分析学会（IIASA）许可的数据进行分析，这些数据可从 IIASA-LIMITS 情景数据库下载，https://tntcat.iiasa.ac.at/limits publicdb/dsd?Action=htmlpage&page=about。

第一节　汽车性能标准

2014 年，交通部门的温室气体排放量达到 75 亿 t CO_2e，占全球温室气体排放总量的 15% 以上[3]。到 2030 年，道路交通的排放量预计将增长 30% 以上[4]，主要是由于中国、印度和其他发展中国家汽车和货车的大幅增加。尽管道路车辆在交通部门的排放量占据最大比重（72%），但航空（11%）和海运（11%）也是重要的排放源[5]，随着道路车辆效率的提高，航空和海运在交通运输排放中的比重可能也会上升。

在显著减少油耗和车辆排放方面的政策中，汽车性能标准政策效果最佳。同时，汽车性能标准也是提高新车燃油效率和减少温室气体排放的强有力工具。制造商应提前数年了解汽车性能标准，以有充足的时间调整产品供给，同时还应不断改进相关标准。汽车性能标准应保持技术中性、条文清晰，避免投机行为。尽管日本的"领跑者计划"、中国的"机动车排放控制政策"和美国的"公司平均燃油经济性标准"（CAFE）都包含了设计良好的措施，但均没有取得绝对的成功。设计良好、更严格的汽车性能标准，可为 2℃目标贡献约 3% 的全球累计减排量（图 5-2）。

图 5-2　汽车性能标准的潜在减排量

数据来源：使用经国际应用系统分析学会（IIASA）许可的数据进行分析，这些数据可从 IIASA-LIMITS 情景数据库下载，https://tntcat.iiasa.ac.at/limits publicdb/dsd?Action=htmlpage&page=about。

一、政策概述与目标

汽车性能标准，通常也称为燃油经济性标准，它规定了单位出行距离的最大油耗或温室气体排放量，目的是确保所有车辆（无论是单独一辆车还是作为销售车辆数的加权平均值）都能达到特定的最低性能目标，从而提高汽车能效并减少排放。以往的汽车性能标准能够带来显著的效益，如降低油耗、减少温室气体排放、减少对石油进口的依赖以及增加对创新技术的投资等，可以为社会实现净节约。汽车性能标准有其独特的价值，因为市场壁垒可能会限制其他交通政策（如车辆购置费、燃料费及税费奖惩系统，将在本章第二节中讨论）在深化节能减排工作中的成效。

汽车性能标准在不同的国家以多种方式实施。在设计政策时，需要做出如下考虑：

①如何制定针对不同车型（货车、汽车等）的标准；

②标准是否涵盖所有车辆类型，或是否排除某些车辆类型，如两轮或三轮车（一般情况下，应涵盖所有车辆）；

③标准要控制单位出行距离的油耗还是温室气体排放量，许多地区在理想情况下应以排放为基础，以便更好地考虑空调系统的制冷剂泄漏和其他污染物控制技术，这与非 CO_2 温室气体排放相关，然而一些地区可能会优先考虑节约石油，并制定一项旨在降低油耗的标准；

④标准是否根据车辆的重量、道路投影面积（足迹）或其他设计因素进行区分，如果需要区分，应基于道路投影面积（它在地面上的二维投影区域）来设计；

⑤标准是否有内在的自动改进机制，标准更新是否必须由立法或监管机构进行人工审查，在理想情况下应该有一个内在的改进机制；

⑥特定年份的性能标准是否可定义为每种车辆类型的连续函数（关于车辆设计的自变量，如车辆的道路投影面积），性能目标是否采用不连续的阶梯形式；

⑦是将标准应用于每辆售出的车辆，还是以某一特定制造商售出的某一特定类型车辆的销量加权平均值来实施标准（销量加权平均值允许采取更灵活的合规方案，混合方案也可作为一种选择，如中国既制定了覆盖全部车型的平均标准，也为每一种车型设定了最低要求）[6]。

二、政策应用

汽车性能标准通常是明智的政策，可以在降低排放的同时节省社会成本，非常适用于实现一些特定的政策目标，但也有一些政策目标无法通过它们来实现，这就为补充性交通部门政策（如燃料费和车辆退费补贴）留下了发挥作用的空间，这些政策将在下一节中展开讨论。

（一）何时应用汽车性能标准政策

如果标准规定了每辆车必须达到的最低性能要求，那么它们将对市场中处于末端（性能最差）的企业产生影响。这些标准将迫使制造商要么改进他们制造的汽车，要么停止销售污染最严重的车型，转而销售性能更好的汽车。这种方法有其自身的优点，如几乎每种车型市场都有高效汽车。大多数制造商已经生产出具有不同性能特征的车型，这也证明达到标准的可行性。因此，汽车性能标准尤其适用于那些因汽车制造商采用老旧技术或倾向于生产大型车（如 SUV）而出售大量低效车辆的地区。

如果标准以销量加权平均值（针对每种车型和每个制造商）提出最低性能要求，制造商可能会改进性能最低或最高的汽车，以卖出更多高性能汽车（通过这种方法抵消性能最低汽车的排放量），又或者同时采取这两种措施。这不仅有助于指导制造商开发或改进新车型的设计方案，也有助于指导他们的营销和定价方案，以确保销量加权平均值达到既定目标。如果允许超额完成销量加权平均值标准的汽车制造商将积分额出售给无法达标的其他制造商，这种政策将为高效汽车制造商提供进一步的创新动力，使其有更多的排放配额出售给其他制造商。对于那些能够建立、监测和预防排放配额交易市场欺诈行为的国家或地区，这种设计能够起到良好的效果。

在决定何时采用汽车性能标准时，需要考虑到的另一个因素是打破市场非理性和市场壁垒。尽管证据不一，但许多研究发现，消费者在做出购买决定时明显不重视节油 [7]。与经济激励政策（税收或补贴）不同，性能标准政策并不需要消费者根据经济信号对其行为进行理性调整。无论消费者是否关心燃油效率，甚至在消费者根本没有燃油效率相关知识的情况下，性能标准政策都会发挥作用，因而使其非常适用于消费者信息不充分或对燃油效率不敏感的国家或地区。

面对燃油价格的不确定性，汽车性能标准政策显得更加重要。消费者可能忽视燃油节约的支出，同时他们也往往无法获得燃油价格的充分信息，很可能在做出购车决定的时间内燃油价格就会产生大幅波动。无论是制造商还是消费者，都能在能效标准的帮助和保护下免受油价波动的大幅影响。

（二）何时应用补充性政策

一些重要的政策目标并不是通过汽车性能标准来实现的。首先，汽车性能标准只对新车产生影响，这些标准并不鼓励淘汰或更换低效的老旧车辆。在实践中，这意味着在政策颁布之后，汽车性能标准在实现其全部排放效益之前会有很长一段时间的发酵期。鼓励老旧汽车提前退役的政策，如政府回购和报废低效车辆（旧车换现金）可能是加速汽车性能标准政策影响的有益补充。

其次，对于达标车辆，汽车性能标准政策并不能激励消费者只选择性能最好的车辆，而不选择刚好达标的车辆。与性能标准政策相比，其他政策更能激励消费者采用前沿技术，同时鼓励制造商生产具有创新性、效率高的新车型。也就是说，与简单设定每辆车最低性能标准相比，允许制造商混合销售高性能和低性能车辆可能会激励更多的创新行为，特别是在低效率车辆更便宜或更容易销售的情况下。此外，在一些系统中，超额达标的制造商可能会向其他制造商出售排放配额，这意味着一些制造商可以通过购买排放配额来确保达标。根据车辆效率提供资金奖励的定价政策，如税费奖惩系统（将在本章第二节中讨论），有助于解决这一问题。

再次，汽车性能标准并不能减少车辆使用。事实上，通过降低出行成本，汽车性能标准实际上会鼓励增加车辆使用量。不同研究对这些影响的评估结果存在差异，但我们仍可得出这样的结论：车辆效率提高 10% 会导致车辆使用增加 2%～4%。尽管反弹效应不容小觑，但燃油经济性标准带来的节油量足以抵消这种效应。例如，假设年均行驶里程为 12 000 英里（1 英里＝ 1 609.344 m），将车辆效率从每加仑 [1 加仑（美）≈ 3.785 L] 25 英里增加到每加仑 30 英里，在没有反弹效应的前提下会导致每年减少 80 加仑的油耗，假设反弹效应为 10%，则每年减少 73 加仑的油耗。尽管反弹效应使每年的节油量减少了约 7 加仑，但 73 加仑的净节油量足以抵消出行反弹带来的影响。

最后，用于国际运输的飞机和船舶政策往往是国际性的。国际民用航空局最近为飞机制定了有史以来第一个性能标准 [8]，而国际海事组织正在为远洋船只制定类似的标准 [9]。在这种情况下，与其制定各自国内的性能标准（和一系列法规），各国政策制定者们不如选择采用和执行这些国际组织制定的标准。作为这些组织的成员国，各国可推动这些机构制定强有力的、精心设计的标准。由于航空和海洋排放也是重要的排放源，因此解决这些排放源的问题将变得越来越重要，尤其是因为运输系统的其余部门将逐步实现电气化和脱碳化发展。

三、政策设计建议

（一）政策设计原则

1. 确立标准的长期确定性，为企业提供公平的规划期

汽车制造商可能需要几年的时间才能筹集到达到燃油经济性标准所需的必要研发投资。如果标准覆盖时间仅为几年，企业可能不确定标准将来是否会变得更加严格。反过来，企业也不确定短期改进的投资是否充足，以及加大新技术投资或重大设计变更是否值得。

由于飞机和远洋船舶的尺寸和复杂性更大，其设计周期甚至比汽车更长，因此对这些行业而言，长期规划更为重要。

已知的汽车性能标准计划表可帮助公司向股东证明进行研发和燃油效率投资的合理性，从而消除股东对这些支出的价值产生的疑虑。而那些认真致力于研发的公司可能会将更严格的标准视为他们的竞争优势。

2. 建立内在的持续改进机制

汽车性能标准政策很有价值，它们会持续推动车辆提高效率，并逐步淘汰性能最差的车辆。如果允许标准停滞不前（即在相当长的一段时间内保持不变），那么这些标准就无法满足其主要目的。

1973 年石油危机之后，美国政府颁布了第一套汽车燃油经济性标准，

于 1978 年生效。1978—1985 年，乘用车标准从每加仑 18 英里提高到了每加仑 27.5 英里。当时，尽管美国的经济和人口不断增长，但美国汽车的油耗却从每天 730 万桶下降到 670 万桶[10]。当然可能还有其他因素导致了这一下降，如联邦公路限速的变更和汽油价格的上涨。然而，在此期间，总出行量是增加的。这表明，汽车汽油需求的减少至少有一部分是由汽车效率提高带来的[11]。

　　不幸的是，标准之后停滞了 20 多年。尽管进行了各种尝试，但直到 2007 年 12 月才通过了提高标准的立法。在这 20 年中，汽车油耗大幅上升，2007 年达到每天 910 万桶（图 5-3）。标准的停滞给美国经济造成了巨大损失，每天损失 100 万～ 300 万桶石油，相当于每年损失数百亿美元[12]，同时产生了数亿吨温室气体排放量以及其他导致疾病和过早死亡的空气污染物。

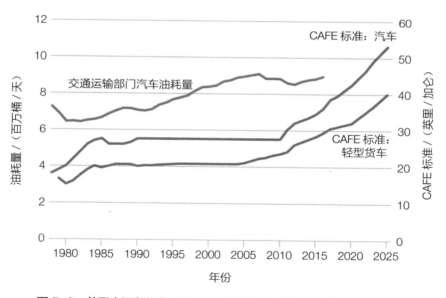

图 5-3　美国交通部门每年汽车油耗及汽车与轻型货车的 CAFE 标准

注：摘自"短期能源展望，2016 年 10 月"，美国能源信息署，2016 年，表 3.1，https://www.eia.gov/outlooks/steo/archives/oct16.pdf；美国，"2017—2025 年轻型车温室气体排放和 CAFE 标准：补充"，美国 EPA 40 CFR DI 85、86 和 600 部分；NHTSA 49 CFR 第 531 和 533 部分，2011 年，http://www.nhtsa.gov/staticfiles./rulemaking/pdf/cafe/2017-2025_CAFE-GHG_Supplemental_NOI07292011.pdf。

　　为了避免产生这些负面结果，在制定政策时应有一个内在的机制来收紧标准。

　　要使标准得到持续改进，一种方法是设置一个越来越严格的公式，如每年提高 3% ～ 6% 是一个合理的标准。这将为制造商提供最大的清晰度和确定性。但挑战是如果遇到技术或物理"瓶颈"，则可能无法实现目标。特别是在标准收紧多年后，所有易于解决的问题都得到解决，只留下了最困难的技术挑战。在设计标准时可能无须担心这一点，因为技术创新和自由市场的结合力量会不断地激发巨大的进步，因此今天的效率领先者往往会成为明天的基准。但可以设定一个"安全阀"，如当某一独立技术审查委员会确定进一步的改进不符合成本效益指标时，则允许标准停止收紧。另一种方法是根据市场上现有的最高效车辆，加上技术改进因子来制定标准，正如日本"领跑者计划"所做的那样 [13]。

　　3. 侧重于结果而非技术

　　汽车性能标准不应该规定使用哪种技术，而应该规定其实际希望达到的结果。例如，一个好的标准将规定每辆车单位行驶或运输里程（或在更适用的情况下使用单位货运周转量）的 CO_2 排放量，而不应该指定使用特定的发动机设计。这就给相关企业留下了最大的创新空间，使其可以寻找最便宜或最有效的方法来达到标准。

　　4. 通过简化流程和避免漏洞来预防投机行为

　　设计良好的汽车性能标准的最大潜在困难是避免投机行为和漏洞。例如，基于车辆重量设定的标准（允许重型车辆产生更大油耗量）可能会鼓励制造商制造更重型、效率更低的车辆。

　　在美国，轻型货车标准比汽车更宽松，鼓励制造商将更多的车辆归类为运动型多用途车（SUV，技术上是一种轻型货车），并将这些大型车辆推广给消费者。

　　下面的一些原则有助于避免产生漏洞：

　　①保持标准的简单化。用清晰明了的语言阐述要实现的定量性能结果。如果为特定技术或带有特定性能的车辆提出例外或特殊情况，则可能会为

投机行为创造机会。

②创建在用车实际运行测试的规程，追究欺诈行为或不达标责任。不严谨和不准确的测试会允许制造商生产出表面上贴有良好燃油经济性标签但是实际性能很差的车辆。明确提出"测试将不时地进行修改，以更好地代表现实的条件"，并为未来测试要求设定一个公平的时间范围，能推动制造商为实际使用而非应付测试而设计车辆。

③如果标准必须根据车辆特性设定，则应基于车辆的道路投影面积，因为相对于车辆的重量或体积来讲，车辆的道路投影面积更能避免人为的增加。

④如果标准必须根据车辆特性设定，则应平滑推进，而不应在车辆特性超过某个阈值后突然升高或下降。例如，汽车性能标准可以规定其最低性能等于车辆的道路投影面积乘以某个系数，而不应根据车辆在特定范围内的道路投影面积将其划分为不同类别。当对照标准所依据的特征（如车辆道路投影面积）绘制图表时，突然变化的标准会形成阶梯状。制造商会将设计的车辆全部落在阶梯的一个边缘，限制他们的设计选择，并可能在没有任何排放收益的情况下提高车辆价格（相对于将标准设定成平滑线或通过每个台阶末端的曲线，见图 5-4）。

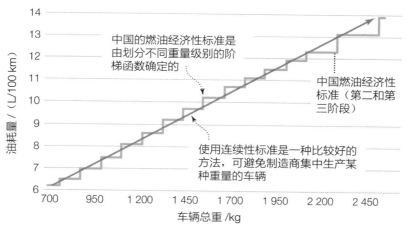

图 5-4　一个连续的标准可以避免中国阶梯式燃油经济性标准产生的问题

注：Drew Kodjak，"乘用车燃油经济性标准的全球趋势"，GFEI 燃油讨论会，巴黎，2014 年，https://www.slideshare.net/FIAFoundation/paris2014-drew-kodjak。根据知识共享署名许可协议 3.0，数据经国际清洁运输理事会许可转载。

⑤相互替代的车辆类型也可以采用类似的标准，如乘用车和 SUV（SUV 被当作与乘用车具有相同功能的道路车辆大量使用）。这就消除了制造商销售较低标准车辆的动机。

（二）其他设计考量因素

如果汽车性能标准是按照上述原则设计的，那么还需要注意以下几点：

1. 使用基于排放的标准实现环境目标

如果政策目标是实现减排，那么汽车性能标准最好不要以油耗为基础，而应基于单位行驶距离（或单位货运距离）产生的污染物排放量。二者的作用在很大程度上是相似的，但有两个关键性的区别。一是对于当地的空气污染物，基于排放的标准允许使用控制技术，如颗粒物过滤器，以帮助达到标准，但不限制制造商的节油技术选择，这有助于确保标准具有技术发现特征，从而实现最低成本合规。二是对于温室气体，基于排放的标准应涵盖车辆空调系统的制冷剂泄漏。这些制冷剂可能是很强的温室气体，汽车燃油效率与它们的泄漏率无关。

如果政策目标是降低油耗，那么汽车油耗性能标准更为合适。

2. 赢得行业支持

汽车制造商可能反对制定更严格的汽车性能标准（如 1990 年美国的情况），也可能会与政策制定者就折中方案展开协商（如 2009 年美国的情况）[14]。汽车制造商的支持可以使立法机构或监管机构对实施适当的性能标准更有信心，也能够避免因质疑相关法规而引发的诉讼案带来的不确定性和延误。

明智的政策设计的核心要素是能够帮助政策得到那些致力于采用新技术的汽车制造商的支持。汽车制造商尤其关注合理的长前置期、法规确定性、达到标准的灵活性（技术发现型政策）以及交易、存储或借贷排放配额的机会。当然，那些未能进行重大技术开发投资的企业可能仍然反对更严格的标准，但是那些用来保护表现最差者的政策设计是没有存在的意义的。

如果能在早期阶段为行业主体，尤其是汽车制造商（而不是汽车零部件制造商）提供参与协商的机会，为新标准的起始严格程度发声，且通过包含未来多年的改进时间表明确法规的确定性，那么很可能会得到他们的大力支持。如果行业主体尝试开展对标准的定期审查，应持怀疑态度，因为审查标准会增加不确定性，而且往往会破坏现有标准的严格性。如果需要审查，应由合格的独立专家进行。

　　如果一些汽车和发动机制造商将研发视为自己的竞争优势，那么可能会获得他们的支持。康明斯公司是美国的一家发动机和发电设备制造商。该公司首席技术官 John Wall 解释了康明斯过去支持提高汽车性能标准的原因：如果康明斯知道它需要达到的标准，它可以投资开发必要的技术，如混合动力系统或热回收系统。当该标准生效时，康明斯可以提供比竞争对手更好、更便宜的达标产品，这样康明斯在获得市场份额的同时也得到了研发投资回报[15]。

　　3. 使用模拟真实驾驶条件的测试程序，随机选择车辆重新测试

　　有些有意或无意设计的汽车性能标准，允许制造商获得良好的测试结果，但在实际路况下性能表现可能很差。这一问题在欧洲很突出，因制造商利用测试程序大做文章使车辆测试性能与实际性能之间的差距越来越大：2001 年这一差距为 10%，到 2014 年这一差距增至 35%[16]。这意味着在欧洲达到标准的普通汽车的实际燃油量比测试结果高出 35%。汽车制造商可以提供特制车辆进行测试，如他们可以取出座椅以减轻车辆重量，用胶带将接缝处粘起来使其更符合空气动力学，并向轮胎中注入液体，以降低轮胎的滚动阻力。他们甚至可以选择使用一个特别有利的测试跑道[16]。这种"黄金标准车"测试方法在整个系统中很盛行，由于政策设计缺陷，这种投机行为也变得合法。

　　车辆应在进入市场后进行测试，并在车辆寿命期内进行重复测试。测试应由独立的第三方随机选择车辆进行，而不应用制造商专门为测试准备的特制车辆进行。实验室测试应辅以实际测试作为补充。一些汽车和零部件制造商及国际机构正在推动制定国际统一的车辆测试程序标准，以期加强执法力度，更好地识别性能低劣的车辆。但是，一些国家和地区（如美

国和欧盟）更偏向于使用自己的测试程序，以便更好地照顾当地的情况。国际统一测试标准是否能够取得成功，在很大程度上取决于利益相关者根据上述原则实施严格随机测试标准的能力。

四、案例研究

（一）日本的乘用车"领跑者计划"

日本自 1979 年起就制定了乘用车汽车性能标准，1999 年这些标准被纳入了日本新的"领跑者计划"[17]。该计划每隔几年就会确定每种重量等级中最省油的车辆，然后再更新燃油经济性标准，以反映每种车辆中"领跑者"的效率，但同时应考虑标准需要覆盖未来几年的潜在技术改进[18]。这一技术改进百分比由监管机构经公开咨询确定，包含前面讨论过的持续改进原则，进一步推动制造商达到和超越目前市场上的车辆燃油效率[19]。为了激励技术进步，提前几年达到性能标准的公司可享受税收减免[20]。

"领跑者计划"根据每个制造商销售车辆的加权平均效率制定标准[20]，这样一来，允许制造商销售一些未达标的车辆，但前提是他们出售的超额达标车辆应足够多。"领跑者计划"还规定了必须在买家容易看到的地方（如目录和展品）张贴每种产品的"展示项目"或统计数据，包含的数据因产品而异。对于乘用车，所需数据包括发动机类型、车辆重量、行驶能力、能耗效率、排放和其他细节[20]。

1999—2010 年，"领跑者计划"将乘用车的能效提高了 23%，将小型货车的能效提高了 13%[20]。

虽然"领跑者计划"已经取得了一些成功，但它也有明显的缺陷。一是该计划按重量等级而不是道路投影面积分类，这会鼓励制造商生产更大的车辆。二是尽管标准中包含了一种提高严格性的机制，但这种机制依赖基准年已经投入生产的技术，因此很容易达到标准。例如，尽管该计划提高了 49% 的效率，但这一改进是来自 15 年的累积，对于每年来说只提高了 2.7%。三是"领跑者计划"在设定效率要求时使用了阶梯函数，因此会鼓励投机行为。值得注意的是，如果性能最优的技术已经可用，这种计划会更容易实施；但对于刚刚开始实施性能标准的国家，可能就没有这么有效了。有关购买更高效汽车的经济激励的更多讨论，请参阅本章第二节。

（二）中国的"机动车油耗控制项目"

中国分四个阶段引入了汽车燃油经济性标准：2004—2007 年为第一阶段，2008—2011 年为第二阶段，2012—2015 年为第三阶段，2016 年起进入第四阶段[21]。尽管该计划目前没有包含前面讨论的诸多设计原则，但政策制定者可以从汽车性能标准领域的全球领先者身上吸取经验教训，以改进现有的一些不足之处。中国的标准已经取得了一些成功，未来仍有一定的效率提升空间。

中国的汽车油耗标准因车辆重量而非道路投影面积而异，同时针对不同的技术（普通、SUV 和小型货车）制定了不同的标准。每一阶段仅持续 4 年左右，未能为企业提供一定的确定性和长期的规划时间。新标准出台后，制造商只有三年的履约时间，使制造商长期规划的能力被限制，从而导致技术升级速度放慢、成本变高。该标准以阶梯函数而非连续函数的形式实施（尽管未来可能转为连续函数），并严重依赖制造商的投入。此外，该政策的重点放在油耗而非污染物排放上。

在标准的履行和实施方面，中国采用了欧洲测试规程进行监测、验证和执行。但如前所述，欧洲的测试规程允许制造商采取各种投机行为，履约仅通过实验室测试的预生产和生产车型而非上路车型来完成。此外，在车辆上路后，没有不合规处罚和不合规跟进程序。中国正在制定自己的测试规程，但它的严格性是否会超过欧洲测试方案仍有待观察。

综上所述，中国第一阶段和第二阶段的标准将车辆的实际平均油耗降低约 12%，但由于这一阶段仍有大量高油耗、大排量的汽车，减少了总节油量，否则其降幅可能会更大[22]。

从积极的方面来看，中国标准的效率要求是很激进的，这也使其燃油经济性标准成为世界上最严格的标准之一（图 5-5）[22]。中国还利用其他一些政策来补充其燃油经济性标准，包括燃油税，对消费者购买符合要求的纯电动汽车、插电式混合动力汽车和燃料电池汽车给予补贴，承诺报废老旧和高排放汽车（尽管尚未宣布政策机制），以及鼓励购买小排量汽车的消费税政策[22]。中国还要求通过标签披露汽车燃油经济性。虽然2012年一项研究发现，只有62%的汽车按照要求张贴了这些标签[22]。

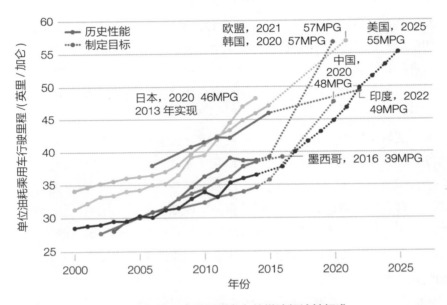

图 5-5　全球最强有力的燃油经济性标准

注：单位油耗乘用车行驶里程，按照 CAFE 进行归一化处理，2015 年，http://www.theicct.org/sites/default/files/info-tools/pvstds/chartlibrary/CAFE_mpg_cars_Sept2015.pdf。根据知识共享署名许可协议 3.0，数据经国际清洁运输理事会许可转载。

中国的燃油经济性标准从很大程度上来看是精心设计和卓有成效的，如果能够有更好的测试和执行程序并采纳基于道路投影面积而非重量的标准将会带来更多的益处。

（三）美国的"公司平均燃油经济性标准"

美国实行的燃油经济性政策是"公司平均燃油经济性标准"（CAFE）。

CAFE 标准于 1978 年首次生效，旨在提高新销售的轻型车辆的平均燃油效率。CAFE 适用于在美国制造、总重不超过 8 500 磅（3 856 kg）的乘用车或轻型载货汽车。制造商需要达到基于各车型年度销售量加权平均的燃料经济性目标，通常用每加仑燃料行驶的里程数（MPG）表示。

车辆不达标会受到严厉处罚：如果制造商为美国市场制造的新车低于适用标准，则制造商必须缴纳罚款：低于现有标准的每辆车罚款标准为 55 美元 /MPG。

2012 年，美国在《2007 年能源独立与安全法》通过后，国家公路交通安全管理局建立了一个排放配额交易机制，允许制造商在汽车和货车类别之间转让合规的排放配额，允许将合规排放配额结转 5 个标准年，同时允许企业之间互相转让排放配额。在此次修订期间，其计算方法更改为车辆轮轴距与其平均轨道宽度（道路投影面积）的乘积。一方面，通过修改放宽了标准，允许大型车辆适用于比小型车辆更低的燃油经济性标准，从而降低了销售更多小型车的动力；另一方面，以车辆大小而非重量设定标准，可为车辆减重提供重要激励，从而推动燃油经济性的进一步提高，同时也改善了道路的整体安全性。

美国的 CAFE 标准通常被认为是成功的，并且近年来在推动燃油效率改进方面效果显著。然而，由于没有一个定期提高标准严格性的机制，美国的燃油经济性在 1990—2010 年停滞了。鉴于美国本届政府的行事风格，尚不清楚未来是否会加强标准，又或者再次陷入停滞不前的状态。

此外，这些标准是针对乘用车和轻型货车单独制定的，这会鼓励制造商通过对车辆进行微小调整将乘用车重新归类为轻型货车，从而降低所需最低燃油经济性水平。

另一个问题是在未来标准中加入审查过程。在 2012 年标准延续期间，政策制定者考虑对标准进行中期审查，而车辆制造商试图借此机会降低标准的严格性。

无论如何，长期规划、灵活的达标选择以及基于道路投影面积（而非重量）实施标准等特征，帮助美国 CAFE 标准在近几年来提高了汽车燃油效率。

五、小结

汽车性能标准是交通运输部门减排的最佳政策之一。如果实施得当，它将逐年降低排放量，同时实现社会净节约额。世界上最好的标准往往需要提前为公众所熟知，并逐步采取收紧机制，且具有技术发现特征，能够避免投机行为。这些经过精心设计和妥当执行的标准将是实现清洁能源未来的关键所在。

第二节 车辆购置费、燃料费及税费奖惩系统

与性能标准一样，燃料费和对低效率新车收费也是减少道路车辆排放的最佳政策，其中道路车辆在全球交通部门排放量中的占比达到71%[23]。燃料费和车辆购置费过去使用得很广泛，为道路建设和公共交通等基础设施项目创造了收入。如果政府将这些收入用于改进控排措施，包括城市交通措施、效率提升、新的清洁能源和能效技术研发，则可以扩大其影响并加速实现零碳未来。车辆购置费、燃料费及税费奖惩系统可为2℃目标贡献约1%的减排量（图5-6）。

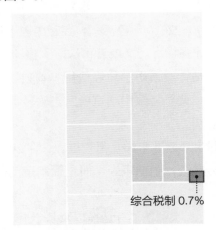

综合税制 0.7%

图 5-6 税费奖惩系统的潜在减排量

数据来源：使用经国际应用系统分析学会（IIASA）许可的数据进行分析，这些数据可从 IIASA-LIMITS 情景数据库下载，https://tntcat.iiasa.ac.at/limits publicdb/dsd?Action=htmlpage&page=about。

一、政策概述与目标

　　燃料费是对车辆燃料征收的税。燃料费应该反映所有由燃料引起的负外部性，并且应该在供应链上游实施。燃料费收入可以用于促进空气污染控制计划或温室气体减排计划的实施并防止减排计划的滞后。

　　车辆退费补贴是指将对低效车辆购买者征收的费用补贴给高效车辆购买者。为了使退费补贴发挥效果，政府可以减少管理要求，尽量简化获得补贴所涉及的流程。退费补贴应适用于同一级的所有车辆（如所有轻型客运车）。

　　燃料费和车辆退费补贴可鼓励提高新车的燃料效率，同时缩短车辆行驶距离。燃料费和车辆退费补贴应作为长期政策，制定明确的实施时间表。随着技术的进步，应逐步调整这些政策的严格度（设定值和强度）。这些政策至少可为实现的 2℃ 目标贡献 1% 的累计减排量。

　　本节将介绍三种相关的政策类型：①车辆购置费，即对新出售的道路车辆，主要是乘用车、SUV 和货车收取的费用；②燃料费，即对碳基燃料的收费；③税费奖惩系统，即根据其效率对新出售车辆实施的退费补贴。

　　车辆购置费和税费奖惩系统在减少道路车辆油耗方面发挥了比较好的作用。而对于商用客机、大型货船和火车这类非道路交通工具，由于其使用寿命长达数十年、制造成本高，因此需要制定足以影响购买决策和在其使用寿命期内提高运行经济性的费用政策或税费奖惩系统，这将面临政治上的挑战。

　　在使用寿命期内，燃料费将对飞机、铁路和船舶的经济性产生持续影响，并可能更有效地影响制造商，激励其提高非道路交通工具的效率。这里蕴藏着显著的改进潜力，如新的飞机设计最高可以将油耗减少 40%[24]。然而，由于目前燃料费、车辆购置费及税费奖惩系统主要适用于道路车辆，本节的其余部分将只考虑道路交通模式。

（一）燃料费

　　在一些国家，对燃料税实行多级征收制，即国家、州或省和地方政府都可以对燃料征税。在大多数情况下，征收燃料费的形式通常是通过消费税，或基于出售特定数量的燃料进行征税（与此相反，销售税是以购买价格为基础的）。美国一些州基于燃料价或其他因素征税[25]。当对卖方征收燃料税时，其通常会将部分或所有增加成本转嫁给消费者。

燃料税通过两种不同的机制影响驾驶者：车辆的驾驶里程和购买哪种新车。燃料税会增加出行成本，这也就会导致一些人或企业减少出行需求，或转而采用不同的交通工具：对于客运，可以骑自行车、步行或乘坐公共交通；或对于货运，转而采用运输每吨货物更高效的交通模式，如铁路。

当消费者或企业准备购买新车时，他们会在决定购买哪种车型时考虑燃料成本。燃料价格越高、越省油的车型就越具有吸引力。由于这一影响取决于车队的换手率，因此燃料价格必须在较高的水平上维持一段较长的时间（如果不是永久性的），才能显著提高整个车队的燃油经济性。

对碳基燃料的收费对于抵消提高车辆效率带来的反弹效应特别有用。如果车辆变得更高效（可能是因为汽车性能标准或市场对更高效技术的需求），驾驶成本就会降低。这会使人们增加开车频率，这样就抵消了汽车燃料效率带来的一些减排效益（在美国，乘用车[26]约为10%，货车[27]约为15%）。燃料税可以抵消这种反弹效应。

值得注意的是，燃料费不太可能导致重大的行为转变，至少在政策可行的范围内是如此。因此，燃料费是一种极有价值的收入筹集机制。燃料费的收入可用于其他政策或计划，如用于清洁车辆退税或公共交通基础设施建设，这些政策或计划可进一步减少排放，并为公众提供交通替代选择。

（二）车辆购置费

除了征收运输燃料费，一些地区还会收取新车购置费。这可能以消费税或在特定区域拥有和驾驶车辆的许可证的形式出现。例如，上海地区拍卖新车许可证，许可证价格可能远远高于车辆本身的购买价格[28]。

尽管对单辆车征收固定费用有助于鼓励人们转而采用其他交通工具，但它并不鼓励购买效率更高的车辆。为了实现这一目标，可基于汽车效率或燃料类型进行收费。例如，挪威为电动汽车减免高额的汽车税（尽管挪威已经开始逐步取消这种激励）[29]。与此类似，丹麦以前也为新出售的电动汽车提供高额汽车税豁免，但目前开始逐步取消这项豁免[30]，导致电动汽车销量在一年内下降了 60%[31]。这也充分说明了这些政策在影响消费者购买决策方面的重要性和有效性。

（三）税费奖惩系统

税费奖惩系统是在一项政策下结合税费和补贴，即将对低效车辆购买者征收的税费补贴给高效车辆购买者。监管机构确定了一个政策目标，称之为"转折点"，即在某一效率水平上的汽车既不收费也不提供补贴（图5-7）。然后，再根据新车燃料效率与目标的差距，确定退费补贴的费率以及是征收税费还是提供补贴。

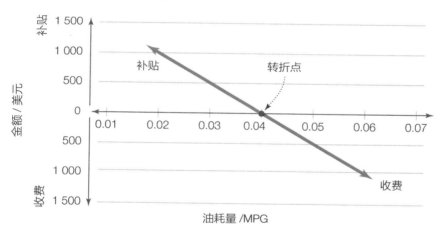

图 5-7　税费奖惩系统设计

政府可能会根据其财政收入目标来设计税费奖惩系统。例如，设定一个更高的效率目标可以使更多的车辆支付费用，而不是获得补贴，从而产生一个收入流来资助公共交通或其他政府项目。相反，如果将目标设定在一年内所有费用的总和等于所有已支付补贴的总和的水平，则可以使退费补贴的税收中性化。为了保持税收中性化，必须经常调整目标以适应制造商提供汽车的效率和公众购买偏好的变化。此外，还可以设定一个效率水平，超出这一效率水平则提供更高的补贴，以对非常高效的汽车（燃料效率远远高于目标的汽车）进行奖励。这么做有助于促进更先进的能效技术的开发。

二、政策应用

（一）燃料费

对碳基燃料的收费可实现交通工具政策的三个核心目标：①通过提高燃料成本来减少驾驶需求；②鼓励购买新车，因为老旧、效率较低的车辆的驾驶成本更高；③鼓励消费者购买效率更高的车辆（这也会激励制造商生产效率更高的汽车），因为他们的驾驶成本更低。因此，对碳基燃料的收费是广泛适用的。

燃料费也有助于将油耗的社会成本（如气候变化或健康影响）包含在消费者支付的价格中。此外，燃料费收入可能相当可观，可以再投资于那些减少燃料燃烧影响的项目（如发展低碳经济和提供医疗服务）。出于这些原因，收取燃料费是一项恰当而有效的政策。

（二）车辆购置费和税费奖惩系统

车辆购置费有助于减少车辆的出行需求，且如果费用与燃料效率挂钩，有助于引导消费者购买更高效的车型，并引导制造商设计更高效的车型。由于消费者在决定购买哪辆车时经常会忽视节油的问题[32]，车辆购置费和税费奖惩系统可以将一些经济影响放置到前端，鼓励购车者充分考虑这些因素，从而提高新购买车辆的效率。对传统燃油汽车收取少量费用也可用于建立可持续的预算，为电动汽车和其他替代燃料汽车提供补贴。

税费奖惩系统有助于鼓励开发和部署新的更高效的车型。通过基于效率的补贴，税费奖惩系统奖励购买最先进、最高效的车辆，鼓励制造商研发和生产更高效的车型以销售更多的汽车。这意味着税费奖惩系统是汽车性能标准的有益补充，在改善性能最差或最低的车辆方面尤其有效。

征收诸如年度登记费之类的固定车辆费可能有助于缓解城市拥堵，如中国的上海市就通过这种政策来限制上路汽车数量，并将产生的大量收入用于改善其他交通工具的吸引力和便利性，如步行、骑自行车和公共交通等。与此相对照，当主要目标是激励开发和销售更高效的车辆时，分级收费或税费奖惩系统会最有效，如果在地方甚至州以外的更大范围内实施则效果最好。

如果仅在特定地区实施，那么税费奖惩系统可能会导致好坏参半的结果，因为想要购买低效车辆的人可以从不实施税费奖惩系统的邻近地区买到，而那些想购买高效车辆的人会从提供更高补贴的地区购买，如居民可以从邻近省份购买汽车以避免本地高昂的车牌费。这样一来，政府收取的费用额远低于支付的补贴额，从而无法达到提高高效车辆购买比例的政策效果。通过在车辆登记时收取费用，而不是在销售点收取费用，可以帮助解决这一问题，并确保更准确地执行税费奖惩系统政策。

三、政策设计建议

（一）政策设计原则

1. 创建长期目标，为企业和消费者提供确定性

燃料费应该无限期征收，因为化石燃料的外部性不会随着时间的推移而减少。燃料费的长期确定性将鼓励制造商对提高燃料效率的研发项目进行投资，因为他们知道这些车辆在准备就绪后将会有市场需求。这也会鼓励消费者购买更高效的汽车，而如果他们不确定未来是否会继续实施燃料费，就可能会因期待未来燃料费的减少或暂停征收而购买效率较低的汽车。税费应始终根据通货膨胀进行调整，以确保扣除物价因素的实际值保持一致。此外，税费应根据车辆效率的提高而增加，以防止削弱激励作用，同时防止反弹效应（已在前文中讨论）导致的车辆行驶里程的增加。为此，可以建立一个调整机制，根据平均车辆效率调整税费。

同样，车辆购置费和税费奖惩系统也应提前多年向公众公布，以达到最大的激励效果，同时确保消费者不会等待税费政策到期时再购买新车。车辆购置费和税费奖惩系统可能不会永久持续。例如，如果运输车辆采用清洁能源，城市地区的拥堵也不再构成一大难题，那么车辆购置费和税费奖惩系统就会失效，但由于我们还需要许多年的时间才能实现这一目标，因此在可预见的未来车辆购置费和税费奖惩系统可能仍然是最有价值的政策工具[1]。

2. 充分考虑每项技术的所有负外部性或使用价格发现机制

燃料费应该以造成所有社会危害的全部价值来定价。这些影响包括由于当地污染物排放导致的公共健康影响、气候变化影响、拥堵影响、基础设施影响和交通事故影响等。燃料费也可以基于能源当量计算，而不是计算每种燃料的外部性成本，后者在某些情况下可能很难通过计算得出[33]。其中一些负面影响，如交通事故，与车辆使用何种燃料无关。在这种情况下，可以对所有车辆征收一项单独的费用以覆盖这些影响，这样的话，征收燃料费就无须考虑这些影响了。

在最大车辆数已知的拥堵城市地区，价格发现机制最适用于车辆购置费。拍卖许可证是实现这一目标的直接途径。

税费奖惩系统转折点的调节也属于价格发现机制，因为通过调整实现了特定的收入相关目标（如实现税收中立或为其他项目获得特定的净收入）。正确的转折点价格取决于买家的选择。价格发现机制也可以应用于设定税费奖惩系统的费率。政策制定者首先需要确定所期望的性能结果——这里指平均售出车辆的效率的特定大小变化。然后，可以在现实世界中或通过研究来测试各种税费奖惩系统的费率，以便发现达到目标效率提升所需的税费奖惩系统费率。

在某些情况下，特别是对于车辆购置费和燃料费来说，附加收费可能不利于消除外部性的巨大行为转变。因此，这些政策作为一种收入机制，

---

[1] 其他工具可以帮助政策制定者设计恰当的国家"汽车退税制度"结构。International Council on Clean Transportation. Feebate Simulation Tool[EB/OL]. [2017-12-14]. http://www.theicct.org/feebate-simulation-tool.

可以用作补贴或者为其他采用更高效、更清洁车辆的项目提供资金，并可用于公共交通等替代出行方式的开支。

3. 消除不必要的软成本

如果某一特定地区在购买或驾驶车辆方面有重大政策障碍，则可以对特别高效或零排放的车辆给予特殊对待，从而帮助该地区更快、更便利地获得这些车型。例如，电动汽车可加快办理牌照，或者在进行汽车牌照拍卖的地区规定最低数量的牌照用于电动汽车。

如果对高效或零排放车辆提供补贴，可由经销商实施。这样，经销商就有责任提交相关的政府文件，并且简单地将补贴额包含在消费者看得到的汽车价格中。但是，这项政策需要进行严格监控，以确保制造商不会有投机行为。

4. 抢占 100% 的市场，并在可能的情况下进入上游或关键环节

制造商为逃避燃料费或车辆购置费而采用其他类型的替代燃料或生产具有类似负外部性的车辆是不被允许的。如果只对汽油收费，而汽车能够使用燃料乙醇，那么消费者就很可能使用乙醇来避免燃料费。因此，燃料费应针对所有碳基燃料，而不是仅仅针对石油燃料或汽油。此外，收费还应基于污染排放强度（每种单位燃料所产生的污染物排放量）或燃料的碳强度来确定，以便能够鼓励消费者购买碳排放量最低的燃料类型。

需要避免的一个主要风险是，基于车辆特征（制造商可能通过小幅调整来满足这一特征）征收不同的税费或税费奖惩系统应有不同的转折点。例如，汽车制造商之所以开始向消费者生产和销售 SUV，部分原因是它们所要达到的汽车性能标准低于乘用车 [1]。这会导致消费者购买更大、效率更低的 SUV，由此削弱政策效果。

5. 确保经济激励具有灵活性

税费奖惩系统应通过在汽车购价基础上打折或直接提供现金返还的方式提供。

---

[1] 根据车辆重量而非足迹风险设定的汽车性能标准激励制造商制造重量较重的车辆，因此可以将它们分类为能效要求较低的重型车辆类别。

如果付款是以税收抵免，甚至是退税的方式提供补贴，由于不是在购车时直接提供补贴，这将削弱补贴对消费者的心理影响；同时也会增加麻烦，因为消费者可能需要采取额外步骤（提交纳税申报单）才能获得补贴。

（二）其他设计考量因素

1. 减轻收费的消极影响

与销售税一样，燃料费和车辆购置费有其消极的影响：它们对于低收入者不利。低收入者在交通上的支出比例更高，因此更高比例的收入被投入这些收费中。此外，低收入群体可能拥有更旧、效率更低的车辆，这导致他们单位里程所需购买的燃料更多，从而增加了他们支付相关的燃料费用。

这种消极影响的解决方式是将相应收入合理地用于造福社会。例如，将收入用于改善公共交通，尤其是服务低收入人群的城市公交和地铁系统，以合理的价格为低收入居民提供替代交通出行方式。另外，这些资金也可用于惠及低收入居民的非交通项目，如提高低收入地区学校的质量。还有一种方法是以固定金额的方式将收入返还给社会中的每个人（"红利"），或者以"分级红利"的方式向低收入者分发更多的"红利"。这种"红利"补贴不应基于燃料使用量或支付费用的数额，以避免削弱收费带来的激励作用。通过善用资金，为低收入居民带来的收益将超过燃料费和车辆购置费的附加成本。

2. 赢得行业支持

如果汽车制造商不反对这些政策，燃料费和车辆购置费将更容易颁布和实施，而且在颁布后面临的法律挑战也将更少。尽管汽车制造商可能会反对直接征收车辆购置费，但他们可能不会反对退费补贴，前提是他们认为高效汽车获得的补贴可以帮助他们增加销售额，并且所得将大幅超过对低效车辆收费的支出。但是现在的情况恰恰相反：对于制造商来说，SUV是高利润汽车，而电动汽车带来的利润则要少得多。

为了减轻行业的疑虑，政策制定者应与汽车行业讨论如何设计税费奖惩系统，如设计税费奖惩系统的费率和转折点。转折点的设置应使政策不那么税收中性（这意味着税费奖惩系统应作为轻微的净支出），以确保汽车制造商将从税费奖惩系统中获益。

汽车制造商一般不会反对燃料费，除非他们认为该政策会明显减少消费者对其产品的需求。而对于电动汽车或其他不需要征收燃料费的汽车制造商来说，他们会期待借此使这些车型的销量增加。

与此类似，提供特别高效的石油动力汽车车型的制造商可能期望从竞争对手那里抢占市场份额，从而从燃料费中获益。对于使用碳基燃料以及效率低于竞争对手的车型制造商，就很难说服他们支持燃料费政策。

四、案例研究

（一）美国联邦汽油税

由于政策设计不完善，美国联邦汽油税仅实现了其潜力的一小部分。美国在 1932 年首次按照每加仑 1 美分征收汽油税。从那时起，汽油税定期进行调整，最近一次是在 1993 年[34]。由于汽油税并未考虑通货膨胀，因此实际税值（实际税率）出现下降，而税收名义值（名义税率）保持不变。然而，驾驶者的税务负担也受到他们驾驶车辆的效率影响；单位油耗行驶里程更远的车辆，其驾驶者所支付的单位里程税额更低。图 5-8 显示了 1970 年以来美国汽车的名义税率和实际税率，以及根据车辆效率提升调整后的实际税率（与 1970 年挂钩）。

虽然按实值计算的税率略低于历史平均水平，但随着汽车燃料效率的提高，汽油税产生的收入比过去相对要少得多。由于汽油税收入通常用于基础设施建设，其实际结果是政府为道路基础设施建设和维护提供的资金逐年减少。

在州际公路系统建立之前，汽油税的收入主要用于减少赤字和战争的开支。1956 年，新成立的公路信托基金主要用于支付新的州际公路系统的费用，因而所有的汽油税都用于该基金[34]。

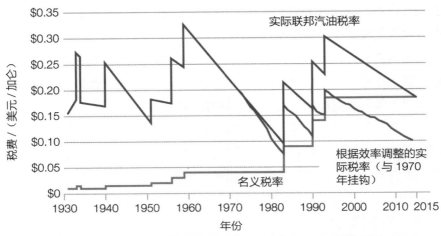

图 5-8　如果不基于通货膨胀进行调整，美国的汽油税价格将持续下降

图片来源：Kevin McCormally 的书面描述，"联邦汽油税简史"，Kiplinger，2014 年，http://www.kiplinger.com/article/spending/T063-C000-S001-a-brief-history-of-the-federal-gasoline-tax.html。

　　20 世纪 90 年代，部分税收又被用于减少赤字，但这一情况在 1997 年宣告结束，因为税收不足以维持公路信托基金的偿付能力。从那时起，汽油税被证明是不够的，公路信托基金每年都处于亏损状态。到 2018 年，缺口达到 800 亿美元[35]。

　　美国联邦汽油税存在的一个重要问题是未能将通货膨胀计入其中。如果从 20 世纪 30 年代开始就考虑通货膨胀的因素，那么在接下来的几十年里就没有必要采取任何立法行动来维持汽油税的可行性，并且可以避免多年的税率倒退（如 1959—1983 年和 1993 年至今）。当然，这也有助于确保公路信托基金的持续偿付能力。

　　另一个主要问题是它没有充分体现出驾驶汽油动力汽车所带来的社会危害。尽管在公路信托基金的管理下，这项税收因为被设计成一种产生收入并用于维持交通基础设施的手段，因而未考虑社会的外部成本，但汽油税最终应上升到能够反映因驾驶而产生的社会成本的水平上。为了体现所有社会成本，汽油税和燃料使用税应共同反映一些问题：①气候变化造成的损害；②局部空气污染物导致的过早死亡和疾病；③交通事故；④拥堵、浪费的时间和降低的生产力；⑤石油行业获得的补贴和税收抵免（因为这些是由纳税人出资，对社会造成损害）；⑥司机获得的间接补贴，如免费停车（成本由政府承担，但至少在公共道路和公共停车场是用纳税人的钱建设的）；⑦用于保护石油供应的军事开支。

由此可知，政府应尽可能地将所有外部性成本内部化。

（二）法国的奖惩计划

世界上较为完善的税费奖惩系统是法国的奖惩（Bonus-Malus）计划[36]。该计划于 2008 年 1 月生效，有三个目标——引导买家购买碳排放更少的汽车、鼓励开发新的低排放汽车技术、加速淘汰老旧低效汽车，其转折点每两年自动下调一次（要求车辆更高效以避免相关收费），以保持税收中性。

与大多数税费奖惩系统政策一样，法国的奖惩计划为高效车辆买家提供返还额，最高效车辆的返还额最高可达 6 300 欧元，最低效车辆的罚款额最高可达 8 000 欧元（截至 2016 年）。返还额不能超过车辆成本的 27%，柴油车辆没有资格获得返还额[37]。与传统的税费奖惩系统不同，法国的奖惩计划对拥有高排放汽车的车主每年征收 160 欧元的罚款，以帮助加快老旧车辆的淘汰进程[38]。该计划的一个缺陷在于，它是一个阶梯函数（而非连续函数），所以车辆效率的提高是有限的，因为制造商仅侧重于生产阶梯点附近的车辆，从而减缓了效率提升过程，同时返还额增加显著。

法国的奖惩计划成功地加快了法国车辆减排效率的提高，如图 5-9 所示，并与其他区域的燃油效率政策一起使法国的单位里程 CO_2 排放量到 2015 年减少了约 25%[39]。

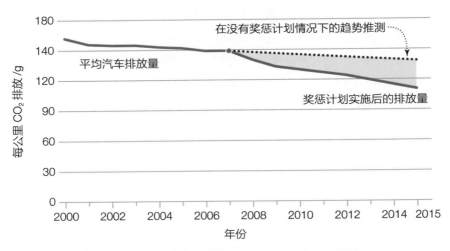

图 5-9　法国的奖惩计划减少了汽车排放强度

注："Évolution du Marché, Caractéristiques Environnementales et Techniques des Véhicules Particuliers Neufs Vendus en France", Agence de l'Environnement et de la Maîtrise de l'Énergie, 2017 年 9 月, http://www.ademe.fr/sites/default/files/assets/documents/evolution-marche-vehicules-neufs-2017-8524.pdf。历史燃油效率数据由维基媒体根据知识共享署名许可协议提供。

五、小结

　　燃料费和税费奖惩系统是通过减少驾驶需求和鼓励更高效车辆来减少排放的强有力政策。燃料费应反映燃烧燃料造成的社会危害，可减少燃料使用，并为城市交通项目提供收入来源。税费奖惩系统对于消费者和汽车制造商来说都是一种强有力的激励措施，能够鼓励其选择更高效的汽车。此外，可通过调整转折点来实现政府的收入目标。燃料费和税费奖惩系统组合在一起，有助于推动交通部门脱碳，迎接清洁能源的未来。

第三节　电动汽车政策

目前，货运和客运主要依赖石油提供动力。大多数汽车和摩托车以汽油为燃料；大多数货车和公交车以柴油为燃料；而火车、轮船和飞机则通常以其他石油衍生物作为燃料。为了降低温室气体排放，快速并大规模地应用相关技术，减少交通部门，特别是道路车辆的排放至关重要。图 5-10 显示了美国各类型车辆的燃料使用比例，其中道路车辆包含汽车、轻型货车、公交车和货车。

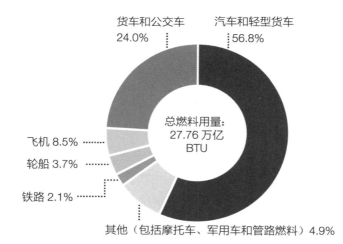

图 5-10　2015 年美国交通部门不同交通模式的能源使用量

注：BTU 是英制热单位，1 BTU = 1 055.056 J。

图片来源：美国能源信息署，《2007 年度能源展望》，日期不详，https://www.eia.gov/outlooks/aeo/supplement/excel/suptab_36.xlsx。

促进交通部门脱碳的一项极具前景的技术是道路车辆电气化。到 2050 年，车辆电气化政策可为 2050 年 2℃ 目标贡献至少 1% 的减排量（图 5-11）。

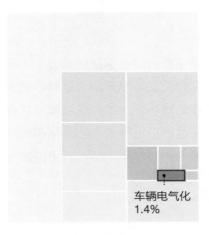

车辆电气化
1.4%

图 5-11　车辆电气化的减排潜力

数据来源：使用经国际应用系统分析学会（IIASA）许可的数据进行分析，这些数据可从 IIASA-LIMITS 情景数据库下载，https://tntcat.iiasa.ac.at/limits publicdb/dsd?Action=htmlpage&page=about。

一、政策概述与目标

道路车辆电气化是交通部门脱碳的重要内容。许多政策都可以用来鼓励供应商生产电动汽车和加速消费者购买电动汽车，其中包括退税和补贴、充电基础设施建设、电动汽车（EV）销售强制任务政策和消费者宣传教育等。至关重要的是，这些政策应当针对长时间跨度进行设计，补贴额应当跟上技术进步的步伐，并根据提前制定的时间表和公式进行逐步消减甚至淘汰。美国佐治亚州和中国开展项目的成功表明该政策具有巨大潜力，也存在需要避开的陷阱。良好的政策可以让电动汽车尽快满足世界各个城市大部分道路客运的需求。

电动汽车能够提供两项减排的关键优势。首先，电动汽车的能效是汽油车的 3 倍，59%～62% 的电能都被转换成动力来驱动车轮，而汽油车只能将 17% ～ 21% 的燃料化学能转化为有用功 [40]。其次，发电技术几乎可以实现零排放，如太阳能电池板、风力涡轮机、水电站或核电站的 CO_2 排放量为零，这意味着电动汽车的运行可以接近零排放 [1]。

电动汽车还为其所有者提供经济收益。高能效意味着它们的运行成本很低，典型的电动乘用车可以利用价值 1 美元的电力行驶 43 英里 [41][2]。这大约是 2016 年普通汽油动力乘用车燃料成本的 1/4[42]。电动汽车的运转部件要比内燃机车辆少得多（电动汽车通常不需要散热器或变速箱），因此更可靠且养护需求更低 [43]。

如果电动汽车真的拥有这么多的优势，为什么政府还需要制定相关政策来促进电动汽车的商业化和大规模应用呢？阻碍电动汽车发展的原因主要有两个：①虽然电动汽车的成本正在迅速下降，但仍然高于同类车型的汽油或柴油车辆；②电动汽车需要充足的充电基础设施支持，目前大多数电动汽车车主主要在家中充电，若车库或路边停车位并未通电就可能是一项挑战。在无法在家充电或在家充电无法支持特定航程的情况下，工作场所充电和公共充电桩可以在一定程度上进行补充。推广电动汽车的政策通常旨在协助克服这两项障碍中的一个或两个，或者提供其他优势（如停车位或快速车道使用权），用以增加拥有电动汽车的便利性。

（一）公交车和货车电气化

轻型汽车（如小汽车和 SUV）以及重型车（如公交车或货车）都可以实现电气化（图 5-12）。然而，由于具有不同的市场特征、车辆性能要求和技术成熟度，公交车和货车电气化与乘用车和 SUV 电气化的政策考量因素也不相同。

目前已存在市内公交车电气化技术，但公交车主要是由政府交通机构购置，而这些机构对价格压力和激励措施的响应不及消费者。早在 20 世纪初就出现了通过导线获取电力的电动公交车 [44]，但这类公交车需要高架

---

[1] 部分排放与修建发电厂、输电线路、核电站铀矿开采和水力发电大坝的水库甲烷排放有关。
[2] 该数据以 3 英里 /（kW·h）的电动汽车燃油效率和 7 美分 /（kW·h）的电力成本为基础。

基础设施的支持。电池电动公交车是一项较新的发明，其市场份额正在不断增长。例如，中国仅在 2015 年和 2016 年就出售了 20 多万辆电动公交车[45]。中国深圳市政府刚刚完成了其公交车车队（共 16 359 辆）向电动公交车的全面过渡[46]。

图 5-12　澳大利亚阿德莱德运行中的电池电动公交车

注：用户提供的照片，Orderinchaos（个人作品）（知识共享署名许可协议 3.0），摘自维基共享资源。

市内公交车的运行工况具有两个关键特点：①走走停停的行驶特征，能够最大化发挥制动能量回收价值；②在指定位置定期安排停驶期，可提供高压快速充电机会。因此，保证了电动汽车与其电池电动动力系统高度兼容。据美国电动公交车制造商 Proterra 估计，到 2025 年，在出售给交通机构的新公交车中，有一半都将为电动公交车，且到 2030 年可能全都改为电动车[47]。以市场占有为驱动的成本下降以及政府采购政策将促进这一市场的发展，政府在购买新公交车时可将电动公交车的空气质量改善和气候变化减缓效益考虑在内。

电动货车自 21 世纪初就一直在使用，并聚焦于市内用途。例如，多次停靠的货运车辆以及用于港口和机场营运的货车。这些货车的运行工况与市内公交车的运行工况具有许多相同特点，非常适合电气化。目前，电动长途半挂货车处于初期发展阶段，可能有一天能够通过租用电池（这类电池可在干路沿线货车停靠站中的电池更换站进行更换）系统实现长距离行驶 [48]。能否增加电动货车的普及率在很大程度上取决于政策对快速降低成本的研发工作的支持力度（将在第八章第二节中进行讨论）。

（二）摩托车电气化

在部分国家中有大量人群驾驶摩托车出行。虽然摩托车往往因重量轻而燃料效率较高，但由于它们依赖于简单但污染严重的二冲程发动机，而且并没有安装排放控制设备（如颗粒物过滤器），往往也会造成严重污染。政府可能会采用与本节所讨论的与乘用车和 SUV 电气化相同的政策，着力于推广电动自行车来作为传统摩托车的替代品。

（三）乘用车和 SUV 电气化

1. 补贴和退税

政府用来鼓励企业和消费者购买电动汽车的一种最有效的政策是，直接为购买新电动汽车的企业和消费者提供补贴。例如，美国联邦政府为每辆电动或插电式混合动力汽车提供高达 7 500 美元的税收抵免，而部分州政府和电力公司还会在这一金额的基础上提供额外退税。例如，美国科罗拉多州提供全美最高的州级税收抵免，达到每辆电动汽车 5 160 美元 [49]。将补贴反映在购买者能够看到的标价中是最有效的方式，这样购买者在做出购买决定时会将补贴考虑在内。

补贴通常被作为一项临时措施，以帮助降低电动汽车的前期购买价格，使其购买价格与汽油车辆相当。随着电池技术改进带来的电池成本降低以及通过规模经济实现电动汽车增产所致的单位制造成本降低，补贴可能会被逐步取消。电动汽车电池的降价路径与其他技术类似，电池成本预计将在未来 5 年内降低近一半，如图 5-13 所示。电动汽车电池成本的下降速度比大多数行业专家和建模人员在过去 10 年中所预测的速度要快得多 [50,51]。

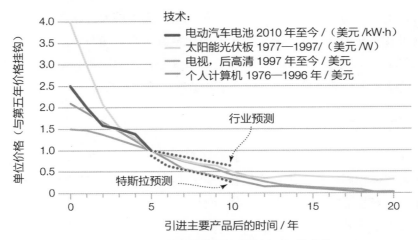

图 5-13　引进产品的单位价格随时间的变化

注：Martin R. Cohen，《电动汽车的 ABC：政策制定者和消费者倡导者指南》。数据经市民公共设施理事会许可转载。

　　成本下降并不会随着时间的推移自动发生，成本下降依赖于不断扩展的技术应用带来的规模经济效应以及实践中的提高。制造商在电动汽车制造过程中吸取经验，并寻求相应机会，通过小幅工艺变更减少投入、增加产出并提高产品品质等。补贴有助于促进早期市场推广，从而使成本下降至一定水平，在此之后可取消补贴。虽然在短期看来，补贴似乎是一项成本高昂的政策，但从长远来看，它们可以通过降低成本、帮助电动汽车更快地与汽油车实现成本平价甚至比汽油车成本更低来为社会节约其他项目的资金（如环境治理资金）。

　　除了为购买电动汽车提供补贴之外，政府还可以通过降低桥梁或道路通行费的形式来提供补贴，或者可以在公共充电站免费为电动汽车充电。例如，旧金山—奥克兰湾大桥在通勤时段向大多数乘用车收取 6 美元的通行费，但针对电动汽车（以及多人合乘汽车）的通行费仅为 2.50 美元 [52]。这意味着每年可为周一至周五使用、非多人合乘的汽车司机节省 900 美元。

2. 扩展充电站接入

电动汽车车主需要能够接入充电站，即接入向车辆供电的电网（图 5-14）。目前存在 3 种类型的充电站：1 级充电桩提供美国标准 120 V 交流电（AC），充电 1 小时仅能支持普通电动汽车行驶不到 10 英里的距离 [53]；2 级充电桩提供 240 V 交流电，每小时传输的电力可供电动汽车行驶 10～30 英里，具体里程取决于充电桩的类型（存在多种不同的充电桩类型）[54]；3 级或"快速"充电桩目前可在约半小时内为 240 英里续航里程的电动汽车提供 80% 的电量。大多数美国建筑物都设有 120 V 和 240 V 的电网接口，但 3 级充电桩通常需要安装特殊设备。所有电动汽车都可以使用 1 级和 2 级充电桩，但只有部分车辆可以使用快速充电桩。

图 5-14　电动汽车插入电源充电

照片来源：franz12/Shutterstock.com。

拥有自己所居住的房子并拥有专用车库或路外停车位的电动汽车买家可选择安装 1 级或 2 级充电桩。但是，租客（占美国家庭的 43.3%）通常无法选择这一选项 [55]，因为他们无法对其建筑物进行升级。此外，没有专用停车位的车主也无法选择安装 1 级或 2 级充电桩。与之类似，办公楼、购物中心和其他商业房地产所有者如果觉得不能从中获取经济回报（如在安装充电设备后能够向租户收取更高的租金）也可能并不愿意安装充电设备。

政府可以通过向在停车场安装充电桩的个人、多单元住宅楼以及企业提供退税或税收优惠来简化这一流程。补贴可能会以将充电桩开放公共使用，或参与提高能效或智能充电项目等为条件 [56]。地方政府可更改建筑节能规范，要求超过一定规模的新建或重大翻新建筑物的车库或停车场中必须修建一定数量或比例的充电桩。

政府还可以与公司合作，在公共区域（如城市公共停车场或街道旁）部署充电桩。这些充电桩的安装费用可通过多种方式进行支付。例如，政府可以向私营公司招标以及直接为充电站划拨资金。

负责管理电力公司的公用事业委员会也可以允许电力公司通过向客户收取费用来收回修建特定数量充电站的费用。电力公司可以通过向车辆出售电力以及将车辆充电作为适应电网短期过剩电力的需求响应等方式回收其对充电基础设施的投资成本。加利福尼亚州的三家电力公司——圣地亚哥煤气和电力公司（San Diego Gas & Electric）、南加州爱迪生电力公司（Southern California Edison）和太平洋煤气与电力公司（PG&E）获得该州公用事业委员会的批准，可建设数千个充电站（包括在多单元住宅楼和企业中建设部分充电站）。通过了解这项政策，电力公司监管机构和利益相关者开始认识到，交通部门电气化可以惠及所有电力公司客户，因为公共事业公司从电动汽车充电中获取的额外收入可以支持现有配电基础设施的运营和维护，从而有助于减少未来上调电价的需求 [56]。

政府可以对直接激励措施或电力公司电动汽车项目提出相应条件。例如，要求在弱势社区部署一定比例的充电设施，或者要求在类似地区以特别的费率收取充电电费，这些通常都是政府需要考量的重要因素 [56]。

3. 道路和停车特权

政府可用于增加购买电动汽车吸引力的另一种方式是为电动汽车车主提供非货币奖励。例如，在通勤高峰时段使用特殊车道的权利。同样，政府可以为电动汽车提供特殊的专用停车位——通常为带充电基础设施的停车位。这些政策会增加驾驶和停放电动汽车的便利性。

特殊车道和停车位使用权的优势源于有资格使用这些服务的车辆数量有限。随着电动汽车获得更高的市场份额，可能需要撤销这些道路和停车特权。

4. 消费者宣传教育

政府或电力公司可以向消费者提供有关电动汽车的信息，如预计的燃料和养护成本节省水平、充电选项、公共充电站位置数据库、缓解空气污染的效益以及可用的激励措施等[56]，这些信息应是高质量且客观的。经销商往往会引导买家排斥电动汽车[57,58]，因为电动汽车几乎不需要养护[56]，而经销商从车辆养护中获取的利润是新车销售的 3 倍[58]。一些经销商拒绝让潜在买家试驾电动汽车[56]，而其他经销商则强调电动汽车的明显弊端，如里程限制[57]，避而不谈电动汽车的优势。政府可与社区和环境组织合作，为最佳电动汽车销售商提供奖励，借助平面媒体或线上媒体、与电力公司建立合作伙伴关系等方式来提供相关信息。

5. 零排放汽车销售强制要求

政府可能会强制要求汽车制造商出售零排放汽车或电动汽车的最低比例。这是一项可以推动技术革新的政策，有助于确保汽车制造商投资零排放汽车技术，并最终向消费者提供相关产品。汽车制造商可以通过以下方式来满足这一强制要求：制造更多电动汽车和更多适销车型；通过市场营销或对消费者的宣传教育来促进电动汽车销售；持续降低电动汽车价格直到消费者的需求足以保证制造商达到这一强制要求。零排放汽车强制要求可通过交易来的排放配额实现，允许无法在销售中形成足够排放配额的制造商购买其他制造商的排放配额。与补贴不同，零排放配额政策不需要政府支出，但严格的强制要求将在短期内给汽车制造商带来成本。

加利福尼亚州和美国其他 9 个州参与了一项电动汽车强制销售计划。每个汽车制造商都需要出售足够数量的电动汽车，以达到其零排放车辆排放配额要求。这意味着电动汽车在总销量中的占比将从 2018 年的 2% 上升至 2025 年的 8%。实际售出的电动汽车数量可能会有所不同，因为汽车制造商在出售使用汽油发动机的插电式混合动力车（一种不完全依靠电力运行的车辆）时产生的排放配额较少，而出售仅靠电力驱动的电动汽车会产生更多排放配额 [59]。遗憾的是，部分排放配额价格很低且容易实现，导致其供过于求，并减轻了制造商生产零排放车辆的压力 [60]。这一问题说明谨慎政策设计对于确保政策有效性的重要性。

零排放车辆强制要求正在全球范围内被广泛采用。作为全球最大的汽车市场，中国已出台新能源车辆生产的强制要求，即乘用车双配额政策，到 2020 年，乘用车制造商新能源销售比例要达到 12%[61]。欧盟委员会也正在考虑在欧洲出台类似的强制计划 [62]。

二、政策应用

尽管电动汽车是一项新技术，但其无论是在发达国家还是在发展中国家都极具前景，因此所有国家都应当采用相关政策来准备并加快向电动汽车的过渡。电动汽车在发达国家适应良好可能不足为奇，发达国家有钱购买新技术，且电动汽车将成为交通部门脱碳和实现激进温室气体减排目标的重要组成部分。但出乎意料的是，电动汽车也非常适合发展中国家，主要原因有以下几点：

①大多数发展中国家并不会在国内生产大量原油或石油燃料，因此就必须支付大量资金用于为汽油和柴油动力汽车进口燃料。电动汽车靠电力驱动，而大部分电力是在国内生产的，而且与燃料相比，相同的电力能够驱动汽车行驶更长里程。这使交通运输服务更廉价，且在能源上投入的资金将更多地保留在国内。

②随着发展中国家工业化进程的推进，许多发展中国家正在遭受恶劣的空气质量问题的困扰。例如，空气污染给中国和印度每年带来数以百万计的过早死亡人口 [63]。除了直接的经济损失之外，空气污染使城市成为不受欢迎的居住地和工作场所，这可能会拖延其发展进程。电动汽车能够减少城市中的有害空气污染。在理想情况下，电力来源于太阳能、风能、水

力和核能发电等零排放技术，甚至可以来自仍会产生少量颗粒物排放的天然气发电。即便通过火力发电来为电动汽车提供电力，火力发电厂的选址也可以远离人口中心，而汽油和柴油车辆却在人口密集的城市中心地带排放污染，导致更多人受到污染影响。

③无论是否发展电动汽车，发展中国家通常都会力求建设一个强大的电网以便为公民提供电力。电动汽车可以使用大部分相同的电网基础设施，甚至可以协助提高电网的稳定性。例如，根据电网在一天内不同时段的用电需求来设置不同的充电价格，可使电动汽车为电网提供电网调频等辅助服务。对于大部分人口仍没有私家车的发展中国家可能能够跳过内燃机车辆阶段，而直接使用电动汽车。这能够使这些国家避免投资昂贵的汽油车辆基础设施，如管道、炼油厂、油罐货车和加油站。

④电动汽车比内燃机车辆更为可靠，运转部件更少，因此其在使用寿命期间的养护需求可能较低，从而使总拥有成本有所降低。

发展中国家对电动汽车的最大顾虑在于成本问题。虽然电动汽车价格正在迅速下跌，但其购买价格仍然高于类似的石油汽车。然而，这一价格差距正在逐渐缩小，且发展中国家应当对其基础设施和政策进行长期规划，届时电动汽车将比内燃机车辆更便宜。尽管如此，由于电网成熟度以及公民和政府资源存在差异，适合促进发达国家和发展中国家电动汽车发展的最佳政策并不相同。

在发达国家，相应政策应聚焦于大规模地采用电动汽车取代私家内燃机车辆。扩大充电站的使用范围并促进家用充电桩的发展（如快速、高效和费用低廉的家庭充电桩安装许可流程）是优先考虑事项。发达国家有能力提供电动汽车补贴，且电动汽车补贴已在许多欧洲国家、美国、加拿大和其他地方得到采纳。公路上多人合乘车道的使用权已被证明是影响消费者购买决策的主要因素，并且汽车制造商实现电动汽车销售指标是可行的。

在发展中国家，可以因地制宜地从比较适合电动汽车发展的环境和主体入手。例如，政府可以选择为其车队购置电动汽车，并且可以为公司车队、市内运载货车和港口营运货车的电气化提供补贴或其他激励措施。在这些环境下，购买决策由专业人士作出，这些专业人士会充分考虑车辆的终身总拥有成本。这些车辆将返回至位于某处的中心位置进行充电，车辆走走停停的驾驶模式将可以通过制动能量回收实现燃料节约。从特定环境或主体中开始着手电动汽车的购买和使用还将为电力公司提供准备时间，部署电网基础设施迎接更广泛的电动汽车使用。

当一个发展中国家准备开始广泛地向普通公民推广电动汽车时，税费奖惩系统（本章第二节已讨论）是其优先考虑的政策之一。税费奖惩系统可以对消费者的选择产生巨大影响，因为它能够结合税收和补贴的影响并能够改变前期购买价格，这是对大多数消费者而言最重要的因素（而非终身持有成本，因为大多数消费者严重低估或忽视未来的燃料节省）。对于资源匮乏的政府而言，税费奖惩系统也是一项可以承受的政策，因为与纯粹的补贴政策不同，税费奖惩系统可以实现税收中性。

三、政策设计建议

（一）政策设计原则

1.创建长期目标为企业提供确定性

在利用补贴促进电动汽车发展时，需针对不同车辆制定不同的补贴额和获取资格，并至少提前数年公布。在逐步取消补贴时，应当根据计划进行，且该计划也应提前数年公布。这些措施能够防止因补贴额突然变化而导致销售额的突然崩溃，并对汽车制造业造成破坏。例如，美国佐治亚州曾突然废除其 5 000 美元的电动汽车税收抵免政策，并以每年 200 美元的电动车辆费用取而代之，这导致新电动汽车登记量骤然下降 90%[64]。佐治亚州的税收抵免政策将作为本节的第一个案例进行更详细的讨论。

如果考虑到由于未来技术进步速度的不确定性而保持补贴政策的灵活性，则补贴取消也可以基于内燃机车辆和相同类型（如中型车、SUV）的电动汽车之间的成本差异来设计。在这种情况下，应当提前公布用于计算补贴的公式，而不是最终补贴价值。

2. 使用价格发现机制

若政策制定者的目标是实现特定的电动汽车销售水平，则通过使用价格发现机制来确定达到所需销售水平的最低补贴额可能是明智之举。然而，当前补贴政策通常不是这样设计的，原因是政策制定者并未制定特定的电动汽车销售目标，或因为其仅愿意将特定数量的资金（政策制定者不愿意超出这一金额，即便可能导致其错失目标）用于投资补贴计划。

为了能让补贴计划的经费发挥最大作用，补贴可能只针对那些原本不会购买电动汽车的买家。一种方法是补贴要针对中等收入消费者，而不是对高收入消费者或者仅对低价电动车进行补贴。

通过向不同供应商招标，可以将价格发现机制应用于电动汽车充电基础设施的部署。能够以最低报价在最有用的位置修建最多充电桩的公司可以赢得合同。

3. 减少不必要的软成本

政策制定者应当精简电动汽车登记流程以及家庭住宅和企业安装充电基础设施许可的流程。为了安装充电桩，一些城市要求新车主提交施工执照、平面图、用电负荷计算和其他文件并缴纳相关申请费用[65]。电力公司应当确保电网能够处理来自电动汽车的负荷，并以街区或其他大面积区域为单位进行预认证，减少或消除在对每个具体情况进行负荷计算的必要。政府可以提供基本模板，用来解释关键选择，如在哪里安装与停放车辆适配的充电桩，以及是否安装第二个电表（用于对电动汽车充电的电力收取特殊、较低的电价）[66]。

4. 抢占 100% 的市场并在可能的情况下进入上游或关键环节

如果采用补贴政策，则应当对达到特定性能要求（如最小电池尺寸）的所有电动汽车发放补贴。在美国，联邦电动汽车税收抵免政策将在制造商成功出售 200 000 辆符合条件的车辆后取消其资格。虽然有几个制造商即将突破这一限值，但目前尚无制造商达到[67,68]。联邦政府在未来仍将继续为其他制造商提供税收抵免政策。这一政策设计会鼓励汽车制造商考虑进入电动汽车市场。然而，这也将导致引领市场的制造商反而拿到较少的补贴，而这些制造商往往是提供最便宜或最优质产品的早期推动者。如果政策能够实现对制造商保持中立，并为最佳技术提供奖励，则该政策将更利于市场发展和减排。

如果无法以 100% 的市场覆盖率为目标（可能因为该国仍处于早期发展阶段，为时尚早），那么应当首先锚定具有高影响力的用途，如短程商业货运、公司或政府车队、出租车、拥有更好电网基础设施支持的最发达城市地区的私家车。这将有助于为逐渐提高电动汽车的普及率奠定基础。

（二）其他设计考量因素——分布效应

旨在最大化电动汽车拥有率的政策可能会产生意想不到的副作用，如加剧收入不平等或偏向城市居民而忽视农村居民。在加利福尼亚州，1/5 的高收入家庭获得了 90% 的电动汽车税收抵免优惠 [69]，也就是将一般税收收入支付给最高收入者。推广电动汽车的政策对农村地区的影响往往较为微弱，因为农村地区的出行距离较长且充电基础设施较少。

改善电动汽车推广政策不平等影响的一种方法是，仅允许向收入低于某一特定上限的买家（或承租人）提供补贴，或者限制对价格过于低廉、大部分公民皆有能力购买的车辆发放补贴。尽管电动汽车可能无法在近期内在农村地区得到普及（由于里程和成本问题），但政府可以通过将充电网络扩展至农村地区来为最终的农村大规模采用电动汽车做好准备。充电站的最佳选址可能是交通走廊干道（如公路）沿线，这样一来充电桩便可供当地居民或过往驾驶者使用，从而提高它们的经济效益。

此外，值得注意的是，在某些情况下，在短期内主要惠及高收入者的政策可能在长期内惠及所有消费者。早期使用者（如加利福尼亚州的第一批电动汽车司机）承担着购买未经测试的技术风险，且这种技术的配套技术基础设施（如充电桩）也尚未实现广泛部署。但它为电动汽车开拓了市场，能够协助制造商创新，推动电动汽车价格沿着学习曲线下降，并为未来更广泛的市场提供更便宜的产品。早期使用者也为社会对电动汽车性能和可靠性的认可做出了贡献，为电动汽车市场的发展奠定了基础。

四、案例研究

（一）美国佐治亚州电动汽车税收抵免政策

20 世纪 90 年代，美国亚特兰大市未能达到联邦臭氧空气质量标准，而车辆尾气排放是主要原因 [70]。1998 年，立法机构通过了面向替代燃料车辆的 1 500 美元税收抵免优惠政策，并且在随后的 3 年内，所有低排放车辆的税收抵免增加至 2 500 美元，零排放车辆的税收抵免增加至 5 000 美元。税收抵免适用于电动汽车的买家和第一承租人。当时这些议案并未引发争议 [70]。

随着时间的推移，电动汽车得到越来越广泛的使用，成本也有所下降。税收抵免成功帮助电动汽车在佐治亚州（特别是在亚特兰大市）站稳脚跟，与农村地区相比，早期电动汽车在亚特兰大市面临的里程限制问题较少。到 2015 年年中，佐治亚州投入运营的电动汽车数量超过除加利福尼亚州以外的美国任何其他州 [71]。

在此期间，电动汽车成本下降、使用增加。2015 年，最便宜的电动汽车之一日产聆风的销售价格为 30 000 美元，扣除 7 500 美元的联邦税收抵免后的价格为 22 500 美元。经销商开始提供为期 2 年的租约，每月最低仅需 199 美元。而佐治亚州提供的 5 000 美元的税收抵免（分 24 个月发放）可以覆盖全部租赁费用 [72]。

基本上免费拥有电动汽车的可能性引起了代表农村地区的立法者的愤怒，他们将这一政策描述为"向亚特兰大雅皮士提供免费汽车" [73]。电动汽车倡导者建议将税收抵免减半，并在 3 年时间里将保留的另一半税收抵免逐步取消 [73]。不止于此，佐治亚州进一步通过了一项议案，突然终止了该项税收抵免政策，并对电动汽车征收一笔每年 200 美元的费用，这是美国同类费用中最高的 [74]。这一政策导致市场崩溃，电动汽车登记数量下降 90% [75]。

对于赞成废除税收抵免政策议案的立法者众议员 Chuck Martin 来说，

这是一个理想的结果，他表示，销售额下降"证明我们的确有必要取消这一奖励"[76]。但是对于佐治亚州电动汽车市场的未来以及减缓气候变化目标而言，这并不是一个好结果。

从佐治亚州的经验中可以吸取几个教训。第一，必须定期对补贴进行重新审核以跟上技术变革的步伐。佐治亚州的补贴额在 2001 年被设置为 5 000 美元，但在颁布 10 多年后，这一补贴额就变得过于慷慨。第二，上述政策未能将分布效应（如前所述）考虑在内。如果农村地区能够从该政策中获得部分益处，那么这项政策可能不会引起如此多的反对。第三，突然终止补贴政策可能会对电动汽车行业造成巨大震荡。财政激励措施应当根据跨越多年的时间表（可能与汽油车和电动汽车之间的成本差异有关，如前所述）逐步进行淘汰。第四，在向承租人而非买方提供补贴时，随着时间的推移逐步发放补贴额可能是明智之举。若将所有补贴发放给第一个承租人会使汽车在第一个租赁期内的租金非常便宜，但是在该租赁期到期后，出租人可能难以出租或出售该车辆，因为之后的承租人或买方将无法获得任何税收抵免优惠。例如，每年仅向承租人发放 20% 的税收抵免政策将确保为前 5 年的承租人（或买家，如果汽车在 5 年内出售）提供政策效益。

（二）中国的电动汽车补贴

2009 年，中国通过了一项雄心勃勃的计划，力争成为电动汽车技术和制造领域的全球领导者。该计划包括对国内市场出售的电动汽车发放大额补贴，且中央政府责令国家电网公司（中国电力系统运营商）在主要城市安装充电站[77]。中国制造商开始大量生产电动汽车，并将尽可能降低电动汽车价格作为一个重要目标。而为了尽可能实现这一目标，各公司设计出的电动汽车性能有所降低，行驶里程约为 120 英里，最高时速为每小时 60 英里（图 5-15）[77]。然而，中国消费者对此是接受的，因为他们主要在城市内短距离驾驶，而且在城市中最高时速也受到交通流量的限制[77]。

图 5-15　荣威 E50 是中国制造商上汽集团于 2013 年发布的电动汽车

照片来源：由 Navigator84 提供（个人作品），知识共享署名许可协议 -SA 4.0，摘自维基共享资源。

　　2017 年中国最畅销的车型——奇瑞 eQ，补贴后的售价为 6 万元（约 8 655 美元）。若没有补贴，该车型的售价将为 16 万元人民币（约 23 080 美元）[78]。中国政府也免除了电动汽车车主的车辆购置税[79]，这一税费可能非常高昂，有时甚至高出车辆本身的价格[79]。

　　由于存在这些极其便宜的电动汽车，中国的电动汽车市场实现了蓬勃发展。如今，中国拥有全球 38% 的电动汽车，是美国的 3 倍多[79]。2016 年中国的电动汽车销量为 50.7 万辆，是欧洲销量的两倍多，也是美国销量的 4 倍多[80]。

　　这些补贴助长了"淘金热"心态，200 多家制造商（其中一些制造商缺乏制造高质量汽车的专业知识）急于出售匆忙制造的电动汽车，以便将补贴收入囊中[81]。补贴的价值还诱使一些制造商通过以下方式进行欺诈：非法登记车辆、在生产过程中使用容量低于测试车辆的电池以及伪造销售数据[82]。为了解决这些问题并强制制造商提高他们出售车辆的质量，中国政府已经开始加强执法力度，强制要求电动汽车实现更高能效和更长的行驶距离，否则没有资格获得补贴[81]，并将在 2020 年前逐步取消电动汽车

补贴 [83]。中央政府还限制了省级政府可为电动汽车发放的补贴上限 [81]。除此之外，中国以前述加利福尼亚州零排放车排放配额政策 [84] 为蓝本，采取了零排放车辆强制销售规定，要求汽车制造商继续向电动汽车过渡，并且不向制造低质量产品的公司提供财政奖励。提高电动汽车质量对于中国制造商扩大面向国外市场的出口销售至关重要，这也是中国最大的两家电动汽车制造商——广汽汽车和比亚迪的目标 [83]。

结合使用较高补贴和政府规定的增建充电基础设施的要求，中国得以在 5 年内成为电动汽车销售的全球领导者。通过采取相应措施提高车辆质量，并根据提前数年颁布的时间表逐步取消补贴，中国完全可以避免电动汽车销售额的剧烈崩塌（如佐治亚州在突然取消补贴后所经历的情况）。若中国政策能在补贴项目的前期提出要求，只有达到更好的性能才能获得补贴资格，本可以避免制造低质量电动汽车的公司数量的激增，进而节省政府资金，中国电动汽车也能更快做好出口发达国家市场的准备。尽管存在这一缺陷，中国的计划仍然使其成功实现了成为电动汽车制造领域世界领先者的目标。

五、小结

道路车辆电气化将成为交通部门脱碳的重要内容。虽然电动汽车技术已经取得长足进展，但至少在近期和中期，仍然需要政府的政策支持方能加速其发展。政策制定者可采用的关键措施包括退税和补贴、建设充电基础设施和消费者宣传教育。至关重要的是，这些政策应当针对长时间跨度进行设计，补贴额应当跟上技术进步的步伐，且根据提前制定的时间表和公式进行逐步取消。美国佐治亚州和中国开展的项目展现了政策获得成功的潜力以及需要避开的陷阱。凭借精心设计的监管激励措施和先进技术可以使低成本的零排放电动汽车迅速成为全球城市中常见的车型。

第四节　城市交通政策

许多城市长期饱受交通拥堵问题的困扰，随着世界城市的继续扩展，这一问题只会变得越来越严重。2010 年，发达国家 76% 的人口、发展中国家 46% 的人口都居住在城市地区；到 2050 年，上述比例预计将分别增至 86% 和 64%[85]。城市交通拥堵会对居民和整个社会造成严重影响，包括增加温室气体和常规污染物排放、时间和生产力损失以及交通成本的上升。基础设施的寿命很长，因此当下做出的错误选择将决定未来的能源使用模式并影响后代居民。

寻找城市交通替代方案，减少上路车辆数量的明智政策可帮助改善生活质量，同时大幅减少交通运输行业的排放。多种类型的政策均可促成这一目标的实现。不是每项政策都具有普适性，如有些城市正经历快速增长，而有些城市已基本定型，因此每个城市都应分别制定最适合其社会、经济和政治环境的政策。本节将讨论全球背景下的诸多关键政策。有关具体的国别政策，请参阅《12 条绿色导则》[86]（由美国能源创新政策与技术公司和国开金融有限责任公司合作撰写的文章），或者参阅更详细的中文手册《翡翠城市：面向中国智慧绿色发展的规划指南》[87]。

城市交通政策至少可以在 2050 年为实现 2℃目标贡献 2% 的累计减排量（图 5-16）。值得注意的是，这些政策可能难以衡量，且减排量可能会显著高于这一比例。

图 5-16　城市交通的减排潜力

数据来源：使用经国际应用系统分析学会（IIASA）许可的数据进行分析，这些数据可从 IIASA-LIMITS 情景数据库下载，https://tntcat.iiasa.ac.at/limits publicdb/dsd?Action=htmlpage&page=about。

一、政策概述与目标

设计良好的城市交通系统应该以人为本，提供多种多样的交通选择，而设计糟糕的城市交通系统可能造成交通大堵塞和空气质量恶化。实现卓越的城市交通系统的关键政策应包括以下方面：

（一）精心设计且资金充足的公共交通系统

无论城市规模如何，公共交通系统都应是城市交通系统的支柱，特别是在道路处于或超出最大承载力的繁忙通勤时段。为建立成功的公共交通系统，必须确保选择一流的方案，即与驾驶私家车相比，这种公共交通系统是人们更偏好的出行模式，它应该能够提供更好的出行体验和更高的服务水平。

地铁系统可以提供高水平的服务，但是其修建成本非常高昂，因此令许多城市望而却步。快速公交系统（图 5-17）可以提供与地铁线路类似的优势和性能，其成本与地铁系统相比可减少 90% 以上 [88]。

图 5-17 哥伦比亚波哥大的快速公交系统采用专用公交路线和登车前收费系统

注：照片由 Karl Fjellstrom 提供，远东 BRT 规划咨询公司，知识共享署名许可协议 -SA 4.0，摘自维基共享资源。

良好的快速公交系统不仅仅是停靠站较少的快速公交车的集合。高质量的快速公交系统应建有带检票闸口的站台，以便乘客可以在进入车站时就可以支付费用，从而加快了登车过程。站台应与快速公交车地板等高，这样在公交车进站时，已在站台候车的乘客可以直接上车而无须上下楼梯。快速公交车应与地铁车辆一样，在整面车壁上开设多个进出门，允许乘客从多门同时进出。这些优势让快速公交车的乘客上下车速度可与地铁相媲美。

快速公交车应拥有专用车道，以保证其不会因交通堵塞而减速，并且应当配备优化交通信号的转发器，以感应逐渐靠近的公交车。快速公交车和传统公交车都应采用实时追踪技术，为乘客提供抵达和出发时间的信息。这一点对于中小规模的城市尤为重要，因为这些城市的乘客人数较少，公共交通工具的发车频率较低。

更广泛地说，政府应当对公共交通系统进行调度，方便乘客轻松切换线路和出行模式。随着共享单车、共享汽车、自动驾驶汽车、快速公交车、轻轨、地铁和其他交通模式成为交通组合的一部分，多式联运系统的重要性也日益凸显。综合票价系统、共享设施（如用于不同模式的枢纽）和停车管理是整合良好的公共交通系统的重要元素。公共交通中心还应包含共享单车站和自行车停放处，且便于步行以方便地切换至非机动交通模式。

协调不同的公共交通模式，对于保证整个系统的运作至关重要，特别是与公共交通系统的连通性是整个系统的支柱。信息技术也可以改善公共交通体验，车辆位置实时数据可以减少乘客等待公共交通车辆的时间，并且可以协助优化调度。通用智能卡可以简化乘客乘坐所有区域内公共交通系统和不同类型车辆的支付流程。

优步（Uber）和来福车（Lyft）等共享乘车应用程序日益成为城市公共交通的核心组成部分。虽然城市对这些不断增长的交通方式进行规划和优化非常重要，但它们并不是也不应当被视为传统公共交通系统的替代品。严重依赖这些服务来代替其他公共交通选择，如公交车或轻轨，可能会产生极大的负面影响。例如，纽约市的共享乘车已加剧了其交通拥堵[89]。

（二）混合使用和公共交通导向型开发

城市交通政策的目标并不是让人们能够完成最长距离的出行，而是让人们能够获得每天所需的服务。智能城市规划可以减少人们的出行次数，而且在人们必须乘车出行时，将部分行程转移至公共交通车辆上。混合使用区划将住宅、商业和其他用途（如社区服务、医疗保健、教育）置于同一区域内。混合使用社区中的居民可以在没有车辆的情况下，便捷地到达许多不同类型的生活场所。这就减少了诸如购买生活必需品、在餐厅用餐、前往银行办理业务等活动所需的出行次数。位于混合使用区域内的企业其员工可能会选择居住在该区域内，从而消除通勤出行的必要。混合使用区划还可以创造一个充满活力、适合步行的街道环境，尤其有利于长途出行可能存在困难的老年人和残疾人。

公共交通导向型开发要求在地铁站附近和公共交通走廊沿线进行高密度区划。许多人不愿意或无法步行很长距离去乘坐地铁，所以与最近的大容量公交枢纽之间的步行距离不应超过 1 km[90]。通过确保大多数住宅和工作地点都位于便利的公共交通工具附近，城市可以最大限度地减少人们驾驶私家车出行的次数。开发密度应当与公共交通容量相匹配，大型车站附近的密度最高应容纳站点产生的旅客流量。车站周边区域应当适于步行并采取混合使用开发方式，因为公共交通站点周围的高人流量可以为附近的零售店带来经济效益。

发展应当具有包容性。具体而言，意味着有必要确保保障性住房与公共交通系统的连通性。因为这些保障性住房往往远离市中心，应使最需要公共交通服务的人获得更多的公共交通服务机会。

（三）自行车和步行出行

世界上最具活力和最宜居的城市往往拥有极具吸引力的步行和自行车出行环境。这些非机动出行模式不会排放任何污染物，并且能够帮助人们锻炼身体，因而有益于公共健康。他们的空间利用率还能够减少停车场和停车楼、道路和车道旁停车位所需的土地面积。这样一来，便可以将更多的空间用于为人们提供服务（公园、商店、办公室等）。

城市应当修建专门的自行车道和人行道，以保护这些道路免受机动车交通流量的影响。某些街道，特别是商店和餐馆林立的街道，可以更改为限制或禁止汽车通行的人行林荫大道。人行道应当相当宽阔并配备树木、长凳和高质量照明等便利设施，以增加步行出行的吸引力。在某些情况下，不再使用的城市交通基础设施或路权可以改建为自行车道或步行道，如美国芝加哥的 606 高架步道（图 5-18）及纽约市的高线公园。

街道布局也对步行友好性具有很大影响（图 5-19）。小街区和小街道构成的互通街道网络可以最大限度地提高街区的可步行性和可骑行性。街道宽阔、街区面积较大的街道布局（如中国许多城市），以及由蜿蜒的道路和死胡同（如许多美国郊区）构成的连通性较差的街道布局会增加抵达目的地的平均距离。这类布局尽管主干道更宽，但其倾向于将更多的汽车汇集到少数街道上，进而易增加交通拥堵。

图 5-18　芝加哥的 606 多功能小径以前是废弃的铁路线路

注：照片由 Victor Grigas 提供（个人作品），知识共享署名许可协议 -SA 4.0，摘自维基共享资源。

A. 大型街区　　　　　　B. 连接不良的街道（死胡同）　C. 小型街区（连接良好的街道）

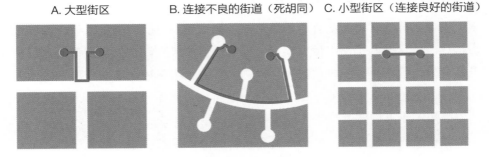

图 5-19　街道布局对平均出行距离的影响

（四）紧凑型和内填式开发

当开发商在城市外围兴建开发项目时，城市就会向外扩张，往往会将绿地（如农田、草地和荒地）变成道路、房屋和建筑物。由于城市郊区的土地成本较低，开发商倾向于采用大面积地块来建造分布稀疏的带大庭院的房子。这些区域可能导致人们出行严重依赖汽车，因为许多房屋的距离太远，无法通过步行或骑车轻松抵达公共目的地。

为此，政府应鼓励开发商在已开发的城市足迹范围内的未利用土地或低价值土地上兴建开发项目。例如，在空地或地面停车场上兴建开发项目，用更高更好的建筑物取代废弃的或低价值建筑，以及翻新废弃不用的历史建筑物。

　　实现紧凑型和内填式开发的强有力的工具之一是城市增长边界：用一条线来圈住一个城市，开发项目不允许超出这一边界（特定用途除外，如农场和公园绿地，它们不属于城市足迹的一部分），英国伦敦的绿带就是这样的一个示例 [91]。只有在内填式开发机会稀缺的情况下，城市或区域政府才可以通过立法定期扩展城市增长边界。促进内填式开发的其他工具包括减少影响费（城市对新项目开发商征收的税费，用于提高警力、增加学校和消防能力等城市服务）的征收、加快内填式开发项目的申请流程及其他文案工作。

（五）车辆控制

　　车辆会造成巨大的社会影响，包括危害公共健康、引发交通事故以及交通拥堵造成的时间和生产力损失。车辆控制政策力图通过阻止车主在城市密集区驾车出行（使出行更加不便或昂贵）或通过优化车辆路线以缓解拥堵来减少道路上的车辆数量。

　　最简单和最便宜的车辆控制形式是停车管理。城市可以减少停车位数量或收取更高的停车费。这样一来便允许将更多的土地用于其他用途，以及对驱车前往城市最繁华区域的车辆收取费用。通过采用新技术，可根据使用情况收取停车费，随着可用停车位数量的减少，停车费用会变得更加昂贵。这一方式有助于确保停车位充足。通过采用各种传感器和信息技术系统，停车管理比许多其他形式的汽车控制更容易实施且成本更低，还可以增加收入用作其他交通投资。

　　拥堵收费指对驱车驶入市中心或其他拥堵区域（尤其是在高峰时段）的司机收取费用。拥堵道路也可以通过拥堵收费来进行管理——有效地将它们转换为收费公路，且费用随拥堵程度而调整。

　　另一种形式的车辆控制涉及限制车辆登记数量。一种方式是通过摇号的形式来发放车辆牌照，对于所有社会经济阶层来说更为公平；另一种方式是通过拍卖来发放车辆牌照，这样可以产生一笔收入，并可利用这笔收入改善低收入群体和其他不使用小汽车居民的城市交通。

　　城市也可能会施加区划限制，将新开发项目中的停车位数量上限设定为每户一个（或更少），这些开发项目将吸引倾向于只使用一辆私家车（或没有私家车）的住户。

二、政策应用

　　每个城市都应当在其开发规划中纳入具有前瞻性的城市交通目标。从一开始便制定正确的政策以防止城市向外扩张，形成一个促进紧凑型增长、步行最大化并提高居民生活质量的基础设施开发模式和城市形态（图5-20）。

图 5-20　俄勒冈州科尼利厄斯的城市增长边界鼓励填充式开发并保护周边的空地

注："俄勒冈州科尼利厄斯"，谷歌地图，谷歌地球，2016 年 9 月 12 日。

　　促进智慧城市发展的恰当政策取决于颁布该政策的城市或地区的禀赋特点、规模和增长模式。本节建议的政策采用了旨在作为大体指导原则的人口数据。在实践中，不同的人口水平、密度、公共交通需求和收入水平可能使某些政策与其他政策相比更具成本效益。以下政策最适用于人口或经济规模不断增长或发展的城镇，而非处于静态或日益萎缩的城镇。

（一）所有规模的市镇

所有城镇和城市都应制定和维护综合土地利用规划和交通规划。这些规划有助于确保开发是经过深思熟虑的，并且规划可以将开发项目集中在现有或未来公共交通走廊沿线。制定规划的过程应当涉及公共参与，这将增加地方政府的信心，使其相信城市的发展方向和愿景能够获得大多数居民的支持。这些规划可以作为一项指导原则，指导区划决策、公共基础设施建设以及私人住宅和商业开发。

（二）城镇和小规模城市：4 万～20 万人

城镇应当在其早期开发阶段划定城市增长边界。此时城镇周边可能仍然存在大量的开阔地，这样将会引发较少的政治争论，同时降低那些位于新界限之外、已经存在的开发项目被切断成"孤岛"的可能性。从一开始便将内填式和高密度开发编入城镇的"DNA"中，这将帮助居民设定对城镇特点的期望，并促进建立一个充满活力和适宜步行的城镇中心。

此种规模的城镇无法承受建造城市轻轨基础设施所需的投资，除非其位于规模更大的城市附近，可以获得该市铁路系统的延伸服务。由于规模更小的城镇可能受规模限制而无法提出修建快速公交系统的要求，所以它们可以利用普通的公交服务，这样也能快速穿行整个城镇。城镇开发应当从常规的城市公交服务开始。随着城镇的发展，可以修建一条或两条快速公交线路作为该镇的公共交通走廊干道，连接中心商业区和最集中的居民区。

在一座城镇的生命周期中，政府为未来基础设施项目获取路权的最具成本效益的时期是城镇规模仍然很小、土地价值仍然很低的时期。前瞻性地获取路权可以为未来开发地面铁路基础设施提供便利。地面铁路的每英里成本要远远低于地铁或高架铁路。此时也是修建自行车道和人行道的最佳时机（图 5-21），这类道路价格低廉，特别适合小城镇，因为小城镇往往可以通过自行车实现快速通行。

图 5-21　科罗拉多州布雷肯里奇的中心商业区

注：照片经 Pixabay 惠允使用，摘自 CC0 知识共享，科罗拉多州布雷肯里奇，城镇，城市，照片，访问日期：2018 年 1 月 10 日。

这种规模的城镇中，居民往往需要驱车前往其他地方获取服务，所以并不适合采用汽车控制措施（如限制车辆牌照数量或住宅停车位）。相反，当地政府应当对商业区，特别是中心商业区进行区划，以鼓励在靠近人行道处修建便于行人步行的店面，同时禁止或至少不鼓励修建带大面积地上停车场、大型零售店和免泊车餐厅的沿公路商业区。中心商业区的停车位应由城市公共停车场提供并收取适当的停车费用，而不是在每个商店和餐厅前设置停车位。

在一座城镇或城市生命周期中存在一个开始鼓励紧凑型和混合功能开发的关键时刻。城市应当对市中心的多层建筑进行区划，在多单元住宅下方修建底层商业空间。同时，也应当包括美观的街道景观改善，如树木、长凳和装饰照明，并应将公园和绿地融入城镇（包括中心商业区）。

（三）中等规模城市：20 万 ~ 50 万人

在这种规模上，城市应当对修建高质量、拥有专用车道的快速公交服务或轻轨系统作出严肃和持续的承诺。对于规模更大的城市而言，为快速公交车修建专用车道或为铁路线路和车站腾出空间会变得更加昂贵且更加困难，特别是如果这座城市无序蔓延的发展模式已经形成（如佐治亚州的亚特兰大和田纳西州的纳什维尔），政府应当清晰地向居民告知公共交通系统的益处，包括经济回报、公共健康以及缩短交通等待时间等，从而得到居民的支持。

这种规模也适合城市的公共交通导向型开发（以靠近轻轨站和其他交通枢纽的高密度、混合使用的建筑为特点，见图 5-22）。如果采用城市增长边界，则应当逐步而谨慎地对其进行扩张。可通过容积率奖励和加速许可过程来鼓励内填式开发 [1]，并且应当将向上发展而非向外扩展作为城市特征的一部分，以便减少对未来开发方向的反对意见。随着城市的发展，城市需要在维持其可步行性、宜居性和可负担性所需的密度上进行开发。建筑物高度限制往往不是一个好的主意。

图 5-22 得克萨斯州普莱诺的公共交通导向型开发

注：照片由来自伊利诺伊州奥克帕克的 David Wilson 提供，知识共享署名许可协议 2.0，摘自维基共享资源。

此类城市应当继续发展自行车道和人行道，且此时还要考虑开发步行街，这样可以为居民创造充满活力的区域，供居民游览和购物。

---

[1] 容积率（FAR）是建筑物面积与地块面积之间的比率。地块通常拥有一个允许的最高容积率，这可作为对该地块的开发密度的限制。

（四）大规模城市：50万～200万人

在这种规模上，城市需要一个强大、完善的公共交通系统，可以在传统的地铁（重轨）服务的基础上增加轻轨和快速公交系统投资。在密集区域，这可能包括修建高架轨道或地下轨道。隧道掘进技术的成本在数十年来变得越来越便宜，且能够修建不遵循街道网络、位于更深处的隧道和站点，最大限度地减少施工期间的干扰 [92]。持续增长规划应依赖于现有和预期的公共交通路线，这些路线将日益成为这座城市的主干道。随着公共交通系统和非机动车出行选择的增加，保证设计和建造的新项目与现有交通方式实现连通变得越来越重要（图 5-23）。

图 5-23　奥地利维也纳的人民剧院地铁站

注：照片由 Leandro Neumann Ciuffo 提供，知识共享署名许可协议 2.0，摘自维基共享资源。

除了适用于小城镇的停车费之外，大型城市也可以开始着手实施可行的汽车控制措施。城市应当开始限制新住宅开发项目的停车位数量，特别是位于高密度区域内拥有良好公共交通服务的开发项目。

大型城市应通过适当的区划、加快许可流程和为在优先发展区域内修建的建筑提供容积率奖励等方式来继续鼓励内填式、混合功能和公共交通导向型开发。

（五）特大城市：超过 200 万人

在这种规模上，政府可以开始实施一些最为严格的汽车控制政策，包括登记车辆总数限制、对在高峰时段驶入市中心或中心商业区的所有车辆征收税费。快速公交和轻轨系统仍然适用，但它们的容量可能不足以满足需求，因此有必要建设一个每年能够运载数亿乘客的高容量地铁系统。

税收增额融资在为公共交通扩张提供资金方面尤为有用。这种融资机制将特定区域内不动产税收入的未来增额用以偿还因在该区域内开展市政项目所承担的债务。由于通过税收增额融资获取资助的项目可以增加周边建筑物的房产价值，对于特大城市来说，其密集的建筑本身就具有很高的房产价值，因此即使房产价值仅出现小幅增加也可能产生巨额收入。

在大城市中获取土地来修建自行车道和人行道的成本通常非常高昂，但城市可以要求私人开发商将其开发项目的一部分用于开发自行车道、人行道或绿地。例如，芝加哥已成功延伸其滨河步道，这在一定程度上得益于政府要求沿芝加哥河相关河段建造的所有建筑物必须延伸穿过他们的开发项目的滨河步道（图 5-24）。

图 5-24　伊利诺伊州芝加哥市河滨步道旁的咖啡厅

注：照片由来自美国印第安纳波利斯的 Serge Melki 提供，知识共享署名许可协议 2.0，摘自维基共享资源。

三、政策设计建议

（一）政策设计原则

1. 创建长期目标为企业提供确定性

城市不应任凭城市形态自行发展：城市应制定具有前瞻性的城市规划，以实现智慧开发并满足居民需求。尽早制定指导方针，能够维持甚至加速经济发展步伐，并指导城市开发遵循符合可持续性和城市价值观的模式，进而为城市带来红利。城市规划应考虑人口增长的长期预测，以确保当下的投资能够满足城市的未来需求，并且不会锁定高碳的能源使用模式。开发商应当清楚地了解他们预期从城市中可以获得什么，包括因遵循城市规划开展建设工作而获得的奖励。例如，这类奖励可能是提高遵循公共交通导向型开发的最大容积率。

2. 充分考虑每项技术的所有负外部性效应

车辆交通会造成严重的社会危害。在对公共交通进行投资并强制执行拥堵费、征收车辆登记费和停车费时，应当清楚这些干预措施有助于抵消目前由社会承担的一些应由驾驶者产生的成本。定价应反映不同尺度上的社会危害：全球危害（如气候变化）、区域危害（如公共卫生损害）和地方危害（如交通拥堵）。

3. 消除不必要的软成本

对于遵循城市规划的开发项目（如公共交通导向型、高密度、混合功能开发项目），城市应加快其许可流程，最大限度地降低开发商的不确定性和成本。应与邻近城镇和城市共同协调和建设公共交通系统，以建立一个统一的区域公共交通系统，而不是将多个本地系统拼凑在一起。

区划条例应当突出高密度、混合功能开发的区域。良好的区划可以协助开发商避免为特定项目获取区划许可而经历昂贵而耗时的过程。

（二）其他设计考量因素

由于城市交通政策具有多样性，城市必须将诸多因素考虑在内，但其中最棘手的因素往往可以划分为三大类：

1. 区域协调

大多数市镇都位于其他市镇附近。如果仅有一个城镇采用本节所讨论的部分城市交通政策，而其他周边城镇都忽视这些政策，那么这些政策的有效性可能会大打折扣。例如，如果一个城镇划定城市增长边界所产生的绿色空间被邻近城镇吞并并用于低密度开发，那么这一城市增长边界也是徒劳无益的。同样，如果在规划线路和道路过程中考虑整个地区的居民需求，则公共交通系统就可以最好地服务更多的人。

确保区域协调的最佳方式是，由更高级别的主管机构来负责协调工作，该机构可以强制要求城镇和城市携手共同实现具体目标。例如，俄勒冈州要求州内各个城市和大都市区划定城市增长边界。波特兰地区设立了一个单独的大都市区议会，负责每六年对城市增长边界进行审核和调整[93]。加利福尼亚州于 2008 年发布的《可持续社区与气候保护法案》要求州内各大都市区规划组织制定"可持续社区战略"[94]。这些规划涵盖土地利用、住房和交通，且必须描述每个地区将如何实现特定的温室气体减排目标。

在没有更高级别主管机构且不易设立此类机构的区域，各个市镇的政治领导人和城市规划者仍可通过组建一个较松散的联盟来制定共同目标和区域规划。

2. 经费

部分城市交通政策，特别是涉及公共交通系统、人行道和自行车道建设的政策，以及由政府资助改善街道景观的政策，往往是以发行债券的方式推进的。公共交通系统项目因其对社会的贡献可以轻而易举地收回成本。芝加哥开展的一项公共交通研究表明，其公共交通系统的年回报率为 21%，如果结合公共交通导向型开发，这一比例将上升至 61%[95]。但无论城市预期的回报率如何，它们往往很难获取必要的初始投资，更不必说项目一旦开始，重要的是要保证在每个预算周期内均能持续获得经费支持。如果不能持续为公共交通项目提供充足的经费，可能会导致这些项目不能随着时间的推移而达到预期的效果。政府可考虑采用以下方法来获得必要经费：

①优先为公共交通系统提供经费支持。公共交通系统（包括自行车道等非车辆公共交通）的改善能够减少支持车辆交通所需的基础设施数量。原本用于建设和养护新道路的资金可以划拨给公共交通项目。

②发行针对特定项目的债券。在一些地区，政府可通过发行债券来增加收入，并将收入投资于基础设施项目。债券通常通过税收（如销售税或不动产税）或通过获得资助的项目产生的收入（如通行费）来偿还。债券在美国各市和各州得到广泛使用，许多国家的开发银行也开始着手发行债券。

③使用税收增额融资为改善公共交通系统提供经费，这涉及市政府为修建市政项目（如公交站或公园）申请贷款。这类新建的便利设施会增加周边住宅和企业的房产价值，从而增加它们每年支付的不动产税（尽管不动产税率保持不变）。贷款将利用周边不动产增加的不动产税收入来偿还。

④使用开发影响费的收入为城市交通改进提供资金支持。许多城市对开发商征收开发影响费，以支付新开发项目所需的配套服务费用（如消防、治安保护、学校）。此外，新开发项目会产生人员出行（更多人来来往往），给周边道路和公共交通系统网络带来压力。减轻交通影响的最佳方法是，使用开发影响费来为公共交通系统、人行道和自行车道的改善提供资金支持。波特兰政府通过免除获得认证的绿色建筑物的开发影响费来鼓励修建环保建筑。政府也可能会为以公共交通为导向的内填式开发提供类似的豁免。

⑤寻求地区或国家政府拨付的配套资金。更高级别的政府机构可能会提供资金以支付城市公共交通系统项目的部分成本。

⑥建立政府和私人资本合作伙伴关系，其中私人资本合作伙伴提供部分经费以换取与项目相关的利益，如在一段时间内获得项目运营的专有权。丹佛的 Eagle P3 项目是该市铁路系统的延伸，而市政府通过与多家私营公司开展合作来设计、建造、融资、运营和维护这一项目 [96]。

⑦征收特种销售税或不动产税。该税项专门用于资助一个或多个特定基础设施项目，其中可能包括日落条款——一旦有关项目收回其费用，就会取消该税项。这些类型的税项可能需要获得选民批准。如果对城市交通

改进的益处加以清晰说明，选民通常会予以批准。值得注意的是，这类税项会吸引广泛的公众注意，并需要在媒体上对该项目进行辩护，因此这种方式最好仅用于影响力波及大量居民的大型项目（如兴建城市地铁系统或对其进行重大升级）。

⑧利用国家基础设施银行或循环基金。所属州内提供这些融资选项的城市可以获得用于基础设施项目的低息贷款。它们偿还给银行的资金可以在之后贷给同一城市或不同城市，以资助更多的基础设施项目。

⑨依赖用户付费。桥梁和类似的限行道路可能会收取通行费，以收回其建造成本或为公共交通系统提供资金。大多数公共交通系统针对每次乘车收取费用，这些费用可用于支持运输系统的扩展以及日常运行维护。停车费和拥堵收费可用于资助有助于缓解拥堵的公共交通改善措施。

⑩拍卖许可，允许建设项目比以其他方式获得的许可拥有更高的容积率。这是一种新的资金筹集方式，这种方式在巴西得到广泛应用。里约热内卢和圣保罗这两个城市的政府利用这种机制共筹集了30多亿美元的经费。

⑪促进企业对基础设施项目的赞助。企业可通过为项目提供资金换取部分项目以该企业命名的权利，如公共交通车辆、车站、自行车停放架等位置可以张贴广告为城市提供持续的经费流。

3. 政治反对

针对新项目或交通基础设施的政治反对很常见，是一个需要克服的重要障碍。当地居民可能出于多个原因反对开发项目。一个常见的原因是，害怕失去他们认为具有价值的城市或城镇特点（如小城镇氛围）。另一个原因是增加其房产的价值：若新建房屋数量较少且住房需求增加，其房产价值就会上升。如果一个项目将导致居民或企业迁移，那些被驱逐的居民可能就会提出反对意见。

另一个反对来源可能是现有公共交通车队的所有者和经营者。即便新建项目符合城市居民的最佳利益，新基础设施和公共交通项目也可能威胁到这些所有者和经营者的收入。

从城市的角度来看，保证其在未来维持增长和繁荣的方式是修建新住房、商业空间和公共交通系统，以便有效地容纳新居民，维持适宜的住房价格，缓解交通压力，并产生税收收入用以投资城市服务。此外，城市或城镇有责任尊重所有居民的利益，当然也包括租房者，他们会受到房价上涨的伤害，甚至可能被迫流离失所。

减少政治反对的关键是更好地管理居民对城市发展方式的预期和经济繁荣带来的影响，并防止少数居民破坏大多数人的意愿。同样，任何新公共交通规划中都应考虑到现有公共交通所有者和公共交通运营商的担忧。以下方法可能有所助益：

①鼓励开发商在项目开发周期的早期与当地社区进行广泛沟通，以便为当地社区提供与项目规划相关的事实信息，并寻求支持。众所周知，环境组织、商会和公共卫生组织等地方组织致力于支持减少汽车使用的开发项目。鼓励开发商获取第三方团体的支持。

②通过民意调查来了解居民对项目的看法，而不是主要依赖城市会议的结果，因为出席城市会议的往往是敢于发表言论的反对者，不太可能反映大多数居民的观点。

③区划和建筑节能规范应当保证能够实现高密度、以公共交通为导向的混合开发，而不需要为单个项目寻求豁免（如用途、高度、标准等）。如果无须获取豁免，则能够降低项目风险并加快项目进度，进而降低开发商的融资成本。

④针对许可的决定应基于开发项目对整个城市的影响，而不仅仅是对开发项目临近周边区域的影响。

⑤与公共交通所有者和运营商合作以打消他们的顾虑。实现这一目标的一种方法是对新项目运营进行竞争性特许权招标，让企业就建设新项目进行竞标，而政府则选择符合项目标准的报价最低的竞标方案；另一种方法是资助那些对失业工人进行再培训或创造新工作岗位的项目。

⑥如果一个项目将导致居民迁移，则需要尽早与这些居民进行沟通，就移民安置需求的费用和土地达成共识，将其作为更大范围的公共交通开发方案的一部分。

四、案例研究

（一）中国广州：设计巧妙的公共交通系统

根据交通与发展政策研究所的排名，中国广州拥有世界上最优质的快速公交系统（图 5-25）[97]。广州的快速公交系统规模排名世界第二，仅次于波哥大的千禧年快速公交系统（TransMilenio），每日客运量达 100 万人次[98]。广州快速公交系统于 2010 年投入运营，是第一个直接连通地铁系统的快速公交系统，也是中国首个在站台设计中集成自行车存放处的快速公交系统。与其他快速公交系统相比，广州站台拥有最高的乘客登降量、最多快速公交车辆发车频率和最长的公交站台[99]。广州的快速公交系统还使用智能卡支付车票，允许乘客免费换乘至其他路线[99]。

图 5-25　中国广州的快速公交

注：照片由 Minseong Kim 拍摄（个人作品），知识共享署名许可协议 -SA 4.0，摘自维基共享资源。

（二）巴西库里蒂巴：混合使用和公共交通导向型开发

巴西库里蒂巴（图 5-26）以其成功的快速公交系统而闻名于世，该市也是公共交通导向型开发的典范，这得益于库里蒂巴为提高其公共交通走廊沿线的开发密度而进行的精心设计。采取的具体措施包括[100]：

图 5-26　巴西库里蒂巴的快速公交线路以高密度发展模式为界

注：照片由 Francisco Anzola 提供［Flickr：库里蒂巴中心区］，知识共享署名许可协议 2.0，摘自维基共享资源。

①对距离快速公交干线两个街区内的所有地块进行区划管理，用于混合商业和住宅开发，且放宽高度限制。

②允许不动产产权人出售不鼓励开发区域（如历史悠久的市中心）的开发权，从而保护这些区域的历史特征。购买这些开发权的开发商可以在其他地方开展更高容积率的开发项目。政府采取激励措施使开发商使用这些开发权开发位于快速公交走廊沿线的地块。

③允许快速公交线路周边地块的开发商为城市公共住房基金捐款，以换取建造更高建筑的权力。

④限制在公共交通走廊干线沿线修建购物中心。

（三）丹麦哥本哈根：便利的自行车出行和步行

哥本哈根可以说是世界上最适合自行车出行的城市，其 45% 的居民通过自行车上下班或上下学（图 5-27）[101]。这座城市拥有 220 英里的专用自行车道、14 英里的自行车道及 27 英里的路外自行车道。自行车可以与火车、渡轮、快速巴士和出租车贯通。哥本哈根是首个制定"公共自行车项目"的城市（1995 年），现有公共自行车是可租用带 GPS 导航的铝合金自行车。高水平的自行车出行带来了巨大的社会效益，包括因减少空气污染、增加锻炼、减少车祸带来的医疗成本降低，以及缓解道路拥堵和降低养护需求[102]。

图 5-27　丹麦哥本哈根专用自行车道上的大量自行车交通流

注：照片摘自 goga18128/Shutterstock.com，丹麦哥本哈根，2016 年。

哥本哈根也是最早将以机动车为主的街道改建成步行街的城市。1962 年，哥本哈根封闭了长达 1.1 km 的斯特勒格大街（Strøget），禁止汽车通行[103]。与早期的担忧相反，该计划取得了成功。如今，斯特勒格大街是欧洲最长的步行购物街之一。

（四）英国伦敦：车辆控制

2003 年，伦敦市实施了拥堵收费系统（"伦敦拥堵费"），针对工作日驱车驶入市中心（被称为"收费区"）的司机收取拥堵费（图 5-28）。这一区域通过指示牌和道路上喷刷的标志进行清晰划分。司机可以在线注册车辆、支付单日费用或注册自动付款。这一系统实现了完全自动化：摄像机识别汽车牌照，计算机系统向注册的司机收取费用，并向没有付款驱车进入该区域的未注册司机发出罚款通知。每辆车每天收费 11.50 英镑（居民可享受 90% 的折扣，部分车辆类型可享受豁免），针对未付费车辆的罚款为 130 英镑 [104]。运营这一系统的伦敦交通局表示，与基准情景相比，这一系统已协助伦敦市中心减少了 10% 的交通量，并为公共交通、公路、桥梁、步行和自行车基础设施项目筹集了超过 10 亿英镑的资金 [105]。

图 5-28　伦敦交通拥堵收费区域

注：照片由 Mariordo 提供（Mario Roberto Duran Ortiz，个人作品），知识共享署名许可协议 -SA 3.0，摘自维基共享资源。

五、小结

恰当的城市形态和交通政策非常重要。智慧城市设计能够实现一个宜居、充满活力的城市，而糟糕的设计则会降低生活质量、增加排放，并锁定可能持续数十年或数百年的发展模式 [106]。城市规划者和政策制定者可以通过以下方式指导城市的发展：公共交通系统与土地混合利用的有机结合；方便骑行和步行的措施，包括由小街区构成的连通性良好的街道布局；

聚焦内填式开发；采取车辆控制措施。随着发达国家以及（尤其是）发展中国家城市化进程的不断推进，智慧城市设计和交通政策将成为向清洁能源未来转型的重要内容。

参考文献

[1] World Resources Institute. CAIT Climate Data Explorer[EB/OL]. 2017. http://cait.wri.org.

[2] Elmar Kriegler, et al. What Does the 2℃ Target Imply for a Global Climate Agreement in 2020? The LIMITS Study on Durban Platform Scenarios[EB/OL]. IIASA. https://tntcat.iiasa.ac.at/LIMITSDB/dsd?Action= htmlpage&page=about.

[3] World Resources Institute. CAIT Climate Data Explorere[EB/OL]. 2017. http://cait.wri.org.

[4] McKinsey & Company. Pathways to a Low-Carbon Economy: Version 2 of the Global Greenhouse Gas Abatement Cost Curve[R/OL]. 2009. https://www.mckinsey.com/~/media/McKinsey/Business%20Functions/Sustainability%20and%20Resource%20Productivity/Our%20Insights/Pathways%20to%20a%20low%20carbon%20economy/Pathways%20to%20a%20low%20carbon%20economy.ashx.

[5] Intergovernmental Panel on Climate Change. Climate Change 2014: Mitigation of Climate Change[R/OL]. 2014. http://www.ipcc.ch/pdf/assessment-report/ar5/wg3/ipcc_wg3_ar5_chapter8.pdf.

[6] United Nations Environment Programme. The Chinese Automotive Fuel Economy Policy[R/OL]. 2015. https://www.globalfueleconomy.org/transport/gfei/autotool/case_studies/apacific/china/CHINA%20CASE%20STUDY.pdf.

[7] David L. Greene. How Consumers Value Fuel Economy: A Literature Review[R/OL]. U.S. EPA, 2010. https://nepis.epa.gov/Exe/ZyPDF.cgi/P1006V0O.PDF?Dockey=P1006V0O.PDF.

[8] ICAO. New ICAO Aircraft CO_2 Standard One Step Closer to Final Adoption[EB/OL]. 2016. https://www.icao.int/Newsroom/Pages/New-ICAO-Aircraft-CO₂-Standard-One-Step-Closer-To-Final-Adoption.aspx.

[9] U.S. EPA. Adoption of an Energy Efficiency Design Index for International Shipping[R/OL]. 2011. https://nepis.epa.gov/Exe/ZyPDF.cgi/P100BK43.PDF?Dockey=P100BK43.PDF.

[10] U.S. Energy Information Administration. Monthly Energy Review[EB/OL]. [2018-02-05]. https://www.eia.gov/totalenergy/data/monthly/.

[11] Bureau of Transportation Statistics. U.S. Vehicle-Miles (Millions)[EB/OL]. [2018-02-05]. https://www.bts.gov/content/us-vehicle-miles-millions.

[12] Union of Concerned Scientists. Fuel Economy: Going Farther on a Gallon of Gas[EB/OL]. 2003. http://lobby.la.psu.edu/_107th/126_CAFE_Standards_2/Organizational_Statements/UCS/UCS_Fuel_Economy_Going_Farther.htm.

[13] Osamu Kimura. Japanese Top Runner Approach for Energy Efficiency Standards[R/OL]. 2010, SERC Discussion Paper: SERC09035. https://www.researchgate.net/publication/228900679_Japanese_Top_Runner_Approach_for_energy_efficiency_standards.

[14] Nicholas Lutsey. New Automobile Regulations: Double the Fuel Economy, Half the CO_2 Emissions, and Even Automakers Like It[J/OL]. ACCESS Magazine (2012), https://www.accessmagazine.org/fall-2012/new-automobile-regulations/.

[15] Jeffrey Rissman, Maxine Savitz. Unleashing Private-Sector Energy R&D: Insights from Interviews with 17 R&D Leaders[R/OL]. Energy Innovation Council, 2013. http://energyinnovation.org/wp-content/uploads/2014/06/unleashing-private-rd-jan2013.pdf.

[16] Peter Mock. Vehicle Emissions Testing in the EU: Why We Are Still Struggling with the Dead Hand of the Past—and What the Future Is Likely to Bring[EB/OL]. International Council on Clean Transportation, 2015. http://www.theicct.org/blogs/staff/vehicle-co2-testing-eu-still-struggling.

[17] International Energy Agency. Fuel Efficiency Standards for Vehicles—Top Runner Program. 1979. http://www.iea.org/policiesandmeasures/pams/japan/name-24367-en.php.

[18] Osamu Kimura. Japanese Top Runner Approach for Energy Efficiency Standards[R/OL]. 2010, SERC Discussion Paper: SERC09035. https://www.researchgate.net/publication/228900679_Japanese_Top_Runner_Approach_for_energy_efficiency_standards.

[19] Japanese Ministry of Economy, Trade, and Industry. Top Runner Program: Developing the World's Best Energy-Efficient Appliance and More[R/OL]. 2015: 13. http://www.enecho.meti.go.jp/category/saving_and_new/saving/data/toprunner2015e.pdf.

[20] Transport Policy. Japan: Light Duty: Fuel Economy[EB/OL]. [2017-12-14]. http://www.transportpolicy.net/standard/japan-light-duty-fuel-economy/.

[21] Transport Policy. China: Light-Duty: Fuel Consumption. [2017-12-14]. http://www.transportpolicy.net/standard/china-light-duty-fuel-consumption/.

[22] United Nations Environment Programme. The Chinese Automotive Fuel Economy

Policy[R/OL]. 2015. https://www.globalfueleconomy.org/transport/gfei/autotool/case_studies/apacific/china/CHINA%20CASE%20STUDY.pdf.

[23] Francisco Posada Sanchez, Laura Segafredo. Policies That Work: How Vehicle Standards and Fuel Fees Can Cut CO_2 Emissions and Boost the Economy[R/OL]. ClimateWorks Foundation, 2012: 5. https://cleanenergysolutions.org/sites/default/files/documents/CW-ICCT-PTW-CESC-December-13-2012_Final.pdf.

[24] Anastasia Kharina, Daniel Rutherford, Mazyar Zeinali. Cost Assessment of Near- and Mid-Term Technologies to Improve New Aircraft Fuel Efficiency[EB/OL]. International Council on Clean Transportation, 2016. http://www.theicct.org/publications/cost-assessment-near-and-mid-term-technologies-improve-new-aircraft-fuel-efficiency.

[25] American Petroleum Institute. State Motor Fuel Taxes: Notes Summary[R/OL]. 2016. http://www.api.org/~/media/Files/Statistics/State-Motor-Fuel-Excise-Tax-Update-July-2016.pdf.

[26] US Environmental Protection Agency. 2017 and Later Model Year Light-Duty Vehicle Greenhouse Gas Emissions and Corporate Average Fuel Economy Standards[R/OL]. 40 CFR Parts 85, 86, and 600 § 2012: 62716. http://www.gpo.gov/fdsys/pkg/FR-2012-10-15/pdf/2012-21972.pdf.

[27] US Department of Transport. Greenhouse Gas Emissions Standards and Fuel Efficiency Standards for Medium- and Heavy-Duty Engines and Vehicles[R/OL]. 49 CFR Parts 523, 534, and 535 §, 2011: 57329. http://www.gpo.gov/fdsys/pkg/FR-2011-09-15/pdf/2011-20740.pdf.

[28] Bloomberg. In China, the License Plates Can Cost More Than the Car[N/OL]. 2013. https://www.bloomberg.com/news/articles/2013-04-25/in-china-the-license-plates-can-cost-more-than-the-car.

[29] Leo Mirani. Norway's Electric-Car Incentives Were So Good They Had to Be Stopped. Quartz (blog)[EB/OL]. [2017-12-14]. https://qz.com/400277/norway-electric-car-incentives-were-so-good-they-had-to-be-stopped/.

[30] Peter Levring. Soon, Cars in Denmark Will Only Be Taxed at 100%[N/OL]. [2017-08-29]. https://www.bloomberg.com/news/articles/2017-08-29/soon-cars-in-denmark-will-only-be-taxed-at-100.

[31] Peter Levring. Denmark Is Killing Tesla (and Other Electric Cars)[N/OL]. [2017-06-02]. https://www.bloomberg.com/news/articles/2017-06-02/denmark-is-killing-tesla-and-other-electric-cars.

[32] Meghan R Busse, Christopher R Knittel, Florian Zettelmeyer. Are Consumers Myopic? Evidence from New and Used Car Purchases[J/OL]. American Economic Review

2013,103(1): 220-256.

[33] David Greene. What Is Greener Than a VMT Tax? The Case for an Indexed Energy User Fee to Finance US Surface Transportation[J/OL]. Transportation Research Part D: Transport and Environment 16, 2011-08-01: 451-58, https://doi.org/10.1016/j.trd.2011.05.003.

[34] Kevin McCormally. A Brief History of the Federal Gasoline Tax[EB/OL]. Kiplinger, 2014. http://www.kiplinger.com/article/spending/T063-C000-S001-a-brief-history-of-the-federal-gasoline-tax.html.

[35] Brad Plumer. A Short History of America's Gas Tax Woes[N/OL]. Washington Post 2011. https://www.washingtonpost.com/blogs/wonkblog/post/a-short-history-of-americas-gas-tax-woes/2011/08/24/gIQAjyfXdJ_blog.html.

[36] Bennett Cohen, Cory Lowe. Feebates: A Key to Breaking U.S. Oil Addiction[EB/OL]. Rocky Mountain Institute, 2010. https://www.rmi.org/news/feebates-key-breaking-u-s-oil-addiction/.

[37] French Ministry of Environment, Energy, and the Sea. Bonus-Malus: Definitions and Scales for 2016[EB/OL]. 2016. http://www.developpement-durable.gouv.fr/Bonus-Malus-definitions-et-baremes.

[38] John German, Dan Meszler. Best Practices for Feebate Program Design and Implementation[R/OL]. International Council on Clean Transportation, 2010. http://www.theicct.org/sites/default/files/publications/ICCT_feebates_may2010.pdf.

[39] Bonus-Malus Écologique[EB/OL]. Wikipédia, 2017. https://fr.wikipedia.org/w/index.php?title=Bonusmalus_%C3%A9cologique&oldid=143338453.

[40] U.S. Department of Energy. All-Electric Vehicles[EB/OL]. [2017-12-15]. http://www.fueleconomy.gov/feg/evtech.shtml.

[41] Idaho National Laboratory. How Do Gasoline and Electric Vehicles Compare?[R/OL]. https://avt.inl.gov/sites/default/files/pdf/fsev/compare.pdf.

[42] Erin Stepp. Your Driving Costs[EB/OL]. AAA NewsRoom, 2016. http://newsroom.aaa.com/auto/your-driving-costs/.

[43] Idaho National Laboratory. How Do Gasoline and Electric Vehicles Compare?[R/OL]. https://avt.inl.gov/sites/default/files/pdf/fsev/compare.pdf.

[44] Edison Electric Bus from 1915. Photograph from Wikimedia Commons. Library of Commons. https://commons.wikimedia.org/wiki/File:Edison_electric_bus_from_1915.jpg.

[45] James Ayre. China 100% Electric Bus Sales Grew To ~115,700 in 2016[EB/OL]. CleanTechnica 2017. https://cleantechnica.com/2017/02/03/china-100-electric-bus-sales-

grew-115700-2016/.

[46] Clean Technica. Shenzhen Completes Switch to Fully Electric Bus Fleet. Electric Taxis Are Next[EB/OL]. 2018. https://cleantechnica.com/2018/01/01/shenzhen-completes-switch-fully-electric-bus-fleet-electric-taxis-next/.

[47] Fred Lambert. Electric Buses Are Now Cheaper Than Diesel/CNG and Could Dominate the Market within 10 Years, Says Proterra CEO[EB/OL]. Electrek, 2017. https://electrek.co/2017/02/13/electric-buses-proterra-ceo/.

[48] Fred Lambert. Tesla Semi: Analysts See Tesla Leasing Batteries for $0.25/Miles in 300,000 Electric Trucks for $7.5 Billion in Revenue[EB/OL]. Electrek, 2017. https://electrek.co/2017/04/20/tesla-semi-leasing-batteries-electric-truck/.

[49] Martin R Cohen. The ABCs of EVs: A Guide for Policy Makers and Consumer Advocates[R/OL]. Citizens Utility Board, 2017. https://citizensutilityboard.org/wpcontent/uploads/2017/04/2017_The-ABCs-of-EVs-Report.pdf.

[50] Björn Nykvist, Måns Nilsson. Rapidly Falling Costs of Battery Packs for Electric Vehicles[J/OL]. Nature Climate Change, 2015, 5: 329. https://www.nature.com/articles/nclimate2564.

[51] Steve Hanley. Electric Vehicle Battery Prices Are Falling Faster Than Expected[EB/OL]. Clean Technica 2017. https://cleantechnica.com/2017/02/13/electric-vehicle-battery-prices-falling-faster-expected/.

[52] Bay Area FasTrak. Where to Use[EB/OL]. [2017-12-15]. https://www.bayareafastrak.org/en/howitworks/whereToUse.shtml#bay.

[53] Clipper Creek. Estimated Electric Vehicle Charge Times[R/OL]. 2017. https://www.clippercreek.com/wp-content/uploads/2017/06/TIME-TO-CHARGE-20170612-final-low-res.pdf.

[54] Brad Berman. Quick Charging of Electric Cars[EB/OL]. PluginCars, 2014. http://www.plugincars.com/electric-car-quick-charging-guide.html.

[55] Mark Uh. From Own to Rent: Who Lost the American Dream?[EB/OL]. Trulia, 2016. https://www.trulia.com/blog/trends/own-to-rent/.

[56] Martin R Cohen. The ABCs of EVs: A Guide for Policy Makers and Consumer Advocates[R/OL]. Citizens Utility Board, 2017: 15. https://citizensutilityboard.org/wpcontent/uploads/2017/04/2017_The-ABCs-of-EVs-Report.pdf .

[57] John Voelcker. Many Car Dealers Don't Want to Sell Electric Cars: Here's Why[EB/OL]. Green Car Reports, 2014. https://www.greencarreports.com/news/1090281_many-car-dealers-dont-want-to-sell-electric-cars-heres-why.

[58] Matt Richtel. A Car Dealers Won't Sell: It's Electric[N/OL]. The New York Times, 2015,

sec. Science. https://www.nytimes.com/2015/12/01/science/electric-car-auto-dealers.html.

[59] Union of Concerned Scientists. What Is ZEV?[EB/OL]. 2016. https://www.ucsusa.org/clean-vehicles/california-and-western-states/what-is-zev.

[60] Colin Murphy. NextGen Climate America, unpublished note. 2017.

[61] PR Newswire. China Zero Emission Vehicle Requirement Mandate Boosts Battery Electric Powertrain Demand[N/OL]. 2017. https://www.prnewswire.com/news-releases/china-zero-emission-vehicle-requirement-mandate-boosts-battery-electric-powertrain-demand-300543992.html.

[62] Bellona. EU Contemplates Introduction of Minimum Quotas for the Sales of Electric Vehicles[EB/OL]. 2017. http://bellona.org/news/transport/electric-vehicles/2017-06-eu-contemplates-introduction-of-minimum-quotas-for-the-sales-of-electric-vehicles.

[63] Anmar Frangoul. Around 2.2 Million Deaths in India and China from Air Pollution: Study[N/OL]. CNBC 2017. https://www.cnbc.com/2017/02/14/around-22-million-deaths-in-india-and-china-from-air-pollution-study.html.

[64] Michael Caputa. Georgia EV Sales Sputter without Tax Credit[EB/OL]. Marketplace 2016. http://www.marketplace.org/2016/01/08/world/georgia-ev-sales-sputter-without-tax-break.

[65] City of Fremont, CA. Electric Vehicle Charging Station Permit[EB/OL]. [2017-12-15]. https://fremont.gov/2746/Electric-Vehicle-Charging-Station.

[66] City of San Jose, CA. Electric Vehicle Charging System Permit Requirements—SF/Duplexes[EB/OL]. 2016. https://www.sanjoseca.gov/DocumentCenter/View/1825.

[67] Loren McDonald. Predicting When US Federal EV Tax Credit Will Expire for Tesla Buyers[EB/OL]. CleanTechnica 2017. https://cleantechnica.com/2017/01/20/predicting-us-federal-ev-tax-credit-will-expire-tesla-buyers/.

[68] John Voelcker. When Do Electric-Car Tax Credits Expire? (Further Update)[EB/OL]. Green Car Reports, 2016. https://www.greencarreports.com/news/1085549_when-do-electric-car-tax-credits-expire.

[69] Severin Borenstein, Lucas W. Davis. The Distributional Effects of U.S. Clean Energy Tax Credits[R/OL]. NBER Tax Policy and the Economy, 2015. https://doi.org/10.3386/w21437.

[70] Andria Simmons. Georgia Slams Brakes on Electric Cars[EB/OL]. Atlanta Journal-Constitution. 2015. http://www.govtech.com/state/Georgia-Slams-Brakes-on-Electric-Cars-.html.

[71] Martin R Cohen. The ABCs of EVs: A Guide for Policy Makers and Consumer

Advocates[R/OL]. Citizens Utility Board, 2017: 11. https://citizensutilityboard.org/wpcontent/uploads/2017/04/2017_The-ABCs-of-EVs-Report.pdf.

[72] Aaron Gould Sheinin. Electric Vehicle Sales Fizzle after Georgia Pulls Plug on Tax Break[EB/OL]. Atlanta Journal-Constitution, 2015. http://www.myajc.com/news/state--regional-govt--politics/electric-vehicle-sales-fizzle-after-georgia-pulls-plug-tax-break/HC0We2a NiekLEn6VoNsa6M/.

[73] Matt Smith. The Georgia Legislature Just Pulled the Plug on Electric Cars[N/OL]. VICE News, 2015. https://news.vice.com/article/the-georgia-legislature-just-pulled-the-plug-on-electric-cars.

[74] Andria Simmons. Georgia Slams Brakes on Electric Cars[EB/OL]. Atlanta Journal-Constitution. 2015. http://www.govtech.com/state/Georgia-Slams-Brakes-on-Electric-Cars-.html.

[75] Michael Caputa. Georgia EV Sales Sputter without Tax Credit[EB/OL]. Marketplace 2016. http://www.marketplace.org/2016/01/08/world/georgia-ev-sales-sputter-without-tax-break.

[76] Aaron Gould Sheinin. Electric Vehicle Sales Fizzle after Georgia Pulls Plug on Tax Break[EB/OL]. Atlanta Journal-Constitution, 2015. http://www.myajc.com/news/state--regional-govt--politics/electric-vehicle-sales-fizzle-after-georgia-pulls-plug-tax-break/HC0We2a NiekLEn6VoNsa6M/.

[77] Keith Bradsher. China View to Be World's Leader in Electric Cars[N/OL]. The New York Times, 2009. http://www.nytimes.com/2009/04/02/business/global/02electric.html.

[78] Jake Spring. China's Anti-Teslas: Cheap Models Drive Electric Car Boom[N/OL]. Reuters 2017.https://www.reuters.com/article/us-usa-autoshow-china-electric/chinas-anti-teslas-cheap-models-drive-electric-car-boom-idUSKBN14V1H3.

[79] International Energy Agency. Global EV Outlook 2016[R/OL]. 2016: 17. https://www.iea.org/publications/freepublications/publication/Global_EV_Outlook_2016.pdf.

[80] Michael J Dunne. China Deploys Aggressive Mandates to Take Lead in Electric Vehicles[N/OL]. Forbes 2017. https://www.forbes.com/sites/michaeldunne/2017/02/28/china-deploys-aggressive-mandates-to-stay-no-1-in-electric-vehicles/.

[81] China Daily. Tougher Rules for Electric Vehicle Subsidies[N/OL]. 2017, sec. Business. http://www.chinadaily.com.cn/business/motoring/2017-01/03/content_27842725.htm.

[82] Hongyang Cui. Subsidy Fraud Leads to Reforms for China's EV Market[EB/OL]. International Council on Clean Transportation, 2017. http://www.theicct.org/blogs/staff/subsidy-fraud-reforms-china-ev-market.

[83] Jake Spring. China's Anti-Teslas: Cheap Models Drive Electric Car Boom[N/OL].

Reuters 2017. https://www.reuters.com/article/us-usa-autoshow-china-electric/chinas-anti-teslas-cheap-models-drive-electric-car-boom-idUSKBN14V1H3.

[84] Mark Kane. China Considers ZEV Mandate Similar to California[EB/OL]. Inside EVs, 2014. https://insideevs.com/china-considers-zev-mandate/.

[85] Open-Air Computers[N/OL]. The Economist, 2012. https://www.economist.com/news/special-report/21564998-cities-are-turning-vast-data-factories-open-air-computers.

[86] C C Huang, et al. 12 Green Guidelines: CDBC's Green and Smart Urban Development Guidelines[R/OL]. China Development Bank Capital, 2015-10. http://energyinnovation.org/wp-content/uploads/2015/12/12-Green-Guidelines.pdf.

[87] Calthorpe & Associates, China Sustainable Transportation Center, Glumac[M]. Emerald Cities: Planning for Smart and Green China. Beijing: China Architecture and Building Press, 2017.

[88] Jason Margolis. 8 Million People. No Subway. Can This City Thrive without One?[EB/OL].Public Radio International, 2015. https://www.pri.org/stories/2015-10-21/can-modern-megacity-bogot-get-without-subway.

[89] Laura Bliss. New York City Traffic Is Now "Unsustainable", Thanks to Ride-Hailing[EB/OL]. CityLab, 2017, [2018-02-06]. https://www.citylab.com/transportation/2017/12/how-to-fix-new-york-citys-unsustainable-traffic-woes/548798/.

[90] Institute for Transportation & Development Policy. TOD Standard[R/OL]. 2014. https://www.itdp.org/wp-content/uploads/2014/03/The-TOD-Standard-2.1.pdf.

[91] London Green Belt Council. History of the London Green Belt[EB/OL]. 2018, [2018-02-06]. http://londongreenbeltcouncil.org.uk/history-of-the-london-green-belt/.

[92] SPUR. Designing the Bay Area's Second Transbay Rail Crossing[R/OL]. 2016: 17. http://www.spur.org/sites/default/files/publications-pdfs/SPUR-Designing-the-Bay-Area%27s-Second-Transbay-Rail-Crossing.pdf.

[93] Oregon Metro. Urban Growth Boundary[EB/OL]. 2014. https://www.oregonmetro.gov/urban-growth-boundary.

[94] California Air Resources Board. Sustainable Communities[EB/OL]. [2017-12-19]. https://www.arb.ca.gov/cc/sb375/sb375.htm.

[95] Chicago Metropolis 2020. Time Is Money: The Economic Benefits of Transit Investment[R/OL]. 2007: 2. https://www.ebp-us.com/en/projects/time-money-economic-benefits-transit-investment-chicago.

[96] Leah Harnack, Kim Kaiser. Public–Private Partnerships[EB/OL]. Mass Transit, 2012. http://www.masstransitmag.com/article/10628016/public-private-partnerships.

[97] Dan Malouff. The US Has Only 5 True BRT Systems, and None Are "Gold"[EB/OL].

Greater Greater Washington, 2013. https://ggwash.org/view/29962/the-us-has-only-5-true-brt-systems-and-none-are-gold.

[98] Timothy Hurst. Guangzhou's Remarkable Bus Rapid Transit System[N/OL]. Reuters, 2011. https://www.reuters.com/article/idUS331644810020110405.

[99] Claudia Gunter. Guangzhou Opens Asia's Highest Capacity BRT System[EB/OL]. Institute for Transportation and Development Policy, 2010. https://www.itdp.org/guangzhou-opens-asias-highest-capacity-brt-system/.

[100] Clean Air Institute. Planning for BRT-Oriented Development: Lessons and Prospects from Brazil and Colombia[R/OL]. 2011. http://cleanairinstitute.org/download/folleto1-cai.pdf.

[101] Copenhagenize (blog). The Greatest Urban Experiment Right Now[EB/OL]. 2014, http://www.copenhagenize.com/2014/07/the-greatest-urban-experiment-right-now.html.

[102] Cycling in Copenhagen[EB/OL]. Wikipedia, 2017. https://en.wikipedia.org/w/index.php?title=Cycling-in-Copenhagen&oldid=817743124.

[103] Strøget[EB/OL]. Wikipedia, 2017. https://en.wikipedia.org/w/index.php?title=Str%C3%B8get&oldid=812886163.

[104] Transport for London. Congestion Charge (Official)[EB/OL]. [2017-12-19]. https://www.tfl.gov.uk/modes/driving/congestion-charge.

[105] London Congestion Charge[EB/OL]. Wikipedia, 2017. https://en.wikipedia.org/w/index.php?title=London-congestion-charge&oldid=813237659.

[106] Sam Foss. The Calf-Path[EB/OL]. Poetry, 1895. https://www.poets.org/poetsorg/poem/calf-path.

第六章

建筑部门

建筑部门占当前全球温室气体年排放量的 8%，CO_2 排放量约为 40 亿 t[1]。到 2050 年，建筑部门温室气体排放量预计将增至 50 亿～ 60 亿 t，在没有进一步制定其他政策的前提下，到 2050 年建筑部门的排放量将占累计排放量的 8%[2]。建筑物和家用电器也是电力需求（电力需求排放量见第四章）的重要驱动因素。例如，建筑物的电力需求占全球的 54%，到 2050 年这一比例预计将增至近 60%[2]。若将归属于建筑部门的电力排放考虑在内，其在当前全球温室气体排放中所占的比重将增至 20%，到 2050 年将增至 26%[2]。排放量增长在很大程度上是由不断增长的采用高能耗技术的建筑物存量导致的。

建筑部门减排需要提高房屋设备（如空调和供暖设备）的能效、建筑物的热效率以及建筑物所使用的家用电器能效。本章将主要讨论建筑节能规范与家用电器能效标准这两项政策，以及如何利用这些政策提高建筑物和家用电器的能效。

建筑部门脱碳和减少电力需求是降低整体碳排放的重要内容。建筑节能规范与家用电器能效标准至少可为 2℃目标贡献 5% 的减排量（图 6-1），并在之后数年实现更高的减排份额，因为更严格的能效标准需要数年时间才能充分发挥效力。

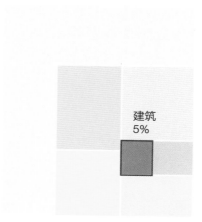

图 6-1 建筑部门的减排潜力

数据来源：使用经国际应用系统分析学会（IIASA）许可的数据进行分析，这些数据可从 IIASA-LIMITS 情景数据库下载，https://tntcat.iiasa.ac.at/limits publicdb/dsd?Action=htmlpage&page=about。

住宅和商用建筑是主要的能源消费者，约占交付用能量的 20%，在全球用电量中所占比重超过 50%[3]。在能源需求方面，城市地区（世界上大多数人口的聚居地）的建筑物具有重要的意义。此外，城市化趋势仍在持续，特别是在发展中国家中，2014—2050 年城市地区人口预计将从 38.8 亿人增至 63.4 亿人[4]，同时建筑占地面积也将呈现相应增长。世界不仅正在日益推进城市化进程，同时也正在实现不断发展。人们在逐渐摆脱贫困的过程中，也需要更多的用能服务（如照明、空调和电视）。随着城市居民数量和对用能服务需求的增加，建筑用能量有可能出现大幅增加。据国际能源署预测，到 2040 年，全球建筑用能量将以每年 1.3% 左右的速度增长[5]。智慧且激进的政策可以提高建筑构件的能效，有助于使能源需求与房屋设备服务需求脱钩。这一脱钩是向低碳未来转型的关键内容。

大多数建筑物和房屋设备（如炉子和空调）的使用寿命可以长达数十年。中国、印度和尼日利亚[6] 等新建建筑率较高的快速城市化国家正处于一个关键时期，在此期间，良好的建筑能效政策可以产生巨大影响。目前正在建造的建筑将锁定未来许多年的能源使用模式。这不仅说明了政策的重要性，也说明了制定相应政策以确保新建和翻修建筑物建造完善并具有节能特征的迫切性。实现这些目标的两项最有效的政策分别是建筑节能规范和家用电器能效标准。这两项政策兼施并用至少可为 2℃目标贡献 5%的减排量（图 6-2）。

图 6-2　建筑节能规范和家用电器能效标准的减排潜力

数据来源：使用经国际应用系统分析学会（IIASA）许可的数据进行分析，这些数据可从 IIASA-LIMITS 情景数据库下载，https://tntcat.iiasa.ac.at/limits publicdb/dsd?Action=htmlpage&page=about。

一、政策概述与目标

（一）建筑节能规范

建筑节能规范是对建筑物设计和建造施加要求的条例。建筑节能规范可以用于多种社会目的，如保护居住者的健康和安全，减少对周边公共空间的影响。但是，如果建筑节能规范的目标是限制能源使用和排放，则通常会设定新建或翻修建筑必须满足的最低技术要求或性能标准。例如，建筑节能规范可以规定窗户或墙壁在隔离室内外温度方面的效率，或者规定中央供暖系统或空调系统需要达到的能效水平。

相对而言，整体建筑能效标准则规定了整个建筑（而非单一建筑构件）的最大能耗。这些标准在自愿认证项目中用来确定针对规范的合规性，以决定是否有资格获得税收优惠，当然也可用于其他目的 [7]。

（二）家用电器能效标准

与建筑节能规范类似，家用电器能效标准设定了针对新电器的最低能效要求。家用电器能效标准通常规定给定容量和类型的设备在执行特定服务时的最大用能量。家用电器能效标准可以强制要求每个特定型号的家用电器都必须达到标准，或者允许制造商通过其销售的给定类型家用电器销量加权平均值来达到标准。

建筑节能规范与家用电器能效标准之间的一个重要区别与监管和执行有关。大多数建筑都是单件或少量建造，并且因地点而异。建筑物"是经济中规模最大的手工制品" [8]。因此，可能需要对每栋建筑物进行检查和能源审查，以确定这些建筑物是否符合性能标准。然而，家用电器在生产过程中是完全相同的，因此可以通过对制造商或进口商在核验过程中提供的少量产品进行核查，以便从"上游"检验其能效。一旦实现广泛分销，家用电器能效标准的执行就需要持续开展，以避免制造商为了达到标准而采取作弊行为。通过开展核对试验（定期随机检查和测试待售产品）和进口管制有助于发现制造商的欺诈行为。然而，家用电器能效标准比建筑节能规范更适合开展初始核查，因此这一措施往往更易于在低收入区域实施。在这两种情况下，后续的执行都很重要。

二、政策应用

建筑节能规范与家用电器能效标准的第一个优势在于它能够强制要求性能改进，并借此为消费者带来经济效益，但由于诸多原因却不能让市场主动采纳。鉴于建筑部门的特点，各种类型的市场失灵几乎随处可见，因此建筑节能规范具有非常广泛的适用性。市场失灵的一个常见例子是，对于支付能源费用的人员的激励措施与支付房屋建设和家用电器费用的人员的激励措施是错位的。许多家庭和大多数企业并没有其所居住或使用的建筑的所有权，他们仅仅是租户，而水电费通常都由租户承担，因此不动产产权所有者往往缺乏提高建筑能效的经济动力。此外，信息壁垒以及与人类心理学有关的其他问题也使业主难以将能效升级价格整合到向租户收取的租金中 [9]。同时，租户对建筑物进行重大改建也是被禁止的。即便允许租户改建，他们可能也并不愿意将资金投入并非其所有的建筑物中，因为他们很可能会在通过节能收回投资成本之前搬走。而建筑节能规范与家用电器能效标准规定了建筑业主预期应当提供的最低性能水平，这样就能确保实现节能（高于投资成本）。

建筑节能规范与家用电器能效标准也能够在一定程度上缓解其他市场失灵，如消费者短期或不一致的贴现率 [1]，对退税或补贴政策不敏感、信息不完善和高交易成本 [9]。Amory Lovins 对导致低效建筑设计和施工的多种工程和制度原因进行了更详细的探讨 [10]。

与能效较低的型号相比，能效提高并不一定会增加设备成本，因为能效政策可以促使公司投入研发活动，从而逐渐降低提高能效的成本。因此，高能效家用电器的价格在当下可能高于低能效家用电器，但这不能说明性能标准将导致家用电器成本在未来数年内增加。例如，图 6-3 表明，自 1972 年以来，美国的冰箱能效有所提高，但实际零售价格却有所下降，冷藏容量也有所增加 [11]。这些能效提高的成果在一定程度上受到 1978 年以来颁布的一系列标准的推动 [12]。

建筑节能规范与家用电器能效标准可以而且也应当随着时间的推移逐步改进，从而向制造商提供明确的信号，即能效的研发投资将获得回报。在标准生效时，投资研发活动的公司可以生产比竞争对手更好或更便宜的家用电器和建筑构件，从而使制造商能够增加其市场份额 [13]。如果所有制

---

[1] 贴现率反映了货币的时间价值。当消费者的贴现率较高时，这意味着对他们而言，近期货币的价格高于远期货币。相反，如果贴现率较低，则消费者对于在现在还是在之后数年收悉款项无动于衷。一般而言，与其他投资机制相比，消费者往往具有较高的贴现率，这意味着他们倾向于高估货币在短期内的价值，即使这意味着他们的整体收益会减少。

造商都参与研发活动，那么将全面降低价格并为消费者带来惠益。

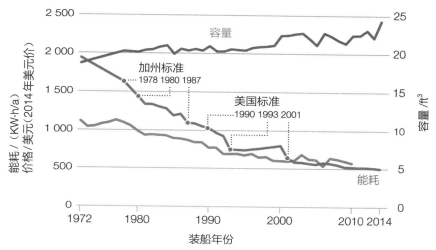

图 6-3 美国冰箱变得更便宜，同时能效更高且规格更大

注："新冰箱的年能耗、容量和实际价格"，美国能源部，2014 年，https://energy.gov/sites/prod/files/2014/08/f18/energy_use_new_refrigerator_chart.pdf.（1 ft³ = 0.028 3 m³）。

　　相比之下，针对市场上能效最高产品的退税政策应倾向于鼓励个人和企业购买这些产品，但它们通常不会鼓励制造商参与研发活动，并逐步改善其产品性能（因为退税资格阈值通常是基于市场上已有的产品系列）。此外，产品标签已被证明可以激励制造商参与研发活动，并满足不断提高的能效要求。

　　建筑节能规范与家用电器能效标准的第二个优势是实施成本较低。为能效产品提供退税或补贴可能会给政府造成大量支出，因为政府必须就出售的每一个符合退税资格的产品支付部分费用[1]，对低能效产品征税，特别是对燃料征税，可能会给建筑业主或居住者造成相当大的经济损失，但标准并不会要求政府和整个社会的能源用户之间相互支付大量资金。政府需要支付的唯一费用与标准的初步设立（如产品技术分析、行业会议）以及标准的监管

---

[1] 除非符合资格的买家未能提交必要的申领表或购买证明以获取他们有权获得的退税。

和执行有关。对于家用电器而言，这些费用可能较低，因为家用电器能效标准可以在上游（为数不多的制造或进口点）执行。建筑构件标准执行起来更加困难，因为它们可能涉及对单个建筑物开展检查，但是它们仍然比许多替代政策所花费的成本更低。此外，可以通过改变分析的范围和类型以及利益相关者的参与来降低规范和标准的成本。投入的资源越多，制定的标准也更为严格，即使没有达到这一严格程度，标准也能够发挥应有的效用。

建筑节能规范与家用电器能效标准的第三个优势是能够在政策制定者无法触及的领域提高能效。例如，在加利福尼亚州实施针对电视的严格能效标准，可以让想要在该州出售电视的制造商必须生产符合该标准且能够吸引消费者的产品型号。为此，他们就必须开展研发活动，以保持未来在该州销售价格实惠且功能强大的电视的能力，还必须更换他们的装配线以生产这些经过改进的电视。在开展这些研发活动和制造投资之后，家用电器制造商就可以确定，与继续生产仅能在部分州销售的低能效电视相比，直接在全美国销售符合标准的电视更具成本效益。制定标准的地区越多，制造商就越有可能选择在全国，而不仅是在标准生效的地区内遵守这些标准。

三、政策设计建议

（一）政策设计原则

1. 确立标准的长期确定性，为企业提供公平的规划期

建筑系统和家用电器制造商可能需要数年时间才能投入必要的研发投资并对生产线进行升级换代，这样才能在不会大幅增加建筑成本且不会影响其他性能特征的前提下降低能耗。如果相关标准一次仅持续短短数年时间，企业可能无法确定标准在未来是否会变得更加严格，这就意味着企业无法得知近期改进投资的理由是否足够充分，对新技术或设计变更的重大投资是否物有所值。

由于建筑工地选址、获得建筑许可、获取融资和建造过程可能持续多

年时间，因此对于建筑师、工程师和融资方来说，了解足够长时间内的建筑节能规范要求尤为重要。

相关标准可以帮助制造家用电器和建筑系统的公司向其股东证明投资研发提高能效的合理性，否则股东可能对这些支出的价值持怀疑态度。做出严肃研发承诺的公司甚至可以将此视为其竞争优势。

2. 建立内在的持续改进机制

建筑节能规范与家用电器能效标准的价值在于可以提高建筑存量的能效，并逐步淘汰性能最差的建筑物和产品。如果标准停滞不前，则无法实现其主要目的。例如，据美国政府问责局估计，由于美国未能在 20 世纪 90 年代和 21 世纪初期更新其家用电器能效标准，这将在 2030 年之前对消费者造成至少 280 亿美元的损失[14]。放弃节能意味着进一步的损失，如排放更多污染物导致居民过早死亡及气候变化的加剧。

3. 标准侧重于结果而非技术

标准应当设定能效目标，而不是规定必须采用的特定技术。这使建筑师和工程师能够在设计符合其财务、美学和功能目标的建筑和产品时拥有最大的灵活性，同时实现必要的能效目标。建筑物多种多样，而且可能具有与特定场地和预期用途有关的特点，因而针对特定技术做出规定并非明智之举。适合办公楼的空调、供暖或外包装材料可能并不适用于住宅建筑或仓库。例如，为了减少照明能耗，广泛使用天窗、窗户、其他开放设计或反射表面（统称为采光技术）可能适用于位于阳光充足地段且主要在白天使用的建筑物，但是这些技术可能无法在建设于另一地点或计划在夜间使用的建筑物中实现所需的节能水平。

4. 通过简化流程、避免漏洞预防投机行为

标准应当简单且清晰明了以防止制造商和建筑设计师弄虚作假。制定标准时应当广泛地与专家和利益相关者进行磋商，并由政府选择的科学家和专家仔细检查可能存在的漏洞。一般而言，在给定建筑特征下，规定具有很少灵活性的整体能效目标将能够最大限度减少漏洞，虽然在这种情况下某些类型的建筑可能更难遵守此类标准。

（二）其他设计考量因素

若根据上文所述的原则来设计建筑和家用电器能效标准，需要考虑以下几个问题：

1. 需要彻底的检测和执行

为了保证建筑节能规范与家用电器能效标准的有效性，必须对其进行严格检测和执行。地方政府必须拥有充足的资金来妥善审核建筑设计，并雇用、培训和派遣建筑检查员。建筑检查员应随机分配至各个建筑物或开发项目以避免滋生腐败，大型项目应由两位以上的检查员轮流进行审核。同样，家用电器必须经过随机的标准化测试，以确保其性能符合家用电器能效标准。在执行力度薄弱的情况下，制造商和建筑业主往往不能遵守标准。中国曾在 2010 年前后改进了建筑检查体系。在建立这一体系之前，城市中仅有 21% 的大型和中型建筑项目符合建筑节能规范，体系改进后大大提高了这类项目的合规率。但是，由于几乎没有针对农村开发项目或城市小型开发项目的检查，这类建筑的合规率便不得而知 [15]。为了避免家用电器制造商或进口商作弊，政府应当随机选择待测试能效的设备，而不是让制造商或进口商提交一个产品进行测试；同时，应开展现场测试，以便对制造商就其产品合乎标准而做出的认证进行补充证明。在拥有强大经济和法律基础的地区，这些测试可以保持较低频率，每隔数年开展一次即可；但在基础较薄弱的地区，政府应当更频繁地开展相关测试。

2. 确保具备充足的绿色建筑设计和施工知识

建筑物几乎都是人工进行设计和建造的，而不是在工厂中进行批量生产的。因此，建筑物满足能效标准的能力在一定程度上取决于建筑设计师预测和正确设计节能特性的能力，以及建筑公司和承包商应用最佳实践的能力，如管道气密性之类的小问题可对最终能源使用产生显著差异。建筑公司必须密切关注节能施工进展，以建造高质量的建筑结构。因此，他们必须具备必要的知识和能力。

政府可以为建筑行业从业者提供教育和培训，并在政府采购中充分考虑到能效问题（新建筑的购买合同要规定最低能效标准）[1]。政府还要确保能源使用情况得到监测，对不符合能效标准的建筑物施以处罚，并确保立即纠正相关缺陷且由业主自行承担相关费用，这样就可以使业主有动力确保建筑物达到承诺的节能水平。由此，建筑物业主可以选择拥有最佳节能建筑实施能力的公司，并将能效要求纳入建筑合同。

3. 为节能规范和能效标准制订强有力的补充计划

建筑节能规范与家用电器能效标准依赖存量周转来实现节能。家用电器的使用寿命往往可达 10 年以上，部分建筑构件（特别是建筑围护结构构件）的使用寿命可以达到 50 年或更长的时间。因此，建筑节能规范与家用电器能效标准的收益可能需要多年时间才能得到充分实现。为了解决这一问题，建筑节能规范与家用电器能效标准应结合强有力的改造计划（或翻修），包括补贴或其他激励措施以加快存量周转。在印度、中国和尼日利亚等国家的快速城市化地区应用严格的建筑节能规范，可以在建筑物建造初期对其施加影响，而不是等到建筑物运行时期，但快速发展和快速城市化的地区同时也面临着最严峻的执法挑战，因此对于这些地方而言，节能规范可能是一项高风险、高回报的政策选择。

建筑节能规范与家用电器能效标准通常仅影响市场底层——每年淘汰那些性能最差的产品，而不会激励人们购买性能最佳的产品，只是鼓励其购买合乎最低规范的产品。要想弥补这一缺点可以通过将相关规范与其他鼓励采用最高性能产品的政策进行搭配来实现，这类政策包括清晰标明节能水平的产品能效标识、为能效最高的产品提供补贴或退税、提高低能效产品成本的碳定价政策。

---

[1] 例如，请参阅：Shanti Pless et al. How-To Guide for Energy-Performance-Based Procurement: An Integrated Approach for Whole Building High Performance Specifications in Commercial Buildings[R/OL]. National Renewable Energy Laboratory. https://www1.eere.energy.gov/buildings/publications/pdfs/rsf/performance-based-how-to-guide.pdf.

能效升级融资

获得低成本资金可以极大地提高建筑翻修和家用电器升级的成本效益，并可以鼓励企业在建筑构件和家用电器使用寿命（可能长达 50 年或更长）结束之前将其更换为具有更高能效的产品。然而，建筑物业主（尤其是低收入人群）可能缺乏支付能效升级所需的前期资本和信用额度。节能服务公司（ESCO）能效投资、地产评估清洁能源（PACE）债券融资、凭账单还款和绿色银行融资是能够克服融资障碍的一些成功的政策和措施。

节能服务公司可以担任客户和项目贷款人（通常是电力公司）之间的金融中介，提出和管理一系列能效投资，并使用节省的能源账款来支付项目成本、偿还融资方的资金。但是，由于节能服务公司保留了因节省能源账款而产生的部分收入，并且存在中介机构管理成本，因此这一模式可能会减少可投资项目的数量[1]。

PACE 融资是一项工具，市政府可以通过这一工具向建筑物业主提供贷款，用于购买和安装节能设施，并通过房产税进行还款，通常需要15 ~ 20 年的时间。由于 PACE 融资允许小型建筑物业主以经济实惠的方式获取安装节能措施的资金，因此可以提高节能设备在小型建筑物中的渗透率，通常这是很难实现的。然而，PACE 融资需要发行市政债券来为能效措施提供资金，在市政府并不具备良好信誉的地区可能很难实施[16]。

在凭账单还款的政策下，电力公司支付节能措施的前期成本，并随着时间的推移通过客户的电费账单来收回这些成本以获得合理回报。客户则能够利用通过能效措施而降低的能源费用来抵消这些费用。融资成本"与电表保持一致"，意味着无论建筑物是否易手，相关费用仍然存在，这使这种融资方式与 PACE 融资相比更简单明了。根据项目结构，设计得巧妙

---

[1] 欲了解不同国家的节能服务公司方法的规模和相对成就，请参阅：International Energy Agency. Energy Efficiency Market Report 2016[R/OL]. 2015: 110–17, https://www.iea.org/eemr16/files/medium-term-energy-efficiency-2016-WEB.PDF.

的贷款也好，仅仅作为额外费用也好，建筑物租户的信用额度可能无关紧要，从而可使低收入客户也能从中受益 [17]。

在政府资金的支持下，绿色银行为清洁能源和能效开发商提供低息融资。能效组合往往是稳定投资，随着时间的推移能够提供稳定的现金流，但找到愿意接手小规模或复杂能效项目的融资方可能比较困难。因此，绿色银行已成为大型和中型清洁能源和能效项目的主要贷方，为未来的项目融资提供了一个极具前景的选择 [18]。

四、案例研究

（一）美国加利福尼亚州建筑能效标准

1978 年，美国加利福尼亚州制定了建筑能效标准第 24 编，旨在提供一个唯一、协调而全面的建筑能源标准，用于管理该州所有建筑、配套设施和设备的设计和建造。值得注意的是，加利福尼亚州建筑能效标准第 6 部分包含针对建筑能源使用和能效的要求。这些标准要求建筑物达到最低能效水平，并为建筑物提供满足标准的两个方案，即基于性能的方法或规约性方法 [19]。该规范还为力求实现额外节能的建筑物提供自愿的"达标"方案 [20]。加利福尼亚州能源委员会已经批准了少数几个能源分析计算机程序（包括公共和私人领域软件），以检测建筑的合规性 [21]。在修建或大幅改建建筑物之前需要获得建筑许可。为了获得许可，建筑商必须向市政官员提交项目规划，并遵守第 24 编的要求和其他法规。加利福尼亚州能源委员会发布了一份"建筑许可违规行为举报表"，任何人都可以利用该表报告未经许可的建筑活动 [22]。

加利福尼亚州能源委员会以 3 年为周期对第 24 编的要求进行更新 [23]。该州 6 家电力公司共同运营一个规范和标准强化项目（Code and Standards Enhancement Initiative），该项目通过公开会议和研究支持标准修订过程，进而协助确定极具前景的节能领域。对于即将开展的第 24 编修订工作，

规范和标准强化项目为照明、暖通空调（HVAC）、室内空气质量、建筑
围护结构、水暖和需求响应方面的改进提供指导准则[24]。公众也可以提出
可供考虑的措施[25]。这一更新过程有助于确保第24编的要求不会停滞不前，
并保证在商业实践中仍然可以实现更严格的标准。

第24编已帮助加利福尼亚州成功节省了超过740亿美元的电费，并
帮助该州在过去40年内保持稳定的人均用电量[26]，而在此期间州内生产
总值（经过通货膨胀调整后）增加了2倍多[27]。加利福尼亚州能源委员会
发现，自1978年以来上述标准已经避免了"超过2.5亿t的温室气体排放（相
当于从该州公路上移除了3 700万辆汽车）"[28]。加利福尼亚州能源委员
会估计，第24编的2016年修订版将在为期30年的抵押贷款过程中为普
通住宅节省7 400美元，同时可将住宅的初始价格提高2 700美元[29]。

（二）墨西哥国家能效标准

墨西哥是发展中国家建筑和家用电器能效标准领域的领导者，并且可
以为其他希望实施或加强标准的国家提供参考。

墨西哥的首个强制性标准于1994年生效，针对的是住宅的冰箱、空
调和三相电机这些重要耗电设备[30]。目前，该标准的覆盖范围已经扩展至
29种家用电器、设备和建筑构件[30]。墨西哥的相关法律要求每5年对这
些标准进行更新[30]，以避免这些标准停滞不前。

墨西哥有意选择严格的标准，并设计类似于美国的测试程序。这一
协调性降低了这些家用电器的贸易壁垒，扩大了墨西哥制造商的市场。
2000—2014年，墨西哥向美国出口的冰箱"增加了9倍，从每年4.01亿
美元增至近37亿美元"[30]，而在此期间，墨西哥的国内市场仅增长了1倍。

能效标准的实施并没有导致消费价格的上涨。如图6-4所示，1999—
2013年，墨西哥国内双门冰箱、冰柜、分体式空调和窗式空调的市场销售
量大幅增长，但所有这些技术的单位价格均有所下降（窗式空调除外，其
单位价格保持不变）。在此期间，这些设备的功能增加，但耐用性和质量
并未受到折损。导致价格下跌的最合理解释是，墨西哥制造商和进口商利

用规模经济效应在保持价格下降的同时成功适应了更严格的能效要求^[30]。

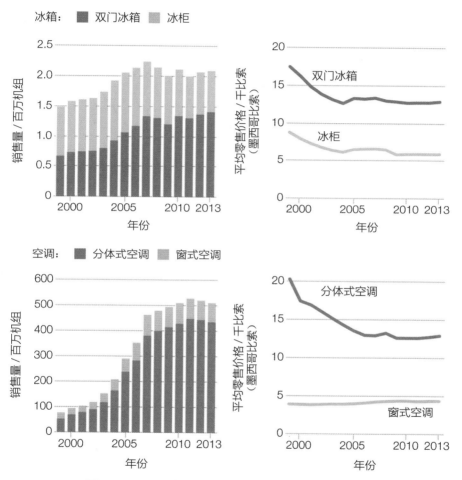

图 6-4 墨西哥的冰箱和空调变得更便宜，而且能效更高

注：图表经劳伦斯伯克利国家实验室许可转载。

这些标准还导致整体用电量和高峰时段电力需求的降低（图 6-5），从而降低了社会成本，减少了温室气体和常规污染物排放。

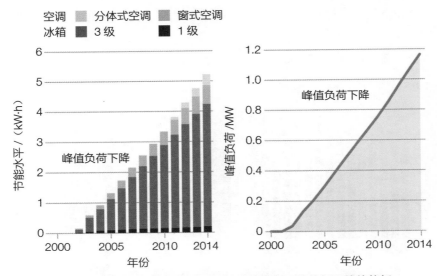

图6-5　墨西哥冰箱和空调的能效标准降低了总能耗和峰值能耗

注：图表经劳伦斯伯克利国家实验室许可转载。

　　墨西哥通过鼓励诸多利益相关方的参与来简化标准的实施。来自私营部门、设备制造商、学术界、政府和非政府组织的代表共同参加了一个指导标准制定过程的咨询委员会[30]。行业代表对这些标准表示赞许，他们表示这些标准为他们提供了公平的竞争环境，同时获得了为改进制造工艺和技术而做出的投资将得到回报的经济信号[30]。

　　当然这些标准也对墨西哥的制造商产生了一些不利影响。墨西哥为打开美国市场而提高了能效措施，也导致了这些产品在未制定能效标准的中美洲发展中国家中的竞争力不足。这些国家的消费者可以购买亚洲制造的能效更低、更便宜的设备。因此，墨西哥向中美洲国家出口的设备的数量有所下跌[30]。这为制造出口家用电器的发展中国家提供了一个经验：对标大型出口市场以抵消在未制定能效标准的发展中市场的销售额下跌是明智之举。或者，经济上相互关联的发展中国家集团可以考虑作为一个区域联盟同时制定能效标准，以防止市场份额流失到联盟以外的低能效进口产品。

五、小结

　　建筑节能规范与家用电器能效标准是实现建筑部门减排的关键政策，这一点对于处于快速城市化进程中的国家尤为重要。标准能够有效克服建筑部门常见的限制经济激励措施有效性的各种市场障碍。如果实施得当，标准能够逐年降低排放量，同时为社会实现净节约。世界上最好的标准应具有以下特点：自动寻找新技术、提前数年公开、有效防止玩弄规范、制定内置机制逐渐收紧标准等。建筑节能规范和家用电器能效标准的恰当监督和执行是一项特殊挑战，然而如果编制并执行得当，建筑节能规范将是实现节能减排和节省资金的关键途径，是通往清洁能源未来的必经之路。

参考文献

[1] World Resources Institute. CAIT Climate Data Explorer[EB/OL]. 2017. http://cait.wri.org.

[2] Elmar Kriegler, et al. What Does the 2 ℃ Target Imply for a Global Climate Agreement in 2020? The LIMITS Study on Durban Platform Scenarios[EB/OL]. 这些数据可从位于 IIASA 的 LIMITS 情景数据库下载. https://tntcat.iiasa.ac.at/LIMITSDB/dsd?Action= htmlpage&page=about.

[3] U.S. Energy Information Administration. International Energy Outlook 2016[EB/OL]. 2016: Table F1. https://www.eia.gov/outlooks/ieo/ieo-tables.php.

[4] United Nations Department of Economic and Social Affairs. World Urbanization Prospects[R/OL]. 2014: 20. https://esa.un.org/unpd/wup/publications/files/wup2014-highlights.Pdf.

[5] International Energy Agency. World Energy Outlook[M]. 2016: Annex A: World. http://www.worldenergyoutlook.org/publications/weo-2016/.

[6] United Nations Department of Economic and Social Affairs. World Urbanization Prospects[R/OL]. 2014: 1. https://esa.un.org/unpd/wup/publications/files/wup2014-highlights.Pdf.

[7] Michael Rosenberg. Stable Whole Building Performance Method for Standard 90.1[J/OL]. ASHRAE Journal, 2013: 33. http://eley.com/sites/default/files/pdfs/033-045-Rosenberg-

WEB.pdf.

[8] Richard K. Lester, David M. Hard. Unlocking Energy Innovation: How America Can Build a Low-Cost, Low-Carbon Energy System[M]. Cambridge, MA: MIT Press, 2011: 96.

[9] Jeffrey Rissman. It Takes a Portfolio: A Broad Spectrum of Policies Can Best Halt Climate Change in Electricity Policy[R/OL]. Electricity Policy, 2016. http://energyinnovation.org/ wp-content/uploads/2018/01/2016-08-18-Broad-Spectrum-Published-Article.pdf.

[10] Amory Lovins. Energy-Efficient Buildings: Institutional Barriers and Opportunities[R/ OL]. E Source, 1992. http://energyinnovation.org/wp-content/uploads/2014/12/Energy-Effiient-Buildings-Institutional-Barriers-and-Opportunities.pdf.

[11] Appliance Standards Awareness Project. Average Household Refrigerator Energy Use, Volume, and Price over Time[R/OL]. 2016. http://www.appliancestandards.org/sites/ default/files/refrigerator-graph-Nov-2016.pdf.

[12] Marianne DiMascio. How Your Refrigerator Has Kept Its Cool over 40 Years of Efficiency Improvements[EB/OL]. Appliance Standards Awareness Project, 2014. https:// appliance-standards.org/blog/how-your-refrigerator-has-kept-its-cool-over-40-years-efficiency-improvements.

[13] Jeffrey Rissman, Maxine Savitz. Unleashing Private-Sector Energy R&D: Insights from Interviews with 17 R&D Leaders[R/OL]. Energy Innovation Council, 2013: 32. http:// energyinnovation.org/wp-content/uploads/2014/06/unleashing-private-rd-jan2013.pdf.

[14] U.S. Government Accountability Office. Long-Standing Problems with DOE's Program for Setting Efficiency Standards Continue to Result in Forgone Energy Savings[R/OL]. 2007. http://www.gao.gov/new.items/d0742.pdf.

[15] Shui Bin, Steven Nadel. How Does China Achieve a 95% Compliance Rate for Building Energy Codes? A Discussion about China's Inspection System and Compliance Rates[R/ OL]. American Council for an Energy-Efficient Economy, 2012. http://aceee.org/files/ proceedings/2012/data/papers/0193-0002B61.pdf.

[16] National Renewable Energy Laboratory. Property-Assessed Clean Energy (PACE) Financing of Renewables and Efficiency[R/OL]. 2010. https://www.nrel.gov/docs/ fy10osti/47097.pdf.

[17] Clean Energy Works. Inclusive Financing for Efficiency Upgrades[EB/OL]. https://drive. google.com/file/d/0BzYyDNPW3cwwOFBzc3NyTTF2MEE/view; American Council for an Energy-Efficient Economy On-Bill Energy Efficiency[EB/OL]. 2012. https://aceee. org/sector/state-policy/toolkit/on-bill-financing.

[18] OECD. Green Investment Banks: Scaling Up Private Investment in Low-Carbon, Climate-Resilient Infrastructure[M]. OECD iLibrary, 2016. http://dx.doi.org/10.1787/9789264245129-en.

[19] Energy Performance Services. Title 24 Compliance[EB/OL]. [2017-12-19]. http://www.title24express.com/what-is-title-24/title-24-compliance/.

[20] California Energy Commission. Background on the 2013 Building Energy Efficiency Standards[EB/OL]. [2017-12-19]. http://www.energy.ca.gov/title24/2013stan dards/background.html.

[21] California Energy Commission. 2016 Building Energy Efficiency Standards for Residential and Nonresidential Buildings[R/OL]. 2016: 30. http://www.energy.ca.gov/2015publications/CEC-400-2015-037/CEC-400-2015-037-CMF.pdf.

[22] California Energy Commission. Building Energy Efficiency Standards Enforcement[EB/OL]. [2017-12-19]. http://www.energy.ca.gov/title24/enforcement/.

[23] California Energy Commission. 2019 Building Energy Efficiency Standards[EB/OL]. [2017-12-19]. http://www.energy.ca.gov/title24/2019standards/index.html.

[24] California Energy Codes and Standards: Title 24, Part 6 Stakeholders[EB/OL]. [2017-12-19]. http://title24stakeholders.com/.

[25] California Energy Commission. Public Participation in the Energy Efficiency Standards Update[EB/OL]. [2017-12-19]. http://www.energy.ca.gov/title24/participation.html.

[26] California Energy Commission. California's Energy Efficiency Standards Have Saved Billions[EB/OL]. [2017-12-19]. http://www.energy.ca.gov/efficiency/savings.html.

[27] California State Department of Finance. Gross State Product[EB/OL]. [2017-12-19]. http://www.dof.ca.gov/Forecasting/Economics/Indicators/Gross-State-Product/.

[28] California Energy Commission. California's 2016 Residential Building Energy Efficiency Standards[R/OL]. 2016. http://www.energy.ca.gov/title24/2016standards/rulemaking/documents/2016-Building-Energy-Efficiency-Standards-infographic.pdf.

[29] California Energy Commission. California's 2016 Residential Building Energy Efficiency Standards[R/OL]. 2016: 1. http://www.energy.ca.gov/title24/2016standards/rulemaking/documents/2016-Building-Energy-Efficiency-Standards-infographic.pdf.

[30] Michael McNeil, Ana Maria Carreño. Impacts Evaluation of Appliance Energy Efficiency Standards in Mexico since 2000 Technical Report. Super-Efficient Equipment and Appliance Deployment Initiative, 2015: 4. http://www.superefficient.org/~/media/Files/PublicationLibrary/2015/Impacts%20Evaluation%20of%20Appliance%20Energy%20Efficiency%20Standards%20in%20Mexico%20since%202000.ashx.

第七章

工业部门

当前，工业部门（包括农业和废弃物处理）的排放量达到 190 亿 $tCO_2e^{[1]}$。占全球温室气体年排放量的 38%。到 2050 年，工业部门排放量预计将增至 420 亿 t 以上 [2]。在不制定其他后续政策的前提下，到 2050 年工业部门排放量将占累计排放量的 49%[2]。工业部门也是驱动电力需求（电力需求排放量见第四章）的重要因素，约占全球电力需求的 44%，尽管到 2050 年这一比例有望下降至 36%[2]。

工业部门的排放可以分为两大类：用作能源的化石燃料燃烧排放和过程排放。过程排放是指工业生产过程中的排放，如水泥熟料生产和冶金煤焦化。此外，我们也将农业和废弃物处理行业的非能源排放划入过程排放。过程排放在工业排放中所占的比重相当大。工业生产过程年排放量至少为 100 亿 tCO_2e，其中，约 52 亿 t 来自农业、约 15 亿 t 来自废弃物处理行业、约 32 亿 t 来自传统的与制造相关的过程 [3]。

因此，工业部门减排既需要通过提高工业生产能效来减少能源需求，同时也需要消除工业过程排放。本章第一节将讨论如何提高工业能效，第二节将讨论工业过程排放的来源，以及如何实现工业过程减排。

工业部门深度脱碳对于实现气候目标至关重要。到 2050 年，提高工业能效可以实现 16% 的必要减排量，工业过程减排至少可实现 10% 的必要减排量（图 7-1）[1]。

---

[1] 由于四舍五入的影响，这些数据共占所需总减排量的 27%，如图 7-1 所示。

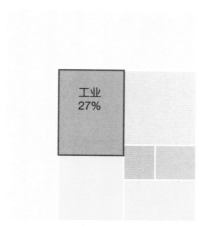

图 7-1　工业的减排潜力

数据来源：使用经国际应用系统分析学会（IIASA）许可的数据进行分析，这些数据可从 IIASA-LIMITS 情景数据库下载，https://tntcat.iiasa.ac.at/LIMITSPUBLICDB/dsd?Action=htmlpage&page=about。

第一节　工业能效政策

　　工业部门在世界经济发展中发挥着核心作用，占全球能耗的 **40%** 以上，超过任何其他部门，如电力、交通和建筑（住宅和商用建筑）[4]。在经济严重依赖制造业的国家，这一比例甚至更高，如 2014 年中国的工业能耗占其总能耗的 **69%**[5]。

　　由于工业部门在能源使用和污染物排放方面发挥着重要作用，因此在制定减少工业用能的政策时必须要谨慎。但是，与影响交通部门或电力部门的政策相比，围绕减少工业用能政策展开的讨论较少。这可能是因为人们对提高与工业能效相关的措施和技术不太熟悉，或者对此有一个错误的想法 [6]，认为工业设施的所有者已采取了一切可用的、具有成本效益的方法来减少工业用能。实际上，目前有许多技术可以减少工业用能，通常该技术也可以节省资金，存在巨大提高工业能效的潜力，且成本通常低于其他行业的能效提高措施[7]。工业能效政策至少可为 2050 年的 2℃目标贡献 16% 的减排量（图 7-2）。

图 7-2　工业能效政策的减排潜力

数据来源：使用经国际应用系统分析学会（IIASA）许可的数据进行分析，这些数据可从 IIASA-LIMITS 情景数据库下载，https://tntcat.iiasa.ac.at/limits publicdb/dsd?Action=htmlpage&page=about。

一、政策概述与目标

以下八种关键类型的政策相结合可以帮助有效减少工业用能，并加速能源经济清洁转型：设备标准、教育和技术支持、融资、财政激励、强制性目标、普及能源管理系统、对能源审计和能源管理人员提出要求以及研发扶持政策。这些政策有助于工业部门将资金投入能够推动工业节能并快速回收成本的高质量的设备之中，以便提高相关企业的长期竞争力。

（一）提高工业能效的技术和措施

尽管本节主要讨论的是提高工业能效的政策和项目，但对一些能够实现工业节能的主要机制进行梳理也颇为重要。如果不具备这方面的知识，就无法明确这些政策旨在鼓励哪些措施，无法充分理解为制定好政策所作出的努力。

尽管各个行业制造的产品各不相同，但不同行业也会用到类似的设备和工艺。例如，所有行业都会用到电机，大多数都有泵机，都有加热或冷却的需求。因此，可能需要对某些措施进行适当调整，以适应特定设施的具体条件或要求。但也有一些措施适用于多种工业设施。以下将对这些措施加以介绍。

1. 废热利用

在美国，工业部门使用的 20% ～ 50% 的能源以废热气、冷却水等废热的形式浪费，或者以热设备表面和加热产品的热损失形式浪费 [8]。但是这些来自高温废气和高温水的热量可以通过各种方式得到回收利用。这些热量可用于上料预热（进入系统的物料，如助燃空气或锅炉给水），这样在物料进入系统之后，为提高其温度所需的燃料量就会相应减少 [8]。另一个常见的应用是使用废热来驱动发电机以为工业设施发电 [8]。利用余热发电的设施有时被称为"热电联产"或"热电联合系统"。还可以通过在设施中安装吸收式冷却器（一种利用热能来驱动制冷循环的装置）来利用废热制冷 [9]。

2. 适当规格的变速电机

工业设施将电机用于各种用途，如运移物料、运行装配线和控制设备。国际能源署的报告称，电机用电量足足占据了所有用电量的 40%，而我们至少可以节约其中 1/4 的用电量，进而减少 10% 的全球电力需求 [10]。我们可以通过多种技术来减少电机能耗。超出必要规格和功率的电机、风扇或泵机会导致能源浪费 [9]。确保不购买规格过大的设备可以降低购买电机的成本，同时节约能源。电机必须能够承受其峰值负载，因此通过工业生产过程设计，降低单个电机的峰值负载（如均衡组件间或长时间跨度的物料流），可以将电机更换为规格更小、更具能效的型号。

电机可以配备变速驱动器，也就是控制送至电机电量的设备，以调节电机的速度和扭力输出。变速驱动器可确保电机仅消耗完成其任务所需的功率，从而帮助节约风扇、泵机和某些其他应用的能耗。全球仅有不到

10% 的电机采用变速驱动器加以控制，因此目前仍然存在巨大的节能潜力
[11]。另一个方法是采用阀门来控制电机输出，相当于开车时一脚到底踩住
油门，同时通过刹车来控制速度。

3. 高效压缩空气系统和替代系统

工业设施使用压缩空气来执行诸多任务，如冷却、搅拌或混合物质，
运行气动缸，向包装中充气，清洁部件，去除碎屑等。压缩空气系统的固
有能效较低，最佳选择是在某些情况下采用其他机制代替压缩空气系统来
完成相同的任务。例如，在某些情况下，可以采用风扇或鼓风机、电机、
真空泵和刷子来代替压缩空气 [9]。在必须使用压缩空气的情况下，可以通
过以下途径来提高能效：经常检查过滤器并清除堵塞物；最大限度地减少
空气泄漏；使用多个带排序控制的小型压缩机，而不是一直处于运行状态
的大型压缩机；将系统维持在尽可能低的气压下（可使用增压器或缸套等
设备在需要更高气压的特定应用中增加局部气压）[9]。

4. 高效、规格合适的冷凝式锅炉

工业设施使用锅炉生产蒸汽，而蒸汽用于多种用途，如转动涡轮机或
加热水泥厂窑炉。除了废热利用（前文已讨论过）之外，还可采取其他多
种措施来提高锅炉能效：过程控制技术可以监测排出的气流，优化进入锅
炉的空气 / 燃料混合物的数值；减少空气泄漏和空气过量可以节约能源，
因为更多的能量将用于产生蒸汽而不是加热空气；确保锅炉不会超出必要
规格；用现代材料改善锅炉隔热性；定期清除部件表面上的污垢或结垢 [9]。
冷凝式锅炉从燃烧产生的蒸汽中提取能量，以提高系统的整体能效。此外，
多个锅炉还可以串联使用，在低负载条件下仅使用一个锅炉，而在高负载
条件下才启动其他锅炉。

5. 建筑升级（照明和暖通空调系统）

工业企业可以通过升级建筑物的照明和暖通空调（HVAC）系统来实
现节能。通过采取将灯泡替换为节能灯泡（如 LED）、使用照明控制系统、
仅照亮需要光线的区域并更多地应用自然采光等措施，可以提高照明能效。
通过提高建筑物或管道隔热和空气密封性、升级为能效更高的暖通空调设

备以及在非工作时间降低建筑物的温度，可以提高暖通空调能效。工业自动化为减少照明和暖通空调用能提供了独特的机会，因为只有工厂里有工人工作时才需要房屋设备服务。日本机器人制造商 FANUC 是工厂自动化的先驱企业，它的一个工厂可以在无人工干预的条件下持续运行 30 天。FANUC 副总裁 Gary Zywiol 表示，"这个工厂不仅不需要照明，还关闭了空调和供暖设备。"[12]

6. 齿型带

工业部门在生产过程使用传动带来推动部件之间的转动运动。其中，齿型带（内径有带齿）的效率更高，运行温度也更低，并且与下表面光滑的传统传送带相比更耐用[9]。

7. 智能监测和控制系统

工业设施可以使用计算机硬件、软件和传感器来监测和优化建筑系统及工业设备用能。这些系统可以帮助工厂运营商快速探测能源浪费现象。如设备的能耗是否超过预期水平、设备在待机模式下是否仍在消耗能量或设备是否需要维护等[13]。最先进的"智能"控制系统会使用复杂的学习算法以实现更高的节能水平。

8. 能源管理系统

除了智能监测和控制系统之外，工业部门还可以使用能源管理系统。能源管理系统并非一项特定技术，而是公司遵循的一个内部治理体系或流程，旨在"系统地追踪、分析和减少能源需求"。[14] 最广为人知的能源管理系统指南是能源管理体系（ISO 50001），是由国际标准化组织制定的一套要求，包括一个涵盖以下内容的能源规划流程：设置基准用能水平、确定能源绩效指标、设定目标、制订行动计划以及进行定期检测和内部审计[14]。采用能源管理系统有助于确保公司在通过运营和投资实现其他各种目标的过程中不会忽视节能。

9. 循环经济设计

"循环经济"一词是指在第一个用户完成产品后，将产品和材料重新用于最合适的用途。工业部门可参与这一过程中的各个阶段[15]。

①仍处于良好工作状态的产品可以传递给另一位用户，工业部门可以通过设计高耐用性和使用寿命长的产品实现这一目标；

②破损产品可以进行修复而不是更换，工业部门应当使产品可以打开并取出零部件，并保证部件可拆卸以及使用符合市场统一标准的部件，或制造可互换的部件等；

③磨损或损坏程度过于严重而无法修理的产品可以送回生产商进行再制造或翻修，工业部门可以制订旧设备回收或回购计划；

④损坏严重或落后且无法翻修的产品可以进行回收利用，工业部门可以通过设计具有可回收性的产品和利用回收材料制造新产品来提供协助。

（二）提高工业能效的政策

政策制定者可以采取各种措施来鼓励或要求工业部门采取更强有力的能效措施。

1. 设备标准政策

许多类型的设备可通用于不同工业部门，可以通过与建筑构件或家用电器能效标准相类似的能效标准来加以管理。标准会规定最大能耗或设备必须达到的最低能效，如美国能源部已经规定了针对电机、泵机、商用锅炉以及工业设施中使用的各种其他类型的设备的强制性能效标准[16]。由于存在多种不同类型的设备，合适的标准可能非常复杂。例如，美国已经为三种类型的电机（可细分为多达 25 种马力类别，并且可以根据极点配置、是敞式电机还是封闭式电机做进一步划分）制定了不同等级的标准[17]。此外，制定的设备标准应适用于国内生产的设备和进口设备。

2. 教育和技术支持政策

政府可以提供与能效方案相关的培训，并在实施上述能效解决方案的过程中提供技术支持。最适合负责这一工作的机构应是拥有深厚能效措施专业知识的管理机构。这些机构可以重点为从中最能受益的行业或公司提供服务，如拥有巨大节能潜力或需要教育和支持的行业或公司。自愿计划必须强调具有成本效益，即具有合理的投资回报期的节能措施，并且应当能够根据工业设施的运营时间和资本投资周期进行升级。同时，应对节能量进行测量及核查，以确保参与该计划的行业能够实现预期的节能水平，并向公众保证其参与的政府计划正在逐步降低能耗和排放[18]。

教育和技术支持对于缺乏技术专业知识的发展中国家而言尤为重要。例如，工业生产力研究所（Institute for Industrial Productivity）指出，印度铸造厂存在"技术陈旧、管理不善和资金匮乏"等棘手问题。为当地提供能源审计培训，并与铸造厂所有者召开会议，是该研究所协助铸造业进行改造的关键举措[19]。

3. 融资政策

许多工业能效措施需要通过前期投资来购买或升级资本设备。即使这些投资具有合理的回收期，一些公司可能也难以负担设备的升级成本。政府可以通过提供低息融资来降低投资难度。例如，政府可以设立一个基金向工业部门提供低息贷款以用于能效改造和升级，在某一企业偿还贷款后，偿还的资金将对该基金进行补充，而这些资金之后也可用于向其他企业提供贷款。政府还可以直接发放贷款，也可以向商业银行提供资金允许他们进行转贷[20]。

另一个类似的方法是建立一家绿色银行（政府资助的组织，以利用公共资金来撬动私人投资）。绿色银行可能会与商业贷方合作为能效项目提供资金，也可以为借款人提供更优惠的利率，或向可能无法通过其他方式获得商业贷款的借款人提供更多的信贷机会[21]。

政府可以考虑通过基金或绿色银行发行绿色债券，以对工业能效项目提供初始资金支持。绿色债券与其他债券类似，但它们仅针对特定的具有环保效益的项目[22]。

许多公司可能缺乏选择、安装和监测能效升级项目所需的专业知识。为了帮助这些公司，政府可以指导获得融资的公司与节能服务公司（ESCO）合作，并为客户设计和实施节能项目。并可以为作为融资对象的企业处理能效升级项目相关的许多技术问题，从而帮助其简化能效升级过程。

4.财政激励政策

通常情况下，即使能效升级能够通过节能回收成本，工业部门也很难获得进行能效升级所需的前期资金。例如，在许多情况下，企业会将资本预算与运营预算划分开来。由于节能效益被计入运营预算，但能效升级却是通过资本预算进行支付的，因此工业部门往往会发现很难从财务的角度为能效升级投资提供具有说服力的理由。而财政激励政策可以帮助工业部门克服这一障碍以及一些其他障碍，比如在两个具有相同吸引力的投资方案之间做出选择。

政府可以使用财政奖励或处罚来激励企业采取能效措施。例如，在中国，国有电力公司向单位产品用电量较高的公司收取较高的电费，从而使那些降低单位工业产品用电量的企业提高了成本效益。同样，政府要求金融机构在向工业部门提供信贷和贷款时将能效考虑在内，从而降低了了高能效公司的融资成本 [23]。这一措施应当仅限于为能效升级以外的项目融资，以免妨碍其达到设定的能效目标。

偏向于采取更直接方法的政府可以为企业报销部分能效升级（如新锅炉或废热利用系统）成本。例如，在"十二五"规划期间，中国政府为设备实现的节能量提供 200～300 元（约合 30～43 美元）/tce 的节能补贴 [23]。

政府可考虑采用分等级的财政激励结构，在这样的结构下，公共资金仅在特定的市场和项目条件下提供给企业 [24]：

①对于可以获得合理利率的商业融资并由贷方进行合理监督的项目，政府的奖励资金可能并非必要；

②当商业融资不符合成本效益时，政府可能尝试改革金融体系的贷款条件，以消除融资面临的结构性障碍，使商业贷方能够以具有成本效益的方式承担这些项目；

③对于仍然因为风险过高而无法以工业部门可负担的利率获得商业融资的项目，政府可以与私人贷方合作，使用风险分担机制，利用政府资金来撬动部分私营部门资金；

④对于具有公共价值且即使在风险分担情况下也无法吸引商业贷方兴

趣的项目，政府可以考虑成为财政激励的唯一提供者。

财政激励政策应当结合强有力的能源使用数据监测和报告，以确保仅在实现节能时提供激励。

5. 强制性目标政策

政府可以针对特定行业或全经济范围制定具体的能源或碳强度目标。例如，中国政府在"十二五"规划中要求，2010—2015 年全国能源强度（单位 GDP 能耗）下降 16%，单位工业增加值能耗下降 21%[25]。中国政府制定了为实现这些目标采取的 50 多项具体措施，其中许多措施由各省政府负责实施 [26]。

目标应当雄心勃勃，同时在技术上也应是可以实现的。一种方法是以本国或全球能效最高的设施为基准来制定目标，以确保商业市场中存在能够满足目标的技术。例如，2010 年日本推出了一项计划，要求工业部门每年提高 1% 的能效，主要子行业（如钢铁、水泥）的企业要求达到性能排名前 10% 或 20% 的企业能效水平 [26]。同样，荷兰通过与行业部门协商能效基准协议来制定强制性的能效目标，即在全球跻身前 10%[27]。遗憾的是，荷兰的计划未实现其目标，因为其工业能效每年仅提高了 0.5%，不足以使荷兰工业部门达到前 10% 的目标 [28]。

目标应当确保技术中性，允许企业自行确定降低能源强度的成本最低的方法。反映设施全范围的性能目标在鼓励采用综合设计的方面尤为有用。综合设计是一组聚焦于通过更好地连接不同组件（如通过风道或管道系统）来提高能效的原则 [29]。如果政策仅考虑基础组件本身（如锅炉）的能效，而不考虑组件之间运移物料时的能量损失可能会错失节能机会。

许多政府选择了自愿目标而非强制性目标。非强制性目标与强制性目标存在诸多相似之处，倾向于向参与的企业进行宣传或提供其他奖励来助其达成目标，如获得特殊税收抵免的资格，丹麦和荷兰即采用这样的方法。从政治的角度上来看，自愿目标更容易制定，但效力往往不及强制性目标。美国的"天然气之星计划"是有关工业能效和甲烷逃逸的自愿项目的案例 [30]。

6. 普及能源管理系统政策

政府可以将建立能源管理系统的要求纳入国家或地方的计划或规范。国际标准能源管理体系（ISO 50001）可帮助政府简化这一过程，主要方式为降低设计和制定能源管理规则或实施导则并将其编撰成法律条款，或统一不同司法辖区的标准（使跨国公司更容易达标）。例如，日本的节能法特别将 ISO 50001 作为参考达标机制，加拿大为符合 ISO 50001 标准的企业提供各种激励措施，如费用分摊支持和培训机会[31]。

7. 能源审计和能源管理人员认证政策

政府可以要求企业进行能源审计，由能源管理专业人员审核当前用能情况，并识别改进机会。这些要求对于想要参与政府能效升级融资项目的企业尤其有用，首先应制定基准用能水平和识别改进机会，其次要核验目标是否得到实现。政府还可以制定针对能源管理人员或审计人员的要求。目前存在多个针对能源管理专业人员的认证计划，这些计划由能源工程师协会等组织负责运营。

8. 研发支持政策

多种政策都可以为企业开展改进产品研发和改进流程提供支持。后文将专门探讨研发支持政策，这里不再赘述。

二、政策应用

大多数国家、州和省都有工业设施，因此都可以受益于工业能效政策。但是，鼓励工业能效的合适政策取决于该地区的工业化和发展水平。

（一）最低收入国家

发展程度较低的国家的工业部门可能严重依赖人力劳动，如自然资源开采业、水泥和其他建筑材料制造业、纺织品和服装业以及造纸业。这些国家的工业设施设备较为陈旧、价格低廉且效率低下，从而为工业部门提供了巨大的升级动力。但是，这类国家的资金和融资机会也可能非常稀缺，并且需要以高价格进口更高效的设备，因而国家难以负担昂贵的升级费用。政府要求提交准确用能报告或执行标准的能力可能较弱。

在这类国家，将教育或技术支持与融资政策相结合可能是最佳的政策选择。即便无法进行资金投入，有关正确维护设备和改进操作的培训也可以节约部分能源。许多行业部门在没有补助金支持的情况下无法购买升级设备，并且可能难以获得信贷，因此政府需要制订能效升级融资计划。融资计划应由政府或经过行业认证的节能服务企业提供技术支持，以确保资金使用得当，并能够实现合理的能效升级。一些国家可能通过国际援助或发展资金来支持其工业能效计划。

这类国家还可以考虑针对特定组件（如电机）制定设备标准政策，并在组件进口或制造阶段执行这些标准。采用设立了专业监管机构的更发达国家制定的标准可能比从头开始制定大量的技术标准更为有利。

财政激励和强制性目标政策对这类国家而言并非一个很好的选择，因为财政激励政策可能难以筹集资金，且难以确保只在适当的情况下才提供激励，强制性目标需要强大的监管能力，而这对于这类国家来说可能并不现实，且企业所有者可能会发现在没有融资支持的情况下，为满足强制性目标而进行的必要升级在经济上是不可行的。

（二）中等收入国家

这类国家包括脱离了对农业和自然资源开采业的依赖、在实现经济多样化方面取得长足进展的发展中国家。在这些国家中，制造业和重工业往往占据着重要地位，其城市化水平更高，人均能耗高于低收入国家。采用强有力的工业能效政策对于中等收入国家尤为重要，因为它们可能拥有充足的工业资本，但其中大部分却效率低下。

财政激励和技术支持政策在中等收入国家仍然有用武之地，尽管重要性不及在低收入国家那么明显。这是因为中等收入国家的工业部门可以通过非政府渠道获得更多资金，且私营部门拥有更多专业知识。现有设备的低效本身就为升级提供了重要的财政激励。

中等收入国家正处于建立良好工业实践的重要阶段。针对能源管理系统的激励或要求，如 ISO 50001，可以被纳入国家或地方的目标或政策。同样，针对能源审计和能源管理人员认证的要求可确保有效识别并实现节能。

处于这一阶段的国家政府至少能够针对大型工业设施建立运作良好的能源报告和监测体系，这就提供了使用强制性目标的可能性。强制性目标非常适合中等收入国家，因为它们清晰明了且并不规定具体技术要求，因而更容易遵守和执行。只要能源监控系统能够防止欺诈行为，财政激励（如针对能效较低的设施实施较高电价）也不失为一种选择。在资金充足的情况下，为高效设备（如高效锅炉或空气压缩机）提供资金回报也可能是一个合适的选择。

（三）高收入国家

随着国家的不断发展，其经济结构可能开始从制造业转向服务业。然而，国内可能仍然保留了重要的制造业，特别是从资本密集、高度精练的生产工艺（如涉及机器人和工厂自动化的生产过程）中受益的高价值产品。汽车制造就是一个很好的例子。

对于高收入国家而言，融资和技术支持政策的重要性相对较弱，因为这些国家拥有强大的银行和金融系统，能够为寻求设施升级的企业提供信贷。同样，他们通常拥有高质量的培训计划和吸引其他国家技能人才的能力，从而降低了（但并非消除）对工业教育和技术支持的需求。

设备标准对于高收入国家而言非常有效。这些国家有能力制定稳健、雄心勃勃并可以实现的标准，并随着技术的发展逐步收紧这些标准。设施层面的强制性目标可以对各个设备部件的具体标准进行补充，有助于捕捉具体标准未能抓住的能效机会，如通过综合设计能够实现的能效目标。高收入国家最适合的政策是财政激励（如为高能效设备提供补贴）。补贴和标准可以相互补充，补贴为购买市场上能效最高的型号提供了动力，而能效标准倾向于通过消除性能最差的产品来提高市场落后产品的能效。

高度发达的国家往往会进口许多制成品。由于温室气体排放的影响具有全球性，进口商可能正将一些排放量转移至海外。向制造这些产品的发展中国家提供财政和技术援助，促进这些国家实施工业能效计划，在某些情况下与提高本国工业能效政策相比，其减排成本更低。

三、政策设计建议

（一）政策设计原则

1. 创建长期目标，为企业提供确定性

在不增加过多的设备成本并不影响设备其他性能特征的前提下，工业设备制造商可能需要数年时间才能研发出减少用电量或燃油消耗的改进设计。企业需要有充足的时间来进行必要的研发、寻找投资和对生产线进行调整。如果相关标准一次仅能覆盖短短数年时间，企业可能无法确定未来数年内标准是否会变得更加严格，这意味着企业无法知道对近期改进的适度投资是否足够充分，或者对新技术或重大设计变更的重大投资是否物有所值。

企业必须经常投入大量资金来改进设施，它们可以通过持续多年的产品生产和销售来收回这些设施的成本。标准的长期确定性可以帮助企业将资本升级周期与标准变更保持同步。

财政激励，尤其是融资计划也需要覆盖较长时间，以保证行业在制订资本设备预算计划（可能覆盖未来数年时间）时可以利用这些融资。融资的可用性和确定性能够降低风险，有助于企业所有者计算出哪些升级具有意义，并可能节省资金或提振股东信心。

2. 建立内在的持续改进机制

持续改进机制对于能效标准尤为重要。能效标准的目的是消除市场上性能最差的产品，进而逐步提高整个工业部门的能效。如果随着时间的推移，标准并未通过更新而变得更加严格，那么其在推动能效提升方面将收效甚微，且无法实现其目的。因此，可以根据已公布的时间安排对标准进行定期审核，或者以商业化、性能最佳的工业设备为标准进行改进。

3. 标准侧重于结果而非技术

在可行的范围内，考虑到工业设备类型的多样性，标准应当保持技术中性。例如，标准应基于受监管设备类型的性能特征，而不是设备的设计特性。这一政策设计原则也适用于强制性目标。强制性目标应设定设施或单位产出的总体用能要求，以便企业灵活地识别用于实现目标的技术和工艺。

4. 确保经济激励具有灵活性

企业有时无法盈利，这可能是由于销售额较低，或管理层决定将收入重新投入扩大制造能力方面或者其他因素。如果旨在提高能效的财政激励以不可退回的抵税额度的形式提供，那么若扣除抵税额后可纳税收入额不足，企业则无法利用这些激励措施；若以补贴、现金补助或低利率贷款的形式提供激励，则其可供更多的制造商所用。

（二）其他设计考量因素：避免诱发泄露或转移

与其他部门（交通、建筑、电力或土地利用）相比，工业部门能够更轻易地通过将业务转移到其他司法辖区来逃离政策的管控。这一现象通常被称为泄漏或迁移。因此，设计鼓励工业能效的政策制定者必须对财务成本保持谨慎。对于提供"胡萝卜"的政策，如低成本融资、技术援助、高能效设备退税等，没有必要担忧泄漏问题。精心设计的设备标准将强制要求购买具有合理投资回报期的设备，这是一项有益的投资，通常也不会引起行业迁移。对使用大量能源的行业施以经济处罚最有可能导致泄漏。

生产迁移是一个重大的决定，许多因素会影响企业的决策，如熟练工人的可用性、投入、运输成本等。鼓励工业能效的政策，即便是对低能效行业施加适度处罚的政策，也不太可能成为导致生产迁移的主要原因。在设计政策时将"胡萝卜"和"大棒"作为一个整体与行业利益相关者进行交流可能有助于获得行业认可，降低泄漏风险。

从长远来看，减少迁移的最佳方法是创造有利于行业发展的当地环境。例如，针对基础设施的强劲投资和通过培训计划确保熟练工人的可得性（如德国的双元制职业培训）[32] 有助于使行业留在国内并进行能效投资，而不是迁至无须进行能效投资的地方。

四、案例研究

（一）中国的万家企业节能低碳行动

中国的万家企业节能低碳行动是全球规模最大的节能政策项目。这是中国在 "十二五" 期间推出的一项计划，旨在降低工业能耗。该计划覆盖了 "总能耗量约为 20 亿 tce 的 16 078 家企业，约占中国工业总能耗的 87%，占全国总能耗的 60%"。[33]

该行动包含许多具体政策，如加强对能源管理负责人和相关人员的培训、能源审计和能源利用状况报告制度、各省按要求制订具体节能目标、为节能改造提供财政激励和融资支持以及促进与节能中心等服务机构的合作等。该行动的目标是 "十二五" 期间（2011—2015 年）万家企业实现节约能源 2.5 亿 tce[33]。这一目标还分解落实到企业，不达标会受到处罚[34]。2010—2014 年，中国的工业能源使用量增长了 28%，这一速度要低于同期的经济增长率。在该时期内，中国单位 GDP 能耗下降了 14%[35]。中国国家发展改革委宣布，在目标期内，万家企业节能低碳行动节约了 3.09 亿 tce，实现了计划目标的 121%[36]。

除了实现了单位 GDP 能源强度的降低，实现整体工业部门的节能对未来的中国至关重要。

（二）美国的卓越能效计划

美国的卓越能效计划（United States's Superior Energy Performance program）是一项自愿行动，旨在为提高能源效率的行业提供帮助并授予能效认证。该计划于 2010 年进入试点阶段，于 2012 年在全美范围内启动。为了参与这一计划，企业必须建立并运行能源管理系统，并遵守国际标准化组织制定的标准。没有能源管理经验的企业必须证明其至少实现了 5% 的节能，拥有丰富能源管理经验的企业必须在 10 年内实现 15% 的节能。能效提高程度决定了该企业是否能够获得"银牌"、"金牌"或"白金"认证 [37]。

该计划包括强大的教育和培训内容，提供面对面培训和基于网络的工具和资源 [37]。

最终，设施能效在 3 年内提高了 5.6% ～ 30.6%。设施能源支出超过每年 200 万美元的公司投资回报期通常不到一年半 [38]。

卓越能效计划目前正通过新的 ISO 50001 标准进行补充 [39]。与原计划相比，这一补充计划的要求较低，旨在吸引更多的参与者。

卓越能效计划的弱点在于其自愿性质。事实上，除了设备能效标准之外，所有美国工业能效计划都是自愿计划的，仅要求企业遵守《清洁空气法》下的新污染源性能标准 [40]。但是，对于工业设施而言，这些标准针对的是非 CO_2 排放 [41]。而除了提高能效之外，还有许多方法可减少非 CO_2 排放。

（三）保加利亚能效与可再生能源基金

2004 年，保加利亚设立了一个循环基金，用于为能效项目融资。这一基金最初称为"保加利亚能效基金"，2011 年该基金的获取资格扩展至分布式可再生能源项目，因此更名为"保加利亚能效与可再生能源基金"（Bulgarian Energy Efficiency and Renewable Sources Fund，EERSF）。该基金的初始资金来自世界银行的国际复兴开发银行、奥地利和保加利亚政府以及保加利亚的私营公司 [42]。该基金通过三种机制为工业提供协助 [43]：

①作为贷方直接为工业提供融资，利率一般为 4.5% ～ 9%，获得融资的项目必须使用经过充分验证的技术，投资回报期为 5 年或更短；

②可以提供信贷担保，以降低私人贷方风险，从而帮助公司从私营银行获得融资，信用担保额占总信贷价值的 50% 或 80%；

③可以作为咨询公司直接向保加利亚的企业提供针对能效项目的技术援助，可以通过与节能服务公司签署合作协议来实现这一目标，目前已与 17 个节能服务公司签署了此类协议。

截至 2014 年 12 月，该基金已为 170 个能效项目提供资金或信贷担保，总金额达到 4 580 万列弗（约 18 667 万元人民币）。截至 2013 年 12 月，项目数量共计 160 个，每年节约 95.4 GW·h[43]。

五、小结

工业部门在全球能耗和温室气体排放中所占比重相当大。减少工业部门用能是向清洁能源经济转型的关键内容，政策制定者可以采取以下措施来加速这一进程：教育和技术支持、融资、财政激励、强制性目标和设备标准。这 5 种主要类型的政策组合可以产生最佳效果。从根本上说，这些政策有助于工业部门投资更高质量的设备，实现节能并快速收回成本，从而增强相关企业的长期竞争力。作为既能增强经济力量又能降低排放的政策，工业能效政策几乎适用于所有国家，尤其是那些需要在实现减排的同时促进长期经济发展的国家。

第二节　工业过程排放政策

工业过程排放反映了由于工业生产以非能源方式向大气中排放的温室气体，天然气从管道中逃逸、动物肠道发酵产生甲烷等过程都属于过程排放。就本节而言，尽管一些报告对这些经济活动进行了不同的分类，农业和废弃物处理也分别被视为不同的行业，但大多数与能源有关的排放都由 CO_2 组成，而工业过程排放则包括 CO_2、甲烷（CH_4）、氧化亚氮（N_2O）和各种具有极强全球升温潜势的含氟气体（通常被用作制冷剂和喷射剂）。

在许多国家，工业过程排放在工业温室气体总排放中占很大比例。图 7-3 显示了中美两国与能源直接相关的行业中工业过程排放的基本情况，给出了工业在热电行业排放中所占的比重以及非工业排放量。

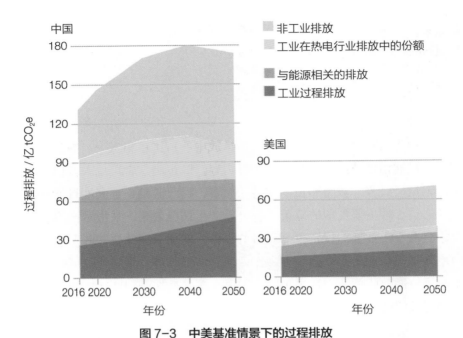

图 7-3　中美基准情景下的过程排放

注：能源政策模拟模型，能源创新政策与技术公司，2018 年 1 月 10 日，https://energypolicy.solutions.。

　　美国 2016 年的工业过程排放量为 16 亿 tCO_2e，相当于所有工业排放量的 55% 和全经济范围排放总量的 24%。中国的工业过程排放量为 26 亿 tCO_2e，但这仅占工业排放量的 28% 和全经济范围排放总量的 20%。中国工业过程排放量在全经济范围排放总量中的比重较小，这是因为中国的工业能效低于美国，中国的工业结构中重工业占比较大，中国的最终能源使用中煤炭的使用占比较高。

　　工业过程减排的部分挑战在于产生排放的方式多种多样。尽管目前存在许多跨行业技术可以实现多个不同行业的节能，但工业过程减排措施通常必须针对特定类型的工业生产过程。

　　幸运的是，大多数工业过程排放都来自为数不多的几个过程。如图 7-4 所示，2010 年全球近 90% 的工业过程排放来自 9 个排放源。由于排放高度集中在数量有限的几个过程中，因此少数几项技术和政策便可以对工业过程排放产生巨大影响。

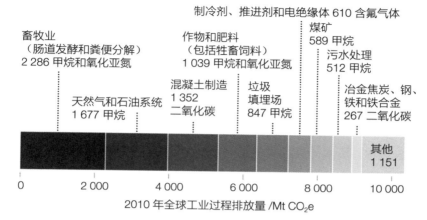

图 7-4 9 个工业过程主导全球的工业过程排放

注：①《全球人为非 CO_2 温室气体排放：1990—2030 年》，美国国家环保局，2012 年，https://www.epa.gov/global-mitigation-non-co2-greenhouse-gases/global-anthropogenic-non-co2-greenhouse-gas-emissions；②《2014 年气候变化：减缓气候变化》，2014 年，第 749 页。

　　解决工业过程排放至少可为 2050 年的温控目标贡献 10% 的减排量（图 7-5）。

图 7-5 工业过程排放政策的减排潜力

数据来源：使用经国际应用系统分析学会（IIASA）许可的数据进行分析，这些数据可从 IIASA-LIMITS 情景数据库下载，https://tntcat.iiasa.ac.at/limits publicdb/dsd?Action=htmlpage&page=about。

一、政策概述与目标

鉴于全球大多数工业过程排放都来自有限范围的一系列活动，如果我们聚焦于以下特定类型的排放，则减排行动将发挥最大作用并产生最大影响，即动物肠道发酵和粪便分解，油气系统甲烷逃逸，水泥熟料生产，土壤排放、水稻种植和化肥施用，垃圾填埋场产生的甲烷，制冷剂的使用，煤矿甲烷逃逸，废水处理产生的甲烷，用于钢铁生产的冶金焦炭。现有的应对这些类型排放的政策——监测和报告要求、性能标准、碳定价以及财政和技术援助等，有助于实现上述各个过程的减排。目前成功的案例包括《蒙特利尔议定书》（2016 年扩展至制冷剂），以及美国加利福尼亚州和津巴布韦提倡的使用厌氧消化装置的甲烷减排行动（后文将对此进行讨论）。

（一）工业过程减排的技术和措施

以下将讨论图 7-4 中所示的各个排放源的过程减排技术和措施（按照全球工业过程排放量由高到低的顺序）。

1. 畜牧业减排措施

畜牧业通过两种机制产生温室气体排放——粪便分解和肠道发酵。细菌会逐步消耗粪便中的营养成分，在这一过程中，若粪便未得到有效处理，作为细菌新陈代谢副产物的甲烷就会释放出来。降低这些排放的主要方法是在厌氧消化池中处理粪便，将生成的甲烷转化为电力。这一方法有利于环境保护，并且能够为农场或乳品厂的运营提供电力。厌氧沼气池是一种商业化技术，这使其成为极具前景的畜牧业减排方法。例如，2016 年美国加利福尼亚州通过了一项立法，规定从 2024 年开始对畜牧业温室气体排放进行监管，而相关立法机构目前正致力于部署厌氧消化池，将其作为实现这一州级目标的方法 [44]。

畜牧业排放的另一个甲烷排放源是肠道发酵。某些食草动物（反刍动物）有两个胃，它们首先将咀嚼和吞咽的植物送到第一个胃中，在这里细菌通过发酵过程分解动物吞食的饲料，甲烷作为这一过程的副产物被动物排出体外（主要是以打嗝的形式）；其次它们再将第一个胃中的物质返回口中重新咀嚼，并将其送至第二个胃中，最后再进入消化系统的其他部分。与非反刍动物相比，反刍动物将其饲料中的更多能量转化为甲烷。例如，奶牛等反刍动物可以将 5.5% ～ 6.5% 的饲料能量转化为甲烷，而对于马而言，这一比例约为 2.5%，猪则接近 0.6%（马和猪皆为非反刍动物）[45]。由于全球农业系统中牛的数量众多，每头奶牛都会食用大量的饲料，而且反刍动物具有高甲烷转化率，大部分肠道发酵的甲烷主要来自牛的排放。

现已提出多项技术来减少肠道发酵排放的甲烷，如改变动物的饲料类型、进食时间或进食量；在食物中添加补充剂；为动物接种疫苗，使其免疫系统攻击能够产生甲烷的细菌等。但这些实践都尚未发展完善或实现商业化使用。减少粪便分解和肠道发酵排放的甲烷的更直接的方法是，通过减少对肉类和乳制品的需求来减少农业系统中动物（特别是反刍动物）的数量。

2. 防止油气系统的甲烷逃逸

甲烷是一种强效温室气体，无色无味，是天然气的主要成分（人们熟悉的天然气气味是出于安全原因而添加的气味）。天然气在其经济生命周期中的任何节点都有可能发生逃逸，如产气井口、将天然气输送给客户的管道和仪表、客户自备管道、仪表后面的阀门或天然气燃具。

天然气逃逸很难杜绝。一个油气田中可能存在多达 100 万个连接件（如管道之间的接头、垫圈、阀门），即便是其中一小部分未实现完全气密，也可能导致高压气体逃逸[46]。部分城市的天然气管道可能已经有数十年的历史并埋在地下，难以依赖检测和修复来防止天然气逃逸。例如，美国波士顿市老化的铸铁管道每 10 年就会导致其损失价值 10 亿美元的天然气[47]。

尽管如此，目前已经可以使用各种技术来检测并最大限度地减少甲烷逃逸。红外摄像机可实现甲烷羽流的可视化，油田经营者可以采用配备摄像机的定期检测车辆设备检查是否存在逃逸点。目前也开发出从新钻井中捕集返排气体的技术，这一过程被称为"绿色完井"[48]（更多信息见本节"案例研究"部分）。相关研究发现，在美国来自石油和天然气生产设施的甲烷逃逸中，极大部分逃逸来自少数几个问题站点[49]，这为我们提供了通过解决这些问题获得巨额收益的机会。在某些情况下，修补逃逸点可以节省资金，因为流失到大气中的气体就是运输和出售给最终用户的产品。

3. 水泥熟料替代

水泥是混凝土的重要组成部分，也是世界上最重要的建筑材料之一。熟料是一种坚硬的物质，按重量计占水泥的 74% ～ 84%，具体比例因地区而异[50]。熟料是通过将石灰岩的主要成分——碳酸钙（$CaCO_3$）分解成石灰（CaO）和 CO_2 后产生的。在这一过程中，CO_2 被排放到大气中，石灰与二氧化硅、铝和其他物质发生反应，成为熟料的一部分[51]。

水泥熟料减排的主要方法之一是减少其在水泥中的比例。例如，飞灰（煤炭燃烧产生的废产物）等其他材料可以替代一部分熟料。然而为保证水泥具有理想的结构性质，熟料所占的最低百分比具有一定限制。据估计，熟料所占百分比可降至 70%[52]。

另一种减排方法是提高建筑质量和寿命，特别是对建筑标准可能低于发达国家的发展中国家而言。例如，中国住房的宜居时间可能仅为 35 年，而在许多发达国家住房的宜居时间可能达到一个世纪甚至更长，更何况中国许多建筑的寿命还维持不到 20 年的时间[53]。如果建筑、道路和其他基础设施每隔几十年便需要重建一次，则与建筑物持续一个世纪的情况相比，将需要生产更多的水泥，因而导致更多的过程排放。

4. 农田和施肥管理

种植作物时会通过土壤中有机物的分解作用和肥料施用产生温室气体排放。

随着作物的生长，有机物质被添加到土壤中，随后发生衰变释放出 CO_2 和甲烷。在种植作物前通常会进行耕作（翻地和松碎土壤），以使压实的土壤松散并混合养分。然而，这一过程会将有机物暴露在空气中，并加速其向大气排放。减少土壤耕作频率或避免耕作可以使更多的碳累积在土壤中，直到土壤在 20 ～ 25 年的时间内达到碳饱和。但是，减少或消除耕作会降低某些作物的生产力[54]。

在每年收获后，种植草皮或豆科作物作为冬季覆盖作物可以协助减少土壤中有机物的释放。此外，种植冬季覆盖作物还可能会减少下一种植期的肥料用量。为了保持碳存储，就必须持续地减少耕作并种植冬季覆盖作物。如果农田恢复至之前的耕作方式，储存的碳将被释放到大气中。

肥料施用会导致氧化亚氮的排放，因为植物仅能成功吸收肥料中的部分氮元素。目前已有一些技术可以增加植物对氮的吸收比例，包括经过改进的施肥方法和时机、减少肥料的施用量以及使用硝化抑制剂。硝化抑制剂是一种减缓铵（肥料分解过程中产生的 NH_4^+）转化为硝酸盐（NO_3^-，植物可利用的氮元素形式）速度的化学物质，可以使植物在氮元素挥发或浸出之前有充足的时间吸收更多的硝酸盐。

另外，水稻种植需要考虑几个特殊因素。由于世界各地的大多数水稻都种植在稻田中，在整个生长季都会周期性地被水淹没。当稻田被淹没时，土壤处于厌氧或缺氧的环境中，就会导致微生物在土壤中发酵有机物质并产生甲烷。

减少水稻种植过程中甲烷排放的关键方法是减少稻田被水淹没的时间。在生长季中期排干稻田中的水或进行干湿交替可大幅减少甲烷排放。这些做法是否会降低作物产量取决于土壤条件、气候条件、干湿交替技术以及水稻品种 [55]。然而，在一些自然条件下被水淹没的地区，因为农民无法准确地控制灌溉系统或稻田不够平整（由于干湿挖槽的形成），使以上方法可能无法得以实施。

5. 防止垃圾填埋场中的甲烷逃逸

在垃圾填埋场的厌氧条件下，有机物质分解会产生甲烷。甲烷占垃圾填埋气体的 50% 左右 [56]。减少垃圾填埋场甲烷排放的措施之一是通过在填埋场中钻井以及采用鼓风机或真空系统来捕集垃圾填埋气体，从而使其不被释放到大气中。这样一来便可以将这些气体采集到一个中心点，将其用于发电（通常用于为内燃机提供动力），或者直接用于替代另一种燃料（如天然气或煤）[56]。减少甲烷排放的另一种方式是通过降低食物浪费和堆肥等方法减少垃圾填埋场的有机废物 [57]，因为在堆肥过程中分解作用通常发生在有氧条件下，这样产生的甲烷比厌氧分解要少得多[58]。

6. 清除具有较高全球温升潜势的制冷剂

含氟气体是具有广泛工业用途的化学品，通常被用作制冷剂、喷雾罐中的喷射剂以及高压传输系统中的电绝缘体。许多含氟气体被用作消耗臭氧层物质（这类化学品破坏了地球的臭氧层，而且其中大部分物质已根据1987年颁布的《蒙特利尔议定书》被逐步淘汰）的替代物。虽然目前工业领域仍在使用的含氟气体不会破坏臭氧层，但其中许多是强大且长效的温室气体，因此它们对全球温升仍有重大影响。

工业过程中产生的大多数含氟气体最终被释放到大气中，如空调中的制冷剂可能会发生缓慢逃逸，或者在空调的使用寿命结束后制冷剂可能在被报废时被释放出来。减少含氟气体排放的一种方法是实现更好的系统密封性以防止逃逸，并制订针对含有含氟气体的旧产品的回收或回购计划。然而，最佳方法是通过在工业应用中采用其他替代化学品，从一开始避免产生含氟气体。最佳替代选择是既不会导致全球变暖也不会破坏臭氧层且仍支持系统高效运行的化学品，这类环保制冷剂包括 R-717（氨）、R-744（CO_2）、R-1270（丙烯）、R-290（丙烷）、R-600a（异丁烷）和 R-1150（乙烯）[59]。部分替代品具有自身的危险性（如丙烷高度易燃），但可以通过将不同的替代品应用于不同领域来降低风险。

2016年达成的《蒙特利尔议定书》基加利修正案要求逐步淘汰多种含氟气体，并采用危害较小的制冷剂和喷射剂予以替代，这也是本节后文所讨论的案例之一。

7. 控制煤矿开采过程中的甲烷逃逸

由于煤炭需要在地下经过数百万年的时间才能形成，因此煤层中也形成了甲烷。煤层气是指在这些煤层中形成的所有甲烷，而煤矿甲烷是指通过采矿活动释放的甲烷[60]。在地下矿井中，煤矿甲烷积聚会产生爆炸危险，对矿工构成危险，因此应采用脱气系统来收集并排放这些甲烷。甲烷也可能会从矿井通风系统中逃逸，且在煤矿被废弃后逃逸情况可能持续存在[60]。

控制甲烷逃逸的方法之一是采用相关设备来捕捉从煤矿中排放的甲

烷，尤其是从脱气系统中排放的甲烷（脱气系统中排放的甲烷浓度要高于通风系统）。矿井通风系统是煤矿甲烷排放的最大排放源，但高空气流速和低甲烷浓度（低于 1%）使我们难以采用具有经济效益的方式来捕集和利用这些甲烷[60]。捕集到的煤矿甲烷可用于经济生产，最常用于发电、区域供暖或用作锅炉燃料，也可以在煤矿矿区用于煤干燥、作为矿井锅炉燃料或其他用途[60]。

另一种方法是通过采取减少用煤的技术（如可再生能源）来减少煤矿数量，从而减少煤矿甲烷的排放。

8. 降低污水处理厂的甲烷排放

甲烷是在有机物质分解过程中，特别是在厌氧环境下产生的。发达国家的大多数废水在有氧条件下进行处理，因此很少直接产生甲烷。然而，如果管理不当，水处理后残留的生物固体可能会产生甲烷。而发展中国家通常是在厌氧条件下处理废水的，可以直接产生甲烷排放[61]。

生物固体可以在厌氧消化池中（前文在"畜牧业减排措施"中已进行讨论，后文会进一步讨论相关案例）进行处理，对于没有现代污水处理设施的发展中国家而言，最佳解决方案是修建集中式有氧污水处理厂，但前提是人口和基础设施可以支持这些设施。另外，对现有的厌氧污水塘进行改建并安装封盖和沼气捕集系统是一种简单且成本较低的措施。此外，重要的是确保员工接受培训，能够维护和有效运营这些设施[61]。

捕集的沼气可以进行处理并出售给天然气公司或用作车队车辆燃料，也可以作为燃料燃烧用于生产电力和热能，理想的情况是将沼气用于热电联产系统中[61]。

9. 减少钢铁生产中的冶金焦炭

大多数钢铁是在高炉或氧气顶吹转炉中生产的。这些熔炉用于将开采的铁矿石炼化成生铁或将生铁和各种合金炼化成钢。高炉以焦炭为燃料，焦炭是在隔绝空气的环境中加热煤粉所产生的物质，这一过程也被称为焦化过程[62]。焦炭既可用作化学还原剂（用于去除铁矿石中氧化铁中的氧元素），也可提供炼钢所需的高温环境[63]。

目前存在多项用于减少焦炭生产和使用的技术。电弧炉可在不需要煤炭的情况下提供炼钢所需的高温，但它们不提供可作为化学还原剂的碳，因此它们主要用于废钢再利用而不是炼铸新钢[63]。现代高炉设计可以减少生产一定数量钢材所需的焦炭量，而钢铁公司也正在开发相关技术，采用天然气代替焦炭作为炼钢中的碳源，从而抵消生产焦炭时产生的排放[64]。

（二）工业过程减排政策

我们可以使用各种政策来解决工业过程排放问题。其中，许多政策在本书的其他章节都进行了详细讨论，因此这里仅对其进行简要介绍。

监测和报告要求可能是应用某些政策的必要先决条件，如性能标准、财政激励或碳价政策。目前，只有少数工业设施会测量或追踪其过程排放。在无法进行直接测量的情况下（如农业经营）可以开发基于活动水平的数量和类型来估计过程排放的计算方式，如奶牛场中牛的数量、喂食的饲料及其粪便的管理方式。

在用能监管中，性能标准（如汽车消耗给定数量的汽油行驶的距离）可能是最为人熟知的政策，也可以应用于过程排放源。例如，政府可以强制要求垃圾填埋场捕集一定比例的垃圾填埋气，或者在水泥生产中使用的熟料不得超过一定比例。在天然气和石油行业，相关标准可以强制要求实施绿色完井，以减少井口的甲烷逃逸。煤矿需要遵守捕集和燃烧甲烷的相关要求。为了控制含氟气体，政府可以禁止使用特定的制冷剂和喷射剂。标准也可用来解决建筑质量和寿命的问题，降低重建建筑物所需的水泥量。

碳价（碳税或碳排放权交易制度将在第八章第一节中讨论）可以为企业提供财政激励，鼓励其寻找具有经济效益的方法来减少工业过程排放。当然，为了保证碳价政策的有效性，碳价不仅必须适用于与能源有关的排放，还必须适用于工业过程排放，而且不仅应对 CO_2 征税，还需对其他温室气体征税。

融资政策可以为企业购买不同设备或设备升级提供支持，如奶牛场可以使用厌氧消化池，或者重组装配线以便在冰箱和空调中使用含氟气体的替代品，还可以通过补助金、低息贷款、贷款担保、循环基金、绿色银行或其他机制来提供融资。

　　政府采购决策可以将全生命周期排放（包括工业过程排放）考虑在内。如果政府拒绝购买高排放制造商的产品（或对这些产品施加"影子价格"，削弱它们与以更环保的方式生产的产品的竞争力），就会鼓励想向政府出售产品的企业进行减排。这方面的一个成功的例子是美国加利福尼亚州的《采购清洁法案》[65]。

　　技术援助和培训项目可以帮助部分企业（特别是中小企业和农民）了解过程排放源和相应的减排政策。有关检查与维护规程的最佳实践信息有助于避免性能的逐年下降。技术援助对于发展中国家以及包含许多小生产者的行业可能尤为有用，如农业（畜牧业减排措施、农田管理）以及一些国家的水泥和废弃物处理行业。

　　针对产品或材料替代品的经济信号可以鼓励消费者从购买高排放产品转而购买低排放产品。例如，对精炼钢征税或对废钢炼钢发放补贴会增加电炉炼钢中废钢的比重，对反刍动物肉类征税可能会促使消费者转而购买非反刍动物或植物蛋白质。许多政策（详见本书其他部分的讨论）可以鼓励发电厂从燃煤发电转向其他电力能源。

二、政策应用

　　几乎每个国家都有农业或工业生产，因此各国都可以从某些政策的实施中受益，并应基于能够被改变的行业和实践的普遍性来选择应当重点关注的政策。例如，在快速城市化和存在建筑质量问题的国家中，优先选择的政策可能是建筑和基础设施质量强制规范，以延长建筑的使用寿命。如果一个国家仍在扩大其基础设施和建筑存量，则应制定强有力的建筑节能规范，避免因重建导致的成本和排放是符合成本效益的。对于已实现城市化且拥有高质量建筑存量的国家，这些政策就没那么重要了。

　　拥有巨大的天然气产量和旧天然气配送基础设施的国家（如美国），

应考虑实施应对甲烷逃逸问题的政策。拥有大规模煤矿开采业务的国家，应考虑解决煤矿甲烷问题的方法。任何生产制冷剂和喷射剂的国家都应当采用相应政策强制要求厂家从含氟气体转向更安全的化学品。

三、案例研究

解决工业过程排放问题的政策较为新颖，也有一些颇有助益的先例。

（一）《蒙特利尔议定书》

1. 背景信息

《蒙特利尔议定书》是 1987 年达成的一项具有里程碑意义的国际协议，自颁布后经过了多次修订（最近一次是 2016 年在基加利）。根据《蒙特利尔议定书》的要求，各国同意逐步淘汰持续破坏地球平流层中臭氧层的消耗物质，以保护臭氧层使地球表面免受有害辐射的侵害[66]。《蒙特利尔议定书》成功将 100 多种臭氧层消耗物质的排放量减少了 99% 以上[67]。

《蒙特利尔议定书》被广泛认为是最成功的国际环境条约。事实上，联合国第七任秘书长科菲·阿塔·安南（Kofi Atta Annan）表示，其"可能是迄今为止唯一一个最成功的国际协议"（在环境等领域）[68]。《蒙特利尔议定书》也是联合国历史上第一个被所有主权国家批准生效的条约[69]。

最初，《蒙特利尔议定书》主要针对两种气体，即氯氟烃（CFCs）和含氢氯氟烃（HCFCs）。这两种气体都会破坏臭氧层，并且都是强效温室气体。在这两种气体中，CFCs 的危害更大，其淘汰速度应比 HCFCs 更快。《蒙特利尔议定书》经过多次修订，以便将更多新化学品添加到受控物质清单中，并提前淘汰已列入清单的化学品[70]。

2016 年，基加利修正案对《蒙特利尔议定书》进行了修订，要求逐步淘汰氢氟碳化物（HFCs）[71]。这类化学品并不会对臭氧层造成破坏，但却是强效温室气体，它与此前淘汰的 CFCs 和 HCFCs 被用于某些相同目的（如制冷剂和喷雾罐喷射剂）。基加利修正案以及各国为遵守该修正案而采取的行动，可能是减少全球含氟气体过程排放的最佳政策选择。

2. 成功的原因

《蒙特利尔议定书》的成功是由多个原因促成的。

首先，臭氧层消耗背后的科学理论被公众广泛接受。1973 年，在科研人员发现 CFCs 可能导致臭氧层消耗后，制造 CFCs 和气雾剂的行业（特别是杜邦公司）进行了大规模的虚假宣传活动，试图质疑其产品与臭氧层破坏之间的联系 [72-74]。然而，1985 年在南极上空发现的臭氧层空洞 [75] 进一步佐证了这一科学理论，并证明这一问题的迫切性，从而催化了国际社会的行动。

其次，《蒙特利尔议定书》包括一个多边基金，发达国家可以通过该基金为发展中国家提供财政支持，以协助发展中国家杜绝使用 CFCs 和 HCFCs。该基金在促进逐步淘汰少数发展中国家仍在生产的最后一批 HCFCs 方面仍然具有重要意义 [76]。

最后，《蒙特利尔议定书》避免了被政治化。在美国，《蒙特利尔议定书》是共和党总统罗纳德·里根（Ronald Reagan）的最高环境成就，且得到了共和党和民主党各任总统的支持和强化 [77]。

3. 国家实施示例：美国和日本

作为一项国际条约，《蒙特利尔议定书》必须通过各个国家的法律支持方能生效。这也正是政策设计原则的应用实例。

例如，美国国家环保局通过"重要新替代品政策"项目来逐步淘汰 HFCs。根据该项目，美国国家环保局评估了针对各种不同用途的替代化学品，如用于灭火、家用冰箱和机动车空调系统的替代品 [78]，所考虑的因素包括臭氧损耗效应、气候变化、人体暴露和对人体的毒性、可燃性和其他环境影响。美国国家环保局采用了一个比较风险框架，即不要求这些物质杜绝所有风险，只限制那些在使用中造成的负面影响明显比替代品更高的化学品，以避免过度干预市场对替代物质的选择 [70]。

日本一直是利用政策加速淘汰含氟气体的领导者，甚至在颁布基加利修正案之前，日本就已经制定了相关政策，着手减少制冷剂排放 [80]。日本在 2015 年颁布的法律涵盖了整个产品生命周期。该法律逐步降低了制造商和进口商的制冷剂产量，提倡使用低全球温升潜势和非氟烯烃产品，通过定期检查和维护防止设备在使用过程中出现泄漏，并提倡获得执照的企业在设备生命周期结束后对其进行回收利用[81]。日本与 14 个国内工业组织（如日本化学工业协会和日本汽车制造商协会）合作实施产品标签措施，即在产品标签上标明所使用的制冷剂和全球温升潜势信息，并鼓励制造商制定和实现自愿目标[81]。

（二）津巴布韦的国内沼气计划和美国加利福尼亚州的奶牛场沼气池研发计划

在本节讨论的工业过程减排技术中，针对粪便和有机废物的厌氧沼气池是适用范围最为广泛的技术。为修建沼气池提供资金支持的政府计划广泛分布于世界各地，从世界上最发达并拥有最先进技术的经济体——美国加利福尼亚州到津巴布韦的农村地区都有涉及。以下将对这两个计划进行讨论，以说明可用于成功部署这一技术的多种方法。

加利福尼亚州食品农业部负责运营奶牛场沼气池研发计划，该计划为在加利福尼亚州奶牛场安装沼气池提供财政支持[82]，资金来源是该州的温室气体减排基金[82]。2017 年，共有 18 个项目获得了总计 3 510 万美元的资金，项目总费用为 1.064 亿美元，也就是说每 1 美元的政府资金成功撬动了超过 3 美元的私营资金[83]。项目发起人必须提交详细的申请，并依照各种标准对项目进行仔细评估，相关标准包括对弱势社区的益处、财政实力、温室气体减排量估算值、经济和环境协同效益以及项目准备情况（包括对加利福尼亚州《环境质量法》和其他法律的遵守情况，以及与周边社区的关系）。受资助的项目必须在项目投入运营后的 10 年内报告经过核证的减排量[84]。

津巴布韦的 3 个政府部门与 2 个荷兰非政府组织 SNV 和 Hivos 开展合作，制定了津巴布韦国家沼气计划[85]。该计划旨在在整个津巴布韦范围内修建沼气池，以促进沼气（有机物分解产生的气体混合物，主要成分是甲烷）

第三篇　温室气体减排首选政策

253

生产。与加利福尼亚州不同，津巴布韦并未将沼气用于发电，而是直接用于烹饪和照明以及为沼气燃具提供燃料[85]。在非洲农村地区使用厌氧沼气池具有诸多优点，除了可以减少排放，还可改善农场的卫生条件，避免燃烧传统生物质而造成室内空气污染，从而大大减少了与食物准备相关的工作量并有助于生产优质肥料（经过发酵的生物泥浆）[86]。然而，厌氧沼气池需要大量的粪便和水才能有效运作，因此可能并不适合缺乏可靠可用水资源的部分非洲地区[86]。

迄今为止，在津巴布韦的沼气计划下，已有70多名泥瓦匠和18位零件制造商接受了如何修建沼气池的培训[87]。该计划已为1 385户家庭提供了沼气[87]，其目标是到2018年建造8 000个沼气池[88]，并建立一个充满活力的本地沼气行业，最终为67 000多户家庭提供服务[89]。

（三）美国减少天然气和石油工业甲烷逃逸的法规

2012年，美国国家环保局制定了相关标准，限制天然气和石油作业中挥发性有机物（VOCs，一种局地空气污染物）的排放。2016年，该法规扩展至温室气体（特别是甲烷），并涵盖更广泛的工业活动和设备。新法规还要求所有者和运营商探测和修复甲烷逃逸点[90]，并要求按固定时间表（每年两次或每季度一次，具体频次取决于设备类型）监测逃逸点，同时允许采用多种逃逸检测方法，包括光学成像或使用有机蒸汽分析仪[1]，也允许生产者申请使用其他技术，进而为创新提供空间[90]。

此外，该法规还要求钻井人员分阶段引入绿色完井计划，即在钻完新井之后、开始生产之前，需从井中提取被称为回流液的物质（钻井液、气体、油、水和泥浆的混合物），这个过程需要一天到数周的时间（采用水力压裂法开采的钻井比非压裂法开采的钻井产生的回流液更多）。在传统的完井操作中，回流液被引至露天矿坑或水槽，而混合物中的气体则被排放至大气中，或者在有些情况下进行燃烧。在绿色完井实践中，采用设备来分离回流液混合物中的气体、液体和固体成分，并捕集其中的气体在现场

---

[1]有机蒸气分析仪检测的是VOCs，而不是甲烷，但VOCs泄漏与甲烷泄漏有关。

使用或出售[48]。当前相关技术已经非常成熟，可以捕集回流液中高达 90% 的气体[48]。

据美国国家环保局估计，该法规将在 2025 年带来 6.9 亿美元的收益，远远超出 5.3 亿美元的成本，并通过减少有毒的大气污染物来改善公共卫生，减少疾病和死亡[90]。

四、小结

工业过程排放是温室气体的重要来源，占美国所有工业相关排放量的 55%，而在中国这一比例为 28%。虽然工业部门非常多样化，但 9 种类型的活动产生了近 90% 的全球工业过程排放——动物肠道发酵和粪便管理，油气系统甲烷逃逸，水泥熟料生产，土壤排放、水稻种植和肥料使用，垃圾填埋场产生的甲烷，制冷剂的使用，煤矿甲烷逃逸，废水处理生产的甲烷以及用于钢铁生产的冶金焦炭。目前已存在解决这些排放的技术，监测和报告要求、性能标准、碳定价以及财政和技术援助等政策也有助于实现减排。成功的例子包括《蒙特利尔议定书》（2016 年扩展至含氟气体）以及美国加利福尼亚州和津巴布韦的厌氧沼气池部署计划。

参考文献

[1] World Resources Institute. CAIT Climate Data Explorer[EB/OL]. 2017. http://cait.wri.org.

[2] Elmar Kriegler, et al. What Does the 2°C Target Imply for a Global Climate Agreement in 2020? The LIMITS Study on Durban Platform Scenarios[EB/OL]. https://tntcat.iiasa.ac.at/LIMITSDB/dsd?Action=htmlpage&page=about.

[3] World Resources Institute. CAIT Climate Data Explorer[EB/OL]. 2017. http://cait.wri.org.

[4] U.S. Energy Information Administration. International Energy Outlook 2016[EB/OL]. 2016: Table F1. https://www.eia.gov/outlooks/ieo/ieo-tables.cfm.

[5] National Bureau of Statistics of China. China Statistical Yearbook 2016[R/OL]. 2017: Table 9-9. http://www.stats.gov.cn/tjsj/ndsj/2016/html/0909EN.jpg.

[6] American Council for an Energy-Efficient Economy. Myths and Facts about Industrial Opt-Out Provisions[R/OL]. 2016. http://aceee.org/sites/default/files/ieep-myths-facts.pdf.

[7] American Council for an Energy-Efficient Economy. Industrial Efficiency Programs Can Achieve Large Energy Savings at Low Cost[R/OL]. 2016. http://aceee.org/sites/default/files/low-cost-ieep.pdf.

[8] U.S. Department of Energy. Waste Heat Recovery: Technology and Opportunities in U.S. Industry[R/OL]. 2008: v. https://www1.eere.energy.gov/manufacturing/intensiveprocesses/pdfs/waste-heat-recovery.pdf.

[9] Christina Galitsky, Ernst Worrell. Energy Efficiency Improvement and Cost Saving Opportunities for the Vehicle Assembly Industry[R/OL]. Lawrence Berkeley National Laboratory, 2008. https://www.energystar.gov/ia/business/industry/LBNL-50939.pdf.

[10] International Energy Agency. Energy-Efficiency Policy Opportunities for Electric Motor-Driven Systems[EB/OL]. 2011. https://www.iea.org/publications/freepublications/publica tion/energy-efficiency-policy-opportunities-for-electric-motor-driven-systems.html.

[11] ABB. What Is a Variable Speed Drive?[EB/OL]. 2017. http://www.abb.com/cawp/db0003db002698/a5bd0fc25708f141c12571f10040fd37.aspx.

[12] Christopher Null, Brian Caulfield, Fade to Black: The 1980s Vision of 'Lights-Out' Manufacturing, Where Robots Do All the Work, Is a Dream No More[N/OL]. CNN Money, 2003. http://money.cnn.com/magazines/business2/business2-archive/2003/06/01/343371/index.htm.

[13] Siemens. SIMATIC Energy Manager PRO[EB/OL]. 2017. https://www.siemens.com/global/en/home/products/automation/industry-software/automation-software/energymanagement/simatic-energy-manager-pro.html.

[14] Jenny Herzfeld. The Value of Energy Management Systems and ISO 50001[EB/OL]. Clean Energy Ministerial, 2015. http://www.cleanenergyministerial.org/OurWork/Initiatives/Appliances/Videos/the-value-of-energy-management-systems-and-iso-50001-42958.

[15] Ellen MacArthur Foundation. Circular Economy System Diagram[EB/OL]. 2017. https://www.ellenmacarthurfoundation.org/circular-economy/interactive-diagram.

[16] U.S. Department of Energy. Standards and Test Procedures[EB/OL]. 2017. https://energy.gov/eere/buildings/standards-and-test-procedures.

[17] United States. Energy Conservation Program: Energy Conservation Standards for

Commercial and Industrial Electric Motors; Final Rule[S/OL]. 2014: 10 CFR Part 431 §. https://www.regulations.gov/document?D=EERE-2010-BT-STD-0027-0117.

[18] American Council for an Energy-Efficient Economy. Industrial Efficiency Programs Can Achieve Large Energy Savings at Low Cost[R/OL]. 2016. http://aceee.org/sites/default/files/low-cost-ieep.pdf.

[19] Institute for Industrial Productivity. Development and Implementation of Best Practices in Indian Foundry Industry[EB/OL]. 2012. http://www.iipnetwork.org/development-and-implementation-best-practices-indian-foundry-industry.

[20] Institute for Industrial Productivity. Energy Efficiency Revolving Fund (EERF), Thailand[EB/OL]. 2012. http://www.iipnetwork.org/IIP-FinanceFactsheet-3-EERF.pdf.

[21] Coalition for Green Capital. Growing Clean Energy Markets with Green Bank Financing[R/OL]. 2015: 2. http://coalitionforgreencapital.com/wp-content/uploads/2015/08/CGC-Green-Bank-White-Paper.pdf.

[22] The World Bank. Understanding Green Bonds[EB/OL]. 2009. http://treasury.worldbank.org/cmd/htm/Chapter-2-Understanding-Green-Bonds.html.

[23] Institute for Industrial Productivity. China's GHG Emissions Reduction Policies[R/OL]. 2013: 1. http://www.iipnetwork.org/IIPFactSheet-China.pdf.

[24] The World Bank. A Cascade Decision-Making Approach: Infrastructure Finance: Guiding Principles for the World Bank Group[M]. Washington, DC: The World Bank, 2017: 3.

[25] Institute for Industrial Productivity. Energy and Carbon Intensity Targets of the 12th Five Year Plan[EB/OL]. 2011: Database. http://iepd.iipnetwork.org/policy/energy-and-carbon-intensity-targets-12th-five-year-plan.

[26] Institute for Industrial Productivity. Insights into Industrial Energy Efficiency Policy Packages: Sharing Best Practices from Six Countries[EB/OL]. 2012: 11. http://www.iipnetwork.org/InsightsIEE-IIP.pdf.

[27] International Energy Agency. Energy Efficiency Benchmarking Covenant: Netherlands[EB/OL]. 2013. https://www.iea.org/policiesandmeasures/pams/netherlands/name-23862-en.php.

[28] CE Delft. Dutch Energy Efficiency Benchmarking Covenant: Results and Energy Tax Exemptions[EB/OL]. 2010. http://www.cedelft.eu/publicatie/dutch-energy-efficiency-bench marking-covenant%3A-results-and-energy-tax-exemptions/1072.

[29] Rocky Mountain Institute. Reinventing Fire: Industry Executive Summary[R/OL]. 2011. https://www.rmi.org/insights/reinventing-fire/reinventing-fire-industry/.

[30] U.S. EPA. EPA's Voluntary Methane Programs for the Oil and Natural Gas Industry[EB/OL]. 2016. https://www.epa.gov/natural-gas-star-program.

[31] Jenny Herzfeld. The Value of Energy Management Systems and ISO 50001[EB/OL]. Clean Energy Ministerial, 2015. http://www.cleanenergyministerial.org/OurWork/ Initiatives/Appliances/Videos/the-value-of-energy-management-systems-and-iso-50001-42958.

[32] Tamar Jacoby. Why Germany Is So Much Better at Training Its Workers[EB/OL]. The Atlantic, 2014. https://www.theatlantic.com/business/archive/2014/10/why-germany-is-so-much-better-at-training-its-workers/381550/; Make It in Germany. Vocational Training in Germany— How Does It Work?[EB/OL]. 2017. http://www.make-it-in-germany.com/ en/for-qualified-professionals/training-learning/training/vocational-training-in-germany-how-does-it-work.

[33] Cai Yun. China Stages the World's Largest Energy Saving Project[EB/OL]. Energy Foundation China, 2014. http://www.efchina.org/About-Us-en/Case-Studies-en/case-2014112606-en.

[34] Institute for Industrial Productivity. Top-10,000 Energy-Consuming Enterprises Program[EB/OL]. 2011. http://iepd.iipnetwork.org/policy/top-10000-energy-consuming-enter prises-program.

[35] National Bureau of Statistics of China. Annual Data[EB/OL]. 2012, 2016: Energy chapter, Table 9（能耗）; Table 9-16（摘自 2016 年年鉴）按 GDP 计算的能源强度. http://www.stats.gov.cn/english/statisticaldata/AnnualData/.

[36] Gu Yang. 'Twelve Five' 10,000 Enterprises Exceeded the Energy-Saving Goals[EB/ OL]. China Climate Change Info-Net, 2016. http://www.ccchina.gov.cn/Detail. aspx?newsId=58433&TId=57%22%20title=%22.

[37] Institute for Industrial Productivity. United States Superior Energy Performance Program[R/OL]. 2012. http://www.iipnetwork.org/IIP-USA-SEP-factsheet.pdf.

[38] U.S. Department of Energy. Superior Energy Performance[EB/OL]. [2017-12-20]. https:// www.energy.gov/eere/amo/superior-energy-performance.

[39] U.S. Department of Energy. 50001 Ready Program[EB/OL]. [2017-12-20]. https://energy. gov/eere/amo/50001-ready-program.

[40] Institute for Industrial Productivity. Insights into Industrial Energy Efficiency Policy Packages: Sharing Best Practices from Six Countries[EB/OL]. 2012. http://www. iipnetwork.org/InsightsIEE-IIP.pdf.

[41] United States. Standards of Performance for New Stationary Sources[S/OL]. 2011: 40 CFR Part 60 §. https://www.gpo.gov/fdsys/pkg/CFR-2011-title40-vol6/xml/CFR-2011-title40-vol6-part60.xml.

[42] Bulgarian Energy Efficiency and Renewable Sources Fund. About Us[EB/OL]. 2017.

http://www.bgeef.com/display.aspx?page=about.

[43] CITYnvest. Bulgarian Energy Efficiency and Renewable Sources Fund—EERSF[R/OL]. 日期不详: 4. http://citynvest.eu/sites/default/files/library-documents/Model%2019-Energy%20Efficiency%20and%20Renewable%20Sources%20Fund%20-EERSF-final.pdf.

[44] California Targets Cow Gas, Belching and Manure as Part of Global Warming Fight[N/OL]. Los Angeles Times, 2016. http://www.latimes.com/local/lanow/la-me-cow-gas-20161129-story.html.

[45] Washington, DC: U.S. Environmental Protection Agency. Enteric Fermentation—Greenhouse Gases," in AP-42: Compilation of Air Emission Factors[R/OL]. 2009. https://www3.epa.gov/ttnchie1/ap42/ch14/final/c14s04.pdf.

[46] Keith Wagstaff. Could Better Tech Prevent the Next Big Methane Leak?[NOL]. NBC News, 2016. https://www.nbcnews.com/tech/innovation/could-better-tech-prevent-next-big-methane-leak-n487566.

[47] Phil McKenna. Why Natural Gas May Be as Bad as Coal[EB/OL]. PBS Nova, 2015. http://www.pbs.org/wgbh/nova/next/earth/methane-regulations/.

[48] IPIECA. Green Completions[EB/OL]. 2014. http://www.ipieca.org/resources/energy-efficiency-solutions/units-and-plants-practices/green-completions/.

[49] Robert Fares. Methane Leakage from Natural Gas Production Could Be Higher Than Previously Estimated[EB/OL]. Scientific American (blog), 2015. https://blogs.scientificamerican.com/plugged-in/methane-leakage-from-natural-gas-supply-chain-could-be-higher-than-previ ously-estimated/.

[50] World Business Council for Sustainable Development. Cement Industry Energy and CO_2 Performance: Getting the Numbers Right[EB/OL]. 2009: 22. http://www.wbcsdcement.org/pdf/CSI GNR Report final 18 6 09.pdf.

[51] Michael J. Gibbs, Peter Soyka, David Conneely. CO_2 Emissions from Cement Production[R/OL]. Intergovernmental Panel on Climate Change, 2001. http://www.ipcc-nggip.iges.or.jp/public/gp/bgp/3-1-Cement-Production.pdf.

[52] European Cement Association. Clinker Substitution[EB/OL]. 2013. http://lowcarbonecon omy.cembureau.eu/index.php?page=clinker-substitution.

[53] China Economic Review. China's Housing Sector Is Crumbling—Literally[N/OL]. 2014. http://www.chinaeconomicreview.com/china-housing-shoddy-building-quality-energy-incentives-GDP.

[54] Sabine Zikeli et al. Effects of Reduced Tillage on Crop Yield, Plant Available Nutrients and Soil Organic Matter in a 12-Year Long-Term Trial under Organic Management [R/

OL]. Sustainability (2013), https://store.extension.iastate.edu/Product/Impact-of-Tillage-Crop-Rotation-Systems-on-Soil-Carbon-Sequestration-PDF; C.S. Ofori. Soil Tillage in Africa: Needs and Challenges[M/OL]. Rome: Food and Agriculture Organization of the United Nations, 1993: Chapter 7 The Challenge of Tillage Development in African Agriculture. http://www.fao.org/docrep/t1696e/t1696e08.htm.

[55] Daniela R. Carrijo, Mark E. Lundy, Bruze A. Linquist. Rice Yields and Water Use under Alternate Wetting and Drying Irrigation: A Meta-Analysis[J/RL]. Field Crops Research, 2017. https://www.sciencedirect.com/science/article/pii/S0378429016307791.

[56] U.S. EPA. Basic Information about Landfill Gas[EB/OL]. 2016. https://www.epa.gov/lmop/basic-information-about-landfill-gas.

[57] U.S. EPA. Reducing the Impact of Wasted Food by Feeding the Soil and Composting[EB/OL]. 2015. https://www.epa.gov/sustainable-management-food/reducing-impact-wasted-food-feeding-soil-and-composting.

[58] Resource Recycling Systems. Compost vs. Landfill[EB/OL]. 2017. https://recycle.com/organics-compost-vs-landfill/.

[59] Linde Gases AG. Refrigerants Environmental Data[R/OL]. http://www.linde-gas.com/internet.global.lindegas.global/en/images/Refrigerants%20environmental%20GWPs 17-111483.pdf.

[60] U.S. EPA. Frequent Questions about Coal Mine Methane[EB/OL]. 2015. https://www.epa.gov/cmop/frequent-questions.

[61] Global Methane Initiative. Municipal Wastewater Methane: Reducing Emissions, Advancing Recovery and Use Opportunities[R/OL]. 2013. https://www.globalmethane.org/documents/ww_fs_eng.pdf.

[62] Washington, DC: U.S. Environmental Protection Agency. Enteric Fermentation—Greenhouse Gases," in AP-42: Compilation of Air Emission Factors[R/OL]. 2009. https://www3.epa.gov/ttnchie1/ap42/ch14/final/c14s04.pdf.

[63] Jeanette Fitzsimons. Can We Make Steel without Coal?[EB/OL]. Coal Action Network Aotearoa, 2013. http://coalaction.org.nz/carbon-emissions/can-we-make-steel-without-coal.

[64] Meredith MacLeod. U.S. Steel: Natural Gas Process Will Soon Replace Coke[EB/OL]. The Hamilton Spectator (2013), sec. News-Business. https://www.thespec.com/news-story/4190319-u-s-steel-natural-gas-process-will-soon-replace-coke/; Bowdeya Tweh. U.S. Steel to Reduce Coke, Use Natural Gas[N/OL]. Northwest Indiana Times, 2011. http://www.nwitimes.com/niche/inbusiness/newsletter-featured-articles/u-s-steel-to-reduce-coke-use-natural-gas/article-b8b9f34d-a0fe-5671-a653-b1cd4a2cdb3a.html.

[65] California Government. Buy Clean California Act[EB/OL]. 2017: AB-262. https://leginfo.legislature.ca.gov/faces/billNavClient.xhtml?bill-id=201720180AB262.

[66] U.S. Department of State. The Montreal Protocol on Substances That Deplete the Ozone Layer[EB/OL]. 2016. http://www.state.gov/e/oes/eqt/chemicalpollution/83007.htm.

[67] Stephen Leahy. Without the Ozone Treaty You'd Get Sunburned in 5 Minutes[EB/OL]. National Geographic News, 2017. https://news.nationalgeographic.com/2017/09/montreal-protocol-ozone-treaty-30-climate-change-hcfs-hfcs/.

[68] United Nations. International Day for the Preservation of the Ozone Layer, 16 September[EB/OL]. 2016. https://www.un.org/en/events/ozoneday/background.shtml.

[69] Montreal Protocol. Wikipedia, 2017. https://en.wikipedia.org/w/index.php?title=Montreal-Protocol&oldid=808281366.

[70] U.S. EPA. International Treaties and Cooperation[EB/OL]. 2015. https://www.epa.gov/ozone-layer-protection/international-treaties-and-cooperation.

[71] United Nations. International Day for the Preservation of the Ozone Layer, 16 September[EB/OL]. 2016. https://www.un.org/en/events/ozoneday/background.shtml.

[72] Greenpeace. DuPont: A Case Study in the 3D Corporate Strategy[EB/OL]. 1997. https://web.archive.org/web/20120406093303/http://archive.greenpeace.org/ozone/greenfreeze/moral97/6dupont.html.

[73] Jeffrey Masters. The Skeptics vs. the Ozone Hole. Weather Underground[EB/OL]. [2017-12-22]. https://www.wunderground.com/resources/climate/ozone-skeptics.asp.

[74] Jack Doyle. DuPont's Disgraceful Deeds: The Environmental Record of E.I. DuPont de Nemour[J/OL]. The Multinational Monitor 12(10), 1991. [2017-12-22]. http://www.multinationalmonitor.org/hyper/issues/1991/10/doyle.html.

[75] NASA. Discovering the Ozone Hole: Q&A with Pawan Bhartia[EB/OL]. 2012. https://www.nasa.gov/topics/earth/features/bhartia-qa.html.

[76] Stephen Leahy. Without the Ozone Treaty You'd Get Sunburned in 5 Minutes[N/OL]. National Geographic News, 2017. https://news.nationalgeographic.com/2017/09/montreal-protocol-ozone-treaty-30-climate-change-hcfs-hfcs/.

[77] David Doniger. Trump Budget Attacks Montreal Protocol, Reagan's Crown Jewel[EB/OL]. NRDC, 2017. https://www.nrdc.org/experts/david-doniger/trump-budget-attacks-montreal-protocol-reagans-crown-jewel.

[78] U.S. EPA. SNAP Regulations[EB/OL]. 2014. https://www.epa.gov/snap/snap-regulations.

[79] United States. Protection of Stratospheric Ozone: Change of Listing Status for Certain Substitutes under the Significant New Alternatives Policy Program[R/OL]. 40 CFR Part 82 § 2015: 42876–77. https://www.gpo.gov/fdsys/pkg/FR-2015-07-20/pdf/2015-17066.

pdf.

[80] Environmental Investigation Agency. Landmark Revision of Japanese Fluorocarbon Regulations: Make It Count[EB/OL]. 2013. https://eia-global.org/blog-posts/landmark-revision-of-japanese-fl orocarbon-regulations-make-it-count-1.

[81] Atsuhiro Meno. Laws and Regulation for Fluorocarbons in Japan[R/OL]. Ministry of Economy, Trade and Industry, Japan, 2015), https://www.jraia.or.jp/english/icr/ICR2015-METI.pdf.

[82] California State Department of Food and Agriculture. Dairy Digester Research and Development Program (DDRDP)[EB/OL]. [2017-12-23].https://www.cdfa.ca.gov/oefi/ddrdp/.

[83] California State Department of Food and Agriculture. 2017 Dairy Digester Research and Development Program: Projects Selected for Award of Funds[R/OL]. 2017. https://www.cdfa.ca.gov/oefi/ddrdp/docs/2016-Fact-Sheet.pdf.

[84] California State Department of Food and Agriculture. Dairy Digester Research and Development Program (DDRDP)[EB/OL]. [2017-12-23].https://www.cdfa.ca.gov/oefi/ddrdp/.

[85] SNV. National Domestic Biogas Programme—Zimbabwe[EB/OL]. [2017-12-23]. http://www.snv.org/project/national-domestic-biogas-programme-zimbabwe.

[86] Felix Ter Heegde, Kai Sonder. Biogas for a Better Life: An African Initiative[R/OL]. SNV, 2007. http://www.snv.org/public/cms/sites/default/files/explore/download/20070520-biogas-potential-and-need-in-africa.pdf.

[87] SNV. National Domestic Biogas Programme—Zimbabwe[EB/OL]. [2017-12-23]. http://www.snv.org/project/national-domestic-biogas-programme-zimbabwe.

[88] United Nations Development Programme. Forging Partnerships for Renewable Energy in Zimbabwe[EB/OL]. 2014. http://www.zw.undp.org/content/zimbabwe/en/home/presscenter/articles/2014/11/10/forging-partnerships-for-renewable-energy-in-zimbabwe.html.

[89] Hivos. Biogas Digesters Promote Clean Energy[EB/OL]. 2015. https://www.hivos.org/news/biogas-digesters-promote-clean-energy.

[90] U.S. EPA. EPA's Actions to Reduce Methane Emissions from the Oil and Natural Gas Industry: Final Rules and Draft Information Collection Request[R/OL]. 2016. https://www.epa.gov/sites/production/files/2016-09/documents/nsps-overview-fs.pdf.

第八章

跨行业政策

除了针对具体部门的政策外，跨行业政策对于经济脱碳也具有至关重要的意义。实际上，最重要的脱碳政策之一——碳定价，通常涉及多个行业，并可协助各个行业实现大规模减排。同样，对降低脱碳长期成本至关重要的研发活动也致力于实现不同经济部门的技术突破。

这些政策对于经济脱碳，并且以具有成本效益的方式实现经济脱碳至关重要。虽然碳定价的影响与所使用的价格或排放上限设定直接相关，但通过分析发现基于碳排放社会成本制定的强有力的碳定价机制至少可为2050年的温控目标贡献26%的减排量。

由于对研发的成果和支出进行假设面临着诸多挑战，我们并未明确模拟研发活动对减排的影响。然而，研发的突破将降低实现2℃目标的成本，并很可能会减少所需政策的数量和强度。例如，数十年的研发与推动市场的强有力政策相结合，已成功降低了零碳发电技术（包括太阳能光伏和风机）的成本。因此，在当下零碳电力比过去任何时候都更具成本效益。历史上研发带动的成本下降结合精心设计的政策经验表明，研发与其他政策类型相结合将降低成本并加速清洁能源转型。

第一节　碳定价

碳定价机制是一项重要的减排工具。在理想情况下，碳定价应当覆盖所有经济部门，尽管有些地区仅将其应用于特定行业。政策制定者可以设定排放上限，采用一个排放许可交易体系来限制排放以实现最具成本效益的减排，或者也可以对排放征税。在这两种情况下，排放温室气体的代价将增加，从而驱动减排。

许多经济学家认为，以碳排放社会成本，即每吨碳排放造成的社会损害之和所制定的碳定价机制是实现有效减排的唯一政策。这种说法是错误的。但是，碳定价机制确实是应对排放问题政策组合中必不可少的一部分。碳定价机制能够影响能源利用和投资决策，而且如果设计得当，可以鼓励具有成本效益的减排措施。碳定价机制还可以用于为其他政策或技术融资。

碳定价机制的影响取决于其设计和价格。根据碳排放社会成本制定的碳价模型表明，碳定价机制至少可为 2℃ 目标贡献约 26% 的减排量（图 8-1）。

图 8-1　碳定价机制的减排潜力

数据来源：使用经国际应用系统分析学会（IIASA）许可的数据进行分析，这些数据可从 IIASA-LIMITS 情景数据库下载，https://tntcat.iiasa.ac.at/limits publicdb/dsd?Action=htmlpage&page=about。

一、政策概述与目标

世界上的大多数地区都没有对碳排放定价，这些地区的燃煤电厂或天然气生产商可以免费向大气中排放 CO_2 或甲烷。然而，这些排放造成了巨大的社会成本。碳定价机制通过对温室气体排放源施加成本，进而达到抑制温室气体排放的目的。

引入能够反映碳排放所导致的相应损害的碳定价机制，将在鼓励制造商、发电厂和其他主要排放源减排的同时刺激对新型低碳和零碳技术的投资。

尽管可以将其作为一种低成本的减排措施，但碳定价机制并不能算作一个"万能良方"。实际上，在实施过程中面临的政治障碍将使碳价可能远低于碳排放对社会造成的真正损害，这样一来，该机制所取得的减排效果也不甚理想。此外，许多重要的减排措施对价格并不敏感（如第二章所讨论），因此并不会对价格形成有效反馈。最佳的政策方案是将碳定价政策与其他价格敏感度较低的减排政策相结合，以发挥协同效益。碳定价机制可直接或间接设定碳排放成本：

①碳税，按照单位 CO_2 排放量（或 CO_2 排放当量）直接征收；

②碳排放总量，通常称为"总量交易计划"或"碳排放权交易体系"，通过要求重点排放单位获取碳排放配额来间接设定碳价，每一个配额使持有者具有排放 $1\,tCO_2$ 的权利，碳排放总量将限制系统内的配额数量，配额市场允许各覆盖行业内部及行业之间进行配额交易。

碳定价机制的核心目标是实现减排，其次是促进公平、减少常规污染物排放、刺激经济或技术发展、削减其他税收等。不同的政策目标应得到清晰的界定，因为其将影响政策选择。当然，任何政策设计都必须考虑政治因素，因此通常需要进行取舍。利用碳定价机制来控制碳排放的优点如下：

①技术中性。

②可作为一种低成本的减排措施。

③激励所有经济部门。

④帮助减少监管机构的信息负担并克服信息不对称的问题，考虑到碳排放涉及不同的经济部门以及现代经济的复杂性，企业肯定比监管机构更了解自己的运营和市场情况，碳定价机制正是利用市场力量鼓励企业利用这些知识来挖掘减排潜力的。

⑤价格信号将影响消费者和企业对现有能源基础设施的投资决策和行为。

⑥可以创造收入并用于以下目的：

● 减少低效税收，从而刺激经济；

● 通过实施激励措施（降低未来成本、支持碳价本身无法实现的减排）和开展研发支持寻找更多低成本的低碳解决方案，加快实现更高效的清洁能源转型；

● 实现公平目标。如通过在污染最严重的社区实施减排项目，或提供具有针对性的经济支持，确保弱势社区共享减排效益。

碳税和碳交易机制提供了或是价格或是排放量的确定性选择。碳税通过为单位排放量设定固定价格，从而提供价格上的确定性，最终的排放结果由居民和企业对价格的反应所决定。与此相对应，碳交易机制通过设定允许排放量的上限，提供排放量上的确定性，碳价通过配额交易形成。

设计良好的碳税或碳交易机制可以对实现低成本的减排给予支撑。碳税或碳交易机制都有极大的发展潜力，其相似之处多于不同之处，要想使其实现良好的减排效果，在很大程度上取决于设计和执行。

设计碳定价机制面临的最大挑战是如何找到一种在最大限度地降低经济影响的同时也能实现减排的方法。也就是说，碳定价机制的最佳效果是既不会使相关行业及其排放迁移到碳定价机制覆盖之外的地区（通常称为"泄漏"），又能实现最大减排。泄漏这种现象在严重依赖全球贸易的行业中可能体现得更加明显。在这些行业中实施碳定价机制，制造商就很可能会选择迁移到其他不受管制的地区，也可能会在竞争中输给国外的制造商。碳税和碳交易机制的组合政策（后文将讨论）有利于平衡环境和经济目标。

本节讨论的准则经适当调整后可适用于不同地区，通过回答下面几个问题可以帮助我们确定如何调整这些准则：

①实施碳定价的经济体有多发达？规模有多大？

②该地区出台了哪些补充性政策？这些政策又将如何影响未来的排放？

③相邻国家或地区应对气候变化的力度如何？

④贸易伙伴方是否制定了碳定价机制或同等控制措施？或者是否正在制定相关政策或措施？[1]

⑤政策实施是否分散？针对不同行业是制定了不同的政策，还是一致的政策？

二、政策应用

每一个气候政策组合都应当包含碳定价机制。除了作为强有力的减排政策之外，碳定价机制还可以克服其他政策存在的一些弊端，同时带来新的效益。例如，政府监管机构往往很难获得污染行业的专有信息，但碳定价机制有助于克服这种信息不对称的现象。通过设定价格，并允许行业根据其独特的成本、技术组合和排放特征进行减排，碳定价机制与性能标准或其他政策类型相比，可以显著减少监管机构需要的信息量。

碳定价机制也可以产生公共财政收益。例如，与对劳动力和设备等良性要素投入征税相比，对诸如污染等社会危害要素征税从经济上来说更为合理。

尽管如此，碳定价机制也并非一个"万能良方"。它是最优政策组合的必要条件，但并非充分条件。最优的政策组合应将碳定价机制与其他政策类型（性能标准、研发支持和支持型政策）相结合（本书第二章和第三章提供了有关碳定价机制如何适应更多气候政策组合的详细信息）。

---

[1] 排放或经济活动出于政策原因而搬迁至某个地区之外，这一现象被称为"泄漏"。泄漏至相邻地区的可能性最高，因为这些地区往往也是最大的贸易伙伴，尽管在全球化时代泄漏并不局限于邻国或相邻地区。

三、政策设计建议

接下来，我们将讨论制定混合碳定价机制的重要意义，以及如何设计这类机制。首先，我们需要探讨碳税和碳交易机制下排放和价格的不确定性，以及为何这种不确定性意味着制定混合碳定价机制是最佳选择。其次，我们将介绍适用于碳定价机制的其他政策设计原则。

（一）制定混合碳定价机制的意义和方法

政策制定者应当兼顾碳定价机制的碳价（影响机制的总成本）和目标减排量。由于碳税仅关注碳价，而碳交易仅关注减排量，因此单独采用任何一种方案都会导致碳价或排放量偏离碳定价机制的政策目标和预期结果。例如，如果排放上限设置得过低，就可能导致成本高于预期或高于可容忍的水平。同样，如果碳税设定得过低，则可能无法实现政策制定者所期望的减排目标。

政策制定者可以采用碳税和碳交易结合的混合碳定价机制来突破这些限制，进而提供一种更平衡的方法，以减少不确定性。

1. 技术基础

以下我们将介绍严格的碳税或碳交易机制下的不确定性类型 [1]。图 8-2 显示了一条减排供给曲线，表明在给定初始排放水平的条件下，实现下一个单位减排所需的成本。纵轴表示单位减排价格，横轴表示排放总量。粗体中心曲线表示总排放量对应的减排成本。随着总排放量的减少（从右向左移动），实现下一单位减排（再次向左移动）的成本将变得更高。这种模式也反映在前文所讨论的边际减排和政策成本曲线中（请参阅第三章）。

图 8-2 中的减排供给曲线可用于说明碳税机制下的预期减排量，或碳交易机制下的预期碳配额价格。例如，以最优价格（P^*）为基础制定的碳税机制能够将未制定碳定价机制下的排放量降至最优排放量（Q^*）；在达到最优排放量之后，边际减排成本会比直接缴纳税款更加昂贵，因此企业会选择直接缴纳税款。在碳交易机制下，设定为最优排放量（Q^*）的碳上

限将产生最优价格（P^*）。

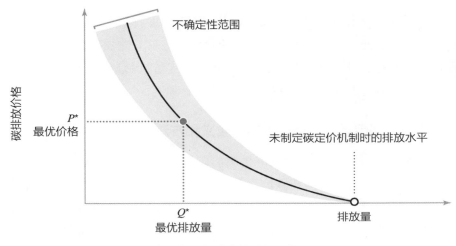

图 8-2　碳定价减排曲线

当然，未来的减排价格存在一定程度的不确定性。例如，技术突破可以显著降低减排成本。同样，产品或能源价格的变化可能或多或少会导致减排成本的变化。黑色曲线周围的蓝色区域便代表这一不确定性。

碳税和碳交易机制采用不同的方法来处理这一不确定性。图 8-3 显示了在严格的碳税机制下排放总量是如何发生变化的。若碳价是固定的，考虑到减排成本的不确定性，排放量可能高于或低于预期。若实际减排成本高于预期，那么排放量实际上可能仅降至 $Q_{高}$。相反，若实际减排成本低于预期，排放量可能会一直降至 $Q_{低}$。总而言之，尽管碳税机制提供了价格的确定性，但会产生排放量的不确定性。

碳交易机制存在与之相反的不确定性，如图 8-4 所示。当可允许排放总量固定时，鉴于减排成本的不确定性，实现该目标减排量的成本可能高于或低于预期。如果实际减排成本高于预期，那么碳交易机制下的配额价格可能会攀升至 $P_{高}$；如果实际减排成本低于初始预期，则配额价格可能会降至 $P_{低}$。

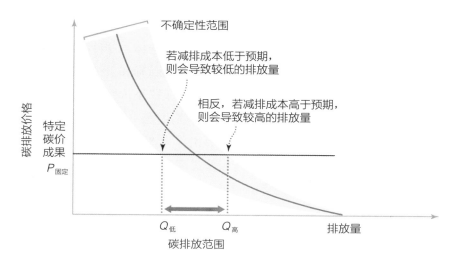

图 8-3　在固定价格下，碳定价机制导致的排放结果存在不确定性

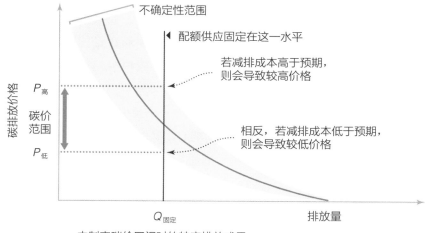

图 8-4　在固定排放上限条件下，碳定价机制导致不确定的价格

高于预期的排放量或高于预期的碳价都可能是无法接受的。而碳税和碳交易机制相结合的混合碳定价机制可以平衡这些风险，进而减少不确定性。

2. 制定方法

理想的碳定价机制是碳税和碳交易机制的混合体。这种混合机制以碳交易机制为基础，设定具有坚实科学基础的排放目标和最低（下限）、最高（上限）配额价格。如果碳交易机制的价格下降至价格下限或攀升至价格上限，则可以通过政策将碳价固定在该价格水平，这样本质上碳价就成为一种税。碳交易机制中的这种价格边界也称为"碳价区间"。设定碳价区间有助于实现碳减排目标，并防止碳价过高。值得注意的是，全球范围内的碳价普遍远低于预期。混合机制将碳交易机制下价格不确定性的缺陷转化为一种优势。如果实际减排成本低于预期则价格下限将激发大幅的减排潜力，而价格上限将确保减排成本不会超出可接受的水平。后文将更详细地讨论这种碳价区间设计。

政策制定者同意在价格达到上限时发放额外配额（通常以拍卖的形式），并基于此制定价格上限。随着配额数量的增加，配额价格就会下降。发放额外配额的方法有时也称为增加"安全阀"。如果价格上涨过高，政策制定者就可以打开这个"安全阀"来增加配额数量。这种方法可以有效地将配额价格限制在上限水平，从而提供碳税机制所保障的价格确定性。

为了确定价格下限，政策制定者将制定一个最低配额价格。价格下限允许政策制定者在实际减排价格低于预期时，确保最低碳价和相应的收入。随着时间的推移，最低价格应当在考虑通货膨胀的前提下以固定的百分比上调。

图 8-5 显示了如何通过碳价区间来制定混合碳定价机制，进而控制不确定性。碳价区间的设定，可以保证价格最低不会低于 $P_{下限}$，但也不会高于 $P_{上限}$。将这个价格区间（由平行于 y 轴的垂直红色箭头表示）与原始价格范围（由蓝色箭头表示）进行比较可以发现，碳价区间显著降低了碳交易机制的价格不确定性。与此同时，碳价区间在一定程度上引入了减排量的不确定性，如平行于 x 轴的水平红色箭头所示。价格下限能够有效减少可用配额数量，确保至少达到最低减排水平。在碳价区间的另一边，根据

混合机制的设计，在碳价达到上限时将发放额外配额，以确保价格仍然处于可接受水平。

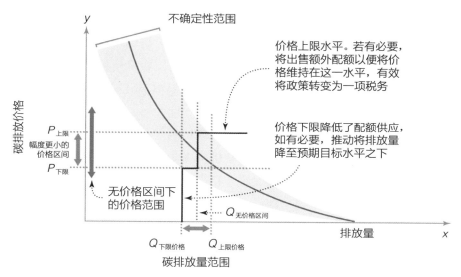

图 8-5　碳价区间可以降低碳交易机制的价格不确定性

以上研究是关于如何构建一个以碳交易机制为基础的混合碳定价机制，政策制定者还可以制定以碳税机制为基础的混合机制，这就必须根据是否实现预期减排量来调整价格。如果能够达到减排目标，则不需要提高碳税；如果减排量低于预期水平，则需要提高碳税。到目前为止，这种方法尚未得到实际应用。但是，美国华盛顿州目前正在讨论一项相似提案[2]，且近期有两篇论文也研究了这一主题[3,4]。

政策制定者应在确定价格下限和上限时，对政策影响进行谨慎的定量分析，以确定期望的排放轨迹和价格路径。这些分析应当考虑社会成本和效益，包括改善的空气质量对公共健康的价值。如果政策制定者无法负担复杂的建模工作，可以借用周边地区所采用的方法。

不可否认，混合碳定价机制是一种新颖的机制，而关于碳排放上限以及价格下限和上限的选择是非常微妙的。在开展量化分析的同时，也需要定性地对一些影响加以考虑。一旦确定了预期的价格和减排量，政策制定者就必须确定价格上限、下限和减排轨迹。

对于以碳交易机制为基础的混合机制而言，政策制定者应从预期排放路径中设定低于预期价格的价格下限和高于预期价格的价格上限。在理想情况下，价格下限应设定为低于给定年份的预期配额价格的 50%，价格上限应设定为高于预期配额价格的 50%。价格下限和上限应当随着时间的推移稳步上调，在考虑通货膨胀的前提下每年上调约 5%。

对于以碳税机制为基础的混合机制，政策制定者应制订一个与减排目标实现程度相对应的价格上调计划。减排应当与计划起始年度的排放量而不是基准排放轨迹挂钩，基准排放轨迹往往具有高度不确定性，因此应根据碳价所实现的减排量来提高碳税。如果排放量完全没有降低，则应当将碳税上调 7%；如果减排量低于目标减排量的一半，则政策制定者可以尝试将碳税上调 5%；如果减排量超过目标减排量的一半，但仍低于目标，则政策制定者可以尝试将碳税上调 1%。这些价格上调应当在考虑年度通货膨胀率的基础上进行。

（二）政策设计原则

1. 创建长期目标，为企业提供确定性

碳定价机制应至少涵盖未来 10 年的时间。由于重大投资涉及长期规划，投资者需要有足够长期的确定性和承诺，以便将碳价或其他相关政策纳入投资计算过程。

2. 建立内在的持续改进机制

随着减排成本的上升和排放量的下降，应稳步改进碳价或碳排放上限。在结合长期目标的前提下，稳步改进可以促进对创新的需求，推动新型低碳技术市场的形成。政策停滞或弱化会削弱企业投资研发活动的信心。

3. 抢占 100% 的市场并在可能的情况下进入上游或关键环节

碳定价机制等跨行业政策非常适合覆盖多个行业，应当尽可能覆盖市场上100%的排放量，防止出现泄漏现象。例如，如果将电力作为覆盖能源，但并不覆盖天然气燃烧，则生产商可能转而使用天然气代替电力来避免碳价成本。

通过在关键环节（能量流汇集的地方）开展监管工作可以减少管理工作量。例如，石油精炼厂（原油交付的地方）或终端站点（经过处理的液体燃料从船舶、火车和管道在此被转移至区域分配系统）是捕获石油相关排放的良好选择。在电力部门，电力公司或发电厂与最终用户相比是更为适合的监管对象。

碳定价机制往往着眼于大型工业场所的排放，这些工业场所中包括许多类型的设施——炼油厂、发电厂、水泥厂等，这些设施的规模和排放量各不相同。由于其中一些设施的排放量非常低，对其进行监管的成本超过收益，因此政策制定者通常需要制定一个纳入门槛，将低于该门槛的排放源排除在碳定价机制之外。

然而，制定这样一个门槛可能会鼓励一些排放设施将排放量设定至恰好低于门槛的水平以逃避监管。为了避免行业在恰好低于门槛的范畴下聚集，监管机构可监测行业内低于该门槛的排放设施的相关排放情况。例如，政策制定者可以只对排放量达到或超过 25 000 t 的工业设施征税，但他们也可以要求排放量超过 10 000 t 的工业设施报告其排放量。设置较低的报告要求能够让监管机构查看设施是否正在门槛下方聚集。

4. 通过简化流程和避免漏洞预防投机行为

由于配额交易的性质和碳抵消机制的应用，碳交易机制可能面临投机的问题。行业可以利用碳抵消机制来证明他们通过在覆盖区域之外进行投资来完成履约。政策制定者必须建立一个中央登记簿，以避免重复使用配额。

此外，如果只有少数企业持有配额，则会为扭曲市场和抬高配额价格创造机会。政策制定者应当限制任何单一市场主体持有的配额数量，以避免市场力量集中，进而导致出现价格操纵的现象。监管市场力量中最常见的基础措施是对行业自行编制的排放报告进行第三方核查。第三方核验者应由政策制定者指定，而不应由碳定价机制所覆盖的行业指定。

（三）其他设计考量因素

1. 泄漏控制

若引进某项政策会导致政策覆盖行业迁移至覆盖区域之外，那么就会发生前文所述的泄漏现象。虽然许多经济学家认为碳定价机制导致泄漏的可能性很小，但从政治的角度上来看却令人担忧 [1]。对泄漏的担忧主要集中在高度依赖全球贸易的高能耗行业，在碳定价机制下其成本可能会显著增加，从而削弱其相对于其他不受监管地区竞争对手的竞争力。

若碳定价机制仅在较小的范围（如某个州或省）内实施，泄漏问题就更值得担忧，因为排放者仅需搬迁一小段距离便可以逃避碳定价政策。随着越来越多的地区采取措施来控制碳排放，泄漏威胁会逐步减少。

碳税机制往往通过免除高能耗、易受贸易影响的企业的税务资金来解决泄漏问题，而碳交易机制通常通过向上述行业提供免费配额来解决泄漏问题。然而，如何确定这类行业以及应免费向其分配多少配额是有一定难度的。当前的做法主要是使用一种基于产出的免费配额法，这种方法可以根据企业当前或近期的生产水平为其提供免费配额 [5]。

如果相应地区属于较大电力系统的一部分，碳定价机制必须覆盖进口电力，因为电力生产很容易转移至碳定价机制覆盖区域之外。

2. 拍卖碳交易机制的大部分或所有配额

政策制定者可以选择以下两种方法来分配碳交易机制下的配额：免费发放或者拍卖。与免费发放相比，拍卖具有许多优势。对于政府而言，拍卖是最简单的方法，能够避免发生经济扭曲现象（所有形式的免费分配都受到经济扭曲的困扰），有利于价格发现，并且可作为一项公共资金来源。拍卖也是引入碳价区间的一种最简单的方法，可以通过拒绝接受低于最低价格的配额投标来设定价格下限，价格上限则通过在价格触顶时提供额外的拍卖配额来实现，这样价格便不会再继续攀升。拍卖还可以避免将免费

---

[1] 有关更多信息，请参阅：UK Carbon Trust; Climate Strategies. Tackling Carbon Leakage[R/OL]. 2010. https://www.carbontrust.com/media/84908/ctc767-tackling-carbon-leakage.pdf.

配额转变为覆盖行业获取"意外之财"的来源[6]。

在大多数情况下，免费分配并不能抑制配额价格或者为消费者提供保护。即使免费发放配额，使用配额也可能存在机会成本，因为使用便意味着无法出售。即使采用免费配额方法，这种隐性成本也会传递给客户，除非行业面临来自未覆盖企业的激烈竞争。

在某些情况下，设置一个包含部分免费配额的过渡期可能是一个不错的方法。免费分配部分配额可保护易受贸易影响的高能耗行业，否则这些行业可能会搬迁至能源价格较低的其他地区。然而，随着时间的推移，应当逐步转变为完全以拍卖为基础的分配，并采用一般补贴的形式取代向需要政府扶持的易受贸易影响的行业发放的免费配额。

3. 收入利用

碳定价机制创造了一个收入来源。反过来，通过碳定价机制产生的收入可以通过为技术研发和示范项目提供资金支持、为低碳方案提供激励等方式加速清洁能源转型进程，而碳价本身难以实现这一点。利用拍卖或碳税收入投资研发活动、采取激励措施、降低碳减排成本可以创造一个良性循环，每增加一个单位的碳减排量，就可以向更进一步、更便宜的减排迈出一步。

当然，碳定价机制产生的收入可以通过多种方式加以利用。一是用作一般收入，可以用来减少扭曲性税收、偿还债务、为政府提供资金或作为直接向民众支付的"碳红利"；二是抵消某些消费者承担的不成比例的支出，如低收入家庭或易受贸易影响的行业；三是通过资助研发和其他减少碳污染的项目推动建立降低碳减排成本的良性循环；四是为终端能效提供补贴，如建筑设备和家用电器，这是一个特别有力的备选方案，因为这一方案可以立即降低受严重影响群体所承担的转型成本，并大幅降低 CO_2 减排成本；五是促进与公平相关的目标。

关于公平，应当保证碳定价机制的结构不会加剧社会、经济或环境的不公平。事实上，碳定价机制产生的收入可以并且应当惠及受污染的社区或弱势社区。采用其他更直接的污染控制政策来对碳定价机制进行补充，是确保改善当地环境的一种方法。另一种方法是要求至少将一定比例的收入投资在能够为污染最严重的社区提供具有当地减排效益的项目上。这两种方法都应当是碳定价机制的核心要素。

4. 将配额存储和配额借贷作为碳交易机制下的额外灵活性选项

碳定价机制在本质上具有灵活性，允许企业和家庭拥有选择购买任何减排技术或付费排放的权利。配额存储和配额借贷能够为碳交易机制提供额外的灵活性。通过配额存储，控排企业为未来履约期保存未使用的配额；通过配额借贷，在符合一定条件下，企业可以提前借用未来的配额并在当期使用。配额存储和配额借贷使行业能够在较长时间内顺利完成履约，如与可能随着降雨量波动而发生变化的年可用水力发电量相适应。政策制定者应为配额借贷设定相应限制，这仅在碳价较高且用于维持价格稳定的配额储备（前文提到的"安全阀"）已经耗尽的情况下才允许使用。这样一来便能够保证在可接受价格范围内持续开展改进工作。

5. 碳定价机制的区域协调

碳定价系统的连通可以以更低的成本实现更大幅度的减排。在严格程度大致相同的机制之间进行政策协调最为合理，如允许加拿大魁北克省的"超额减排"弥补美国加利福尼亚州的减排不足。气候变化是一个全球性问题，因此有更多地方采取协调行动是最为理想的方法。连接各个总量交易机制，碳交易机制将扩大整体项目的边界，寻找成本最低的解决方案。协调机制的其他益处包括以加利福尼亚州等处于领先地位的地区为标准，制定针对其他地区的严格要求（作为地域合作"入场券"），创造一种"力争上游"的动力；使各国领导人能够协调行动，抵制通过单边举措解决全球性问题的想法；允许规模较小的地区进入一个规模足够大且流动性足够强的市场，使其制定碳定价机制变得物有所值（如果没有进行连接，该地区不会自行采取碳排放限制机制）。

然而，连接的碳交易机制只能达到最弱一方的水平，因此政策制定者在评估是否与其他地区建立连接时仍应谨慎行事[1]。连接将降低配额价格，并减弱有望将新型低碳技术引入市场的需求信号。在环境要求严格程度存在显著差异的情况下，连接的意义不大。此外，建立一个涵盖多个地区的碳定价机制可能会对增加对有效治理的挑战。

决策也更具挑战性。不同地区的政治决策时机和优先级往往是不同的，因此在连接起来的碳价系统中，从一个目标转移到下一个目标的过程充满了不确定性。解决这个问题的一种方法是，设定一个改进率（如每年减少4%的配额），而不是制定一个数年后需要实现的具体数字目标。

6. 碳抵消机制

如果建立碳抵消机制，则应包括严格的条款和独立第三方核查。碳抵消机制允许行业通过投资覆盖区域之外的减排项目来完成履约。例如，美国加利福尼亚州的水泥制造商可能会选择投资科罗拉多州的再造林项目，抵消其被要求实现的减排量以完成履约。碳抵消机制可以通过将碳定价机制的覆盖范围扩大到碳交易机制难以直接和完全覆盖的行业（如农业排放、碳封存和非 CO_2 气体排放）以降低碳配额价格。建立一个严肃而有效的碳抵消机制是一项复杂的工作，应当逐步地、谨慎地推进。为确保完整性，必须采用严格的条款和独立的第三方核查，并由公共监督机构进行逐一审查和批准。

第三方核查机构应当被分配至各个项目，并由项目运营方支付的一个基金来承担其相关费用。核查方不应由项目方选择，以避免产生依赖关系（这一现象已在某些项目中露出端倪）[7]。目前尚未建立此类具有强大独立核查体系的抵消制度。退而求其次的方法是要求定期轮换项目核查方，或经买方质疑且抵消项目被裁定无效的情况下更换核查方。

碳抵消机制应提供预先批准的项目类型清单，但也允许自下而上地发展新条款，监管机构可对这些新条款进行审查、完善和批准。抵消方案必

---

[1] 更多讨论请参阅：Meredith Fowlie. The Promise and Perils of Linking Carbon Markets[EB/OL]. Energy Institute Blog, 2016. https://energyathaas.wordpress.com/2016/07/25/the-promise-and-perils-of-linking-carbon-markets/.

须由专业机构定期进行重新评估，以判断项目类型或技术性能是否已较为普遍，因此不再符合"额外性"的要求。以行业为基础的碳抵消机制（即以行业为基础而不是以项目为基础开展评估工作）是一种在降低交易成本的同时提高环境完整性的极具前景的方法。

7. 两种方法的优缺点

碳税和碳交易机制拥有一些相同的优缺点（表 8-1）：①它们在广泛的多行业覆盖范围下都很高效；②两种方法都可以提供长期确定性和持续改进机会；③碳税或配额也可能具有相同的监管点；④制定混合机制可以减少价格或减排量的不确定性；⑤创新设计可以进一步增加两种方法的相似性，如虽然碳抵消机制传统上属于碳交易机制的一部分，但部分具备创新性的碳税机制也允许行业使用碳抵消。

表 8-1　碳税与碳交易机制的优缺点比较			
比较维度	碳税机制	碳交易机制	最佳方案
环境效应	可能导致高于预期的排放量	提供更高的排放确定性	碳交易机制
经济效益	可预测的价格，支持投资并最大限度地减少经济破坏	可预测性较低的价格不利于经济表现	碳税机制
公平性	较高的经济效益可以提高社会经济公平性	排放量更易于预测，更好地解决代际公平和环境正义问题	取决于具体情况
技术创新驱动力	价格稳定性提供市场确定性并鼓励投资	碳上限可以实现更严格的环境规制并形成碳价，从而推动更多的创新	取决于具体情况
与其他地区连接	政治经济障碍限制碳税机制连接	通常通过地区之间的合作协议与其他地区连接	碳交易机制
简单性	易于实施	排放许可体系和分配可能非常复杂	碳税机制

（1）环境效应

鉴于碳交易机制旨在实现特定的排放目标，它通常在降低排放以满足特定目标方面更为有效。碳交易机制为希望通过制订计划来实现特定减排目标（如《巴黎协定》相关国际承诺中制定的目标）的政策制定者提供了特别的便利。

（2）经济效益

价格不确定性可能会抑制对新型清洁技术创业企业和现有化石燃料燃烧行业的投资。由于碳价消除了价格不确定性，因此可以提供可观的经济效益。

（3）公平性

环境和社会经济影响的公平性将在很大程度上取决于设计细节，而对相关收益的利用是一个关键的因素。

（4）便捷性

在实践中，碳交易机制比碳税在实施方面更加复杂。通常，导致碳交易机制复杂程度加剧的原因在于需要确定向高能耗、易受贸易影响的行业免费分配配额的规则。碳税机制通常免除这些行业缴纳税款，以此解决他们的担忧。与此类似，在碳交易机制中纳入碳抵消机制也将显著增加其复杂性。通过完全拍卖和取消抵消机制，碳交易机制的复杂性将与碳税机制相当。

四、案例研究

（一）全球范围

在全球范围内，碳定价最明显的缺陷是制订减排目标的力度不足。为了在环境规制严格程度和成本控制之间找到平衡点，政策制定者更倾向于将价格维持在较低水平。碳排放的社会成本（代表碳排放造成的损害）可以被视为一个合理的目标价格。在实践中，甚至很少有碳定价机制接近（迄今为止，更不用说超过）碳排放社会成本的案例。当然，这不仅仅是因为存在政策方面的挑战。碳定价机制实现目标的成本都非常低。

20世纪90年代，被命名为"向垃圾而不是向工作征税"[8] 的项目和其他行动都曾提倡这一理念，但并未取得实质性成功。2005年，欧盟碳排放权交易体系开始运作（目前仍然是世界上规模最大的碳交易体系），每年覆盖的碳排放量约为18亿t。2009年，美国东北部多个州共同发起了"区域温室气体倡议"，覆盖该地区的发电厂。2007 年，美国加利福尼亚州开始规划其碳交易机制，并于 2013 年启动，在 2014 年与加拿大魁北克省的碳交易机制相连接。

世界银行开展的一项全面调查发现，约有 40 个国家和 20 多个次国家行为体制定了碳定价机制 [9]。这些机制目前覆盖了全球约 12% 的温室气体排放量，其中约 2/3 的排放量（约占全球排放量的 8%）通过碳交易机制管理，另外约 4% 的排放量受到碳税机制的限制。尤其值得期待的是，中国正在试点碳交易体系的扩展，该体系应当可覆盖超过 12 亿 t 的排放量。中国的全国碳交易体系已于 2017 年年末启动。

图 8-6 使用一条曲线来表示目前全球的所有碳价，同时显示了这些政策所覆盖的 CO_2 排放量。阶梯线每一段的宽度表示覆盖的排放量，高度表示价格。除了北欧国家的一小部分排放量之外，全球几乎所有的碳价均远低于美国国家环保局估算的碳排放社会成本，该估值约为 41 美元 /t[1]。图 8-6 还强调了碳定价高级别委员会提出的建议，各国的目标应当在 2020 年达到每吨 40 ～ 80 美元的碳价水平，才能实现《巴黎协定》中承诺的减排量。

尽管欧盟碳排放权交易体系已被在欧洲经商的企业所默认，但它仍然为我们提供了警示，即可能发生大量配额储蓄，这将导致配额价格持续处于较低水平（该机制并未设定拍卖价格下限）。自 2011 年起，碳价在 3 ～ 10 欧元不等。截至 2017 年 10 月，欧盟配额价格为 7 欧元。2008 年年底，金融危机爆发导致经济活动减少、排放量下降，其他可再生能源和能效政策也推动了减排，结果该体系在 2013 年第三个履约期开始时，配额供过于求，过剩配额供给超过 20 亿 t。政策制定者正通过从未来排放上限中削减一些限额、推迟部分拍卖来解决这个问题。与此同时，价格下限的出台也遭遇了政治阻碍。

北欧国家的碳税机制最为强劲，其价格从丹麦的每吨约 25 美元到挪威和芬兰的每吨约 50 美元，再到瑞典的每吨 130 美元。这些北欧国家大

---

[1] 有些评论文章认为这个数据太低了。根据以下研究的估算，真实的价值为每吨 220 美元：Frances C Moore, Delavane B Diaz. Temperature Impacts on Economic Growth Warrant Stringent Mitigation Policy[J/OL]. Nature Climate Change, 2015（5）：127.

多使用政府的相关收入来降低劳动税。日本在 2012 年引入碳税的基础上大大扩大了其所覆盖的排放范围，但每吨不到 2 美元的价格仅能产生微弱的激励作用。加拿大对碳定价的新承诺有望改变碳税的严格程度，2018 年的碳价为 10 美元，预计到 2022 年将攀升至 50 美元。

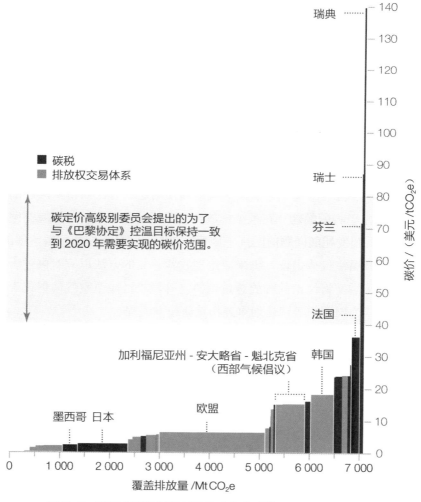

图 8-6　实际上碳价仍远低于推动充分减排所需的水平

图片来源：《2017 年碳定价机制的现状与趋势》，© 世界银行，https://openknowledge.worldbank.org/handle/10986/28510，获得知识共享署名许可协议 3.0 IGO 许可。

（二）美国的"区域温室气体倡议"

"区域温室气体倡议"（Regional Greenhouse Gas Initiative）覆盖美国东部 9 个州电力部门的 CO_2 排放。该计划的一个关键亮点是，在计划早期便采用拍卖作为分配配额的主要方法。"区域温室气体倡议"是首个实现全面拍卖配额的项目，充分展示了对拍卖收入进行明智投资可以带来的经济效益。"区域温室气体倡议"产生的收入为提高能效的举措提供了资金，并创造了一系列经济效益。首先，它为消费者节省了超过 6.18 亿美元的成本 [10]。其次，通过能效和当地清洁能源投资项目中获得的额外可支配收入，该倡议推动超过 29 亿美元的额外经济增长 [11]。据预计，通过减少细颗粒物和形成烟雾的污染物的排放，可以产生价值 57 亿美元的公共健康效益，这是碳减排带来的协同效益 [12]。

多次实践显示，在设定上限之前建模将导致基准情景排放量高于实际排放量，"区域温室气体倡议"就是因使用这种方法而带来问题的一个例子 [13]。由于将配额建立在预测排放情景分析的基础上，"区域温室气体倡议"深受超发配额问题的困扰。尽管协同的碳交易系统面临着治理的挑战，但"区域温室气体倡议"仍采取定期收紧总量的方法以应对供过于求的问题。除了后文将讨论的排放总量调整之外，"区域温室气体倡议"还建立了以 4 年为周期的定期计划审查和重新校准流程。

2005 年，在设定碳排放总量时，天然气价格一直处于高位并持续上升，排放量也同样如此。美国各州的目的是设定 2009 年的碳排放上限，之后在 5 年内保持平稳（否则预计排放量将继续增长），然后到 2019 年每年减少 2%。

如图 8-7 所示，2005—2020 年，天然气价格急剧下跌，取代了大量的煤炭并导致排放量远低于计划启动前制定的碳排放上限，这一点令人感到意外。"区域温室气体倡议"从一开始便供过于求，配额超出 5 000 万 t。到 2012 年，排放量已下降至 9 000 万 t 左右，约为 1.8 亿 t 的碳排放总量的一半。由于排放许可配额供过于求，参与成员对碳排放总量进行了两次调整。首先，考虑到对潜在技术趋势的误判，他们下调了排放总量；其次，建模人员没有预料到天然气会作为一种更便宜的替代品横空出世，从而导致煤炭用量下降，因而在第二次调整中考虑到 2009—2013 年出售和存储过剩的配额，各州将排放总量下调 1.4 亿 t。

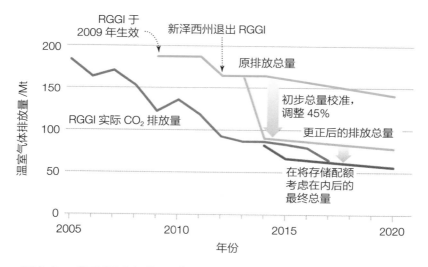

图 8-7 "区域温室气体倡议"已根据计划绩效相关的新资料调低了总量水平

图片来源："区域温室气体倡议拍卖价格触底 2014 年来的最低价格"，美国能源信息署，2017 年，https://www.eia.gov/todayinenergy/detail.php?id=31432。

2017 年，该项目完成了另一项审查，收紧了 2020 年后的排放总量（此前该总量设定为保持不变）。根据新的承诺，到 2030 年，该排放总量将在 2020 年水平上实现 30% 的减排量[14]。作为这一调整的一部分，"区域温室气体倡议"还将对配额存续进行另一次调整[14]。

"区域温室气体倡议"制定的价格下限成功避免了配额价格陷入完全崩溃的境地。截至 2017 年，下限价格达到每吨 2.15 美元[15]，价格年上调率为 2.5%。这样一来，尽管没有真正解决超发配额的问题，下限价格至少确保了该计划能够产生一些收入。在如此低的价格下，通过购买配额来对冲未来高价的成本非常小。

　　"区域温室气体倡议"在价格达到特定水平时会发放一组预留配额，因此其中也包括一个软价格上限，这一特定价格水平 2014 年为 4 美元、2015 年为 6 美元、2016 年为 8 美元、2017 年为 10 美元，此后每年上调 2.5%。然而，配额价格一直都处于较低水平，在 2015 年 12 月的拍卖会上达到每吨 7.50 美元的峰值价格。由于软价格总量较低，目前已经发放部分储备配额。

　　总之，"区域温室气体倡议"展示了政策制定者如何适应供过于求的情况，以及拍卖配额的重要意义和设置拍卖价格下限的价值。然而，该倡议的覆盖范围有限（仅覆盖电力部门），未能解决泄漏问题（不包括进口电力），且碳价区间过于疲软。

（三）加利福尼亚州 - 魁北克省 - 安大略省的碳交易机制协同

　　加利福尼亚州 - 魁北克省 - 安大略省的碳交易机制协同是碳交易制度设计的最佳范例。美国加利福尼亚州和加拿大魁北克省的碳交易机制分别于 2013 年启动，并于 2014 年实现连接。2017 年再次与加拿大安大略省就碳交易机制的连接达成共识，并于 2018 年得以落实。加利福尼亚州的排放量最大，占比约为 62%，而安大略省为 26%、魁北克省为 12%。

　　该机制是所有大规模碳交易机制中覆盖范围最广的机制，覆盖了整个经济体约 80% 的排放量，以及几乎所有化石燃料燃烧导致的排放。该计划也将进口电力包含在内，避免了将发电业务转移至覆盖范围之外以逃避碳价约束的现象。尽管存在一些差异，但各地区之间的机制设计很大程度上保持一致。

　　该机制最突出的特点在于其碳价区间。加利福尼亚州的碳价区间最初设定为每吨 10 ～ 40 美元，并在通货膨胀率的基础上每年上调 5%。2017 年，价格区间为每吨 13.57 ～ 50.70 美元。这一碳价区间是所有碳交易机制中价格最高的。

　　为了防止行业从中获取意外之财，加利福尼亚州主要通过拍卖而非免费发放的形式来分配配额。一个有趣的混合分配方法是，加利福尼亚州内的电力公司可以获得免费配额，但需要在州政府的拍卖中以所谓的"委托拍卖"的方式出售这些配额。拍卖所得在满足特定条件的基础上将退回私营电力公司。资金以一次性付款的方式返还给每位客户，这样一来既可以抵消价格上涨的影响，同时可以维持碳市场的价格信号。

加利福尼亚州的设计并非尽善尽美，又一次佐证了实现政策严格程度的难度。由于其他政策成功推动减排，以及美国在 2009—2010 年陷入经济衰退，实际的排放量低于初始预期，导致该计划的排放量跌至排放总量之下。因此，加利福尼亚州的 2020 年目标变得比预期更容易实现，并且成本也更低。

为实现 2020 年的目标，加利福尼亚州实施了"一揽子"政策，碳交易机制是其中的一个。这"一揽子"政策主要依靠性能标准和其他行业政策。在政策实施之前，碳交易机制预期能实现约 20% 的减排量，而在实际实施过程中却不如预期。但这并不构成问题，因为这一机制往往作为后备措施。

然而，如果不解决供过于求的问题可能会破坏碳交易机制的效力，这是一个重大问题，因为加利福尼亚州日益依赖碳交易机制推动其气候政策行动[16]。供过于求以及相应的配额存储可能会大幅削减未来碳交易机制的效力。在加利福尼亚州的 2030 年战略设想中，碳交易机制亟须在 2021—2030 年实现 40% ~ 50% 的减排量，即介于 2.4 亿 ~ 3 亿 t。该机制最终也将需要通过下调未来排放总量来消纳前几年存储的过剩配额，以应对供过于求的问题（可能与"区域温室气体倡议"面临相同的问题）。

总之，加利福尼亚州 - 魁北克省 - 安大略省的碳交易机制因其广泛的覆盖范围、高价格下限和委托拍卖等创新之处令人注目。但是，与其他碳交易机制一样，供过于求也是该机制面临的一个严重问题。

五、小结

碳定价机制并不是实现 2℃ 目标所需深度减排的万能良方。然而，它是本书其他章节所描述政策的重要组成部分。

迄今为止，不断涌现的碳定价机制实践都是相对积极的，目前尚未出现任何可能导致对这一方法失去信心的重大事故或市场破坏现象。碳定价机制已被证明是一个有吸引力的财政收入来源。经济学家和公共财政专家普遍认同通过对污染或其他对社会有害行为收费，能够有效筹集资金。对于政策制定机构而言，碳定价的信息需求较低且提供了一种跨行业工具，能够实现比其他政策更具成本效益的减排。

迄今为止，碳定价机制的主要缺陷是政策制定者过于谨慎——碳税过于温和，而碳排放总量过于宽泛，因而存在巨大的政治障碍，并对先进的经济和技术预测有局限性。建议将重点放在合理的设计上，而不是是否使用税收或碳交易机制上，以便将焦点从之前的世界观冲突转向实际设计政策所需考量的因素上。这两种政策设计都可以简单或复杂，它们具有类似的实施要求。每一种机制都可以通过混合其他政策来弥补其缺陷。碳定价机制应制定具有科学依据的排放目标，同时利用经过验证的机制将价格保持在合理范围内。如果选择碳税机制，则应当保证对其进行数量调整，在未能实现预期减排效果的情况下逐渐上调价格。

第二节　研发扶持政策

一个没有很多能源技术选择的国家不会是一个安全、繁荣和健康的国家。能源技术可以帮助一个国家实现以下目标：

①能源供给充足；

②能源输送可靠；

③能源系统不过度损害环境；

④能源企业具有竞争力，并能够创造良好的就业机会；

⑤能源使用不应危害国家安全。

通过稳步、强劲地开发新技术以及对现有技术进行改进，上述目标能够更容易实现。过去 20 年间的技术进步开发了巨大的天然气新储量，提高了热电厂的能效和清洁水平，降低了太阳能和风能成本，并使家用电器和建筑物能耗降低 50%～90% 成为可能。

然而另一方面，许多国家正在剥夺下一代的选择权。例如，美国能源公司投入新技术研发的经费不到其销售额的 0.5%[17]。与之形成鲜明对比的是，信息技术方面的研发经费占比高出近 20 倍，制药行业的研发经费占比高出近 40 倍[17]。但也有少数几个国家树立了能源研发的强势地位，在全球层面脱颖而出的是韩国、以色列、日本和 3 个北欧国家，这些国家每年的研发投资超过其 GDP 的 3%[18]。世界上大部分地区都较为滞后。如果我们不严肃对待未来的能源技术投资，能源将成为经济生产力的负担，颗粒物污染将继续缩短数百万人的生命，而全球变暖也将进一步加剧。

话虽如此，在不浪费资金的前提下加快技术开发可能是一项挑战。幸运的是，目前有一些经过验证的方法可以大大提高其成功率。本节介绍了一些可以顺利推进能源技术从实验室进入市场的最佳实践。这项工作基于相关领域积累的经验，通过与政府开展的合作对 10 多项研究进行了审查，并与私营部门、学术界和国家实验室的专家进行了多次访谈。

一、政策概述与目标

研发扶持政策旨在提高政府研发活动的效果，并支持私营部门对研发的投资。拥有较强研发能力的国家也有机会将新技术售往海外，并从中获利。

研发投资与减排之间的关系具有高度不确定性。因此，我们并未估算研发扶持政策对实现长期排放目标的潜在影响。无论如何，研发扶持政策都可以降低减排成本，提高现有技术的性能，并开发最终能够使碳减排变得更容易、更具成本效益的新技术。

二、政策应用

从技术发展的角度来看，在技术生命周期的不同阶段需要采取不同的政策。研发扶持政策对处于生命周期早期的技术最为有效。任何开展研发工作的政府或私营企业，以及旨在将新技术推向市场的国家，都可以从研发支持政策中获益良多。

如果一个国家能够提供税收优惠政策并拥有足够强大的教育体系，提供开展研发活动所需的高级科学家和工程师，那么即便该国目前没有充足的资源来投资公共研发（如修建或资助国家实验室），也可能吸引跨国公司在其国内开展研发工作，如爱尔兰就是以利用这些机制积极吸引致力于创新的跨国公司而闻名的 [19, 20]。不具备开展公共或私人研发工作所需必要条件的发展中国家一般是技术进口方，这些国家可能更适合重点关注其他类型的政策，如针对车辆和家用电器的性能标准政策、促进可再生能源发展的政策、为建筑和工业能效升级提供的财政支持政策等。

即便在图 8-8 中所示的研发时间跨度内也并不存在一致的条件。在其他资金存在缺口的情况下，政府提供的财政支持（无论是补助金、贷款担保还是其他机制）至关重要。这种缺口最常发生在基础研究（通常由政府实验室和学术机构负责）和扩大产品商用规模（由私营企业提供资金支持）之间，如图 8-9 所示。这一缺口通常被称为"死亡之谷"，因为极具前景的技术往往因无法跨越这一鸿沟而无法从实验室转向大规模示范项目或生产。

一些研发扶持政策可以在技术开发的各个阶段提供助益，如确保企业能够获得高水平的科学、技术、工程和数学人才。其他诸如补助金或贷款担保等措施在协助技术克服资金缺口时可能最为有效。

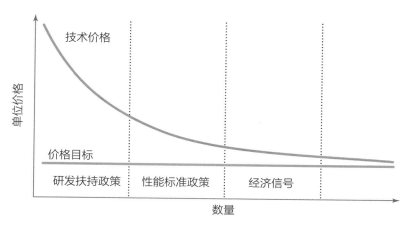

图 8-8　政策技术学习曲线

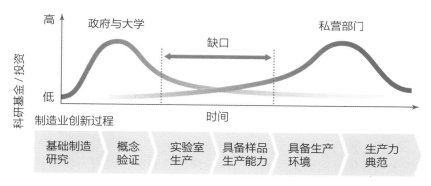

图 8-9　基础研究和商业化之间的资金可用性缺口通常被称为"死亡之谷"

图片来源："纳米制造：技术出现和对美国竞争力、环境与人类健康的影响"，美国政府问责局，2014 年，http://www.gao.gov/assets/670/660592.pdf。

三、政策设计建议

研究从根本上来说涉及猜想和实验。即便拥有完善的政策激励，许多研究项目也永远无法转化为商用产品。有时候技术或科学问题会对其造成干扰，有时候市场会发生变化，而有时候一种更具创新性的方法会导致研发项目在商业化之前就因过时而被淘汰。这一现实要求政策制定者和投资者接受风险和研究失败，不经历失败是无法获得真正的成功的。

有时政府可能会因为承担这种风险而获得回报。例如，尽管为多家希望获得成功的企业提供了资金支持，美国能源部的清洁能源贷款担保计划仍然在 2010—2013 年实现了 3 000 万美元的利润 [21]。

1. 为研发获得成功而建立长期承诺

立法和技术开发交叉领域中最具挑战性的问题之一是，有必要制定一个技术政策长期展望。私营企业在进行风险投资之前需要确信政策具有一致性和可靠性，政府和私营企业的实验室必须购买设备、招聘专家，并谨慎地开展实验。因此，促进研发活动的政策必须匹配技术研发的长时间跨度，否则研究人员和政府将白白损失机会和浪费资金。

面对政治和预算挑战，政策制定者倾向于每次仅提供为期一年的资金资助。断断续续的政策对能源创新的有害影响无须再过多强调。例如，美国的研发税收抵免政策自 1981 年开始执行以来，重复以每次较短时间跨度不断延长，同时期满即止。一家专注于研究的能源技术公司的首席执行官指出，研发税收抵免只是意外之财，对公司的研发选择没有影响。2015 年，经过 15 次阶段性延长 [22]，研发税收抵免政策最终成为一项长期政策 [23]。

如果能够保证对研发活动的扶持持续较长时间，政府、学术界和私营企业将有信心在进行研发投资时能够得到这种支持。

2. 通过同行评审来确定研究重点

从众多竞争者中筛选出适当的研究项目是一项既困难又复杂的工作。在对不同研究项目获得政府资助的资格进行筛查时，政府应当对各个选项进行同行评审，评审人员包括政府内部专家和可能受益于相关领域技术进步的行业专家。与政府内外部专家进行磋商可以帮助确认项目的技术可行性，若项目取得成功将为社会带来效益，同时确保项目风险回报系数处于可接受的水平。

例如，美国能源部制定了一项"四年期能源技术评估"制度 [24]，其中考虑了许多领域的技术突破潜力，并将其与国家重点事项如减少对进口石油的依赖相结合。这项工作吸引了来自私营企业、国家实验室和学术界的600名专家。这些专家需要对照国家政策目标清单和以下3项明确的潜力衡量标准来对这些技术的影响加以考虑：

①成熟度：具有巨大发展空间，可在10年内实现商业化的技术。

②重要性：可能在20年内为实现国家能源目标产生重要影响的技术，所谓"重要"，就是能够对大约1%的一次能源产生影响。

③市场潜力：相关市场可能会采用的技术，这些市场是由经济驱动的，但却受到公共政策的影响。

这一过程帮助美国能源部认识了以往资助方法存在的问题（如需要在具有近期、中期和长期影响的项目之间实现更好的平衡），并协助确定应将工作集中于哪些领域以更好地实现国家重点目标。

3. 设定阶段性目标以关闭运作不佳的项目

研究本质上是一种冒险尝试，一项研究很可能不会产生任何成果，或者成果寥寥，因此很难确定必要投资的合理性。为了确保不会浪费大量资金和工作人员的时间，设立阶段性目标尤为重要，研究项目必须通过这些阶段性目标才能继续获得经费。如果一个项目未能实现这些阶段目标，就应当关闭，这样一来分配给该项目的工作人员和资金便可以重新分配给更富有成效的工作。虽然一些研究失败不可避免，但强有力的阶段性目标审核程序有助于确保在项目终将失败的情况下，在用完大量资金之前尽早并快速抽身。

已获得资助的项目会产生既得利益，因此从现有项目中撤走资金比为新项目提供资金更具挑战性，至关重要的是保证阶段目标审核程序得到具有相关领域的科学和工业专业知识的独立专家的支持。从整合行业视角来看，项目资金拨付与否可以基于项目的科学价值和最终商业化潜力，而不是基于政治考虑。例如，美国能源部的工业技术项目就是使用阶段性目标来管理其研发资金的分配的[25]，审核小组的成员包括提供资金支持机构的代表、外部（如行业）技术专家、内部（如政府）技术专家、潜在最终用户代表、研发团队的成员。

4. 按类型或项目开展集中研发以达到增长临界点

向许多不同机构——提供少量研发经费是效率低下的做法，因为这些机构之间的协调和重复工作将占用过多的研发投资。最好是将研发经费集中在特定的主题上，进而将其集中在少数机构中，并且彼此之间或与相关行业参与者之间最好能够同地协作，这样可以减少协调工作带来的挑战，从而促进知识共享，避免重复工作。

实现这一目标的一种方法是创建"创新中心"或"卓越中心"。各个中心由学术界、私营企业和政府研究人员组成，理想情况下这些中心应位于同一个都市区内。除了避免重复工作之外，将具有不同背景的研究人员汇集在一起，可以进一步发挥协同作用。研究人员可以交流彼此的想法，学生通过实习和产学研合作获得技术技能，而企业可以获得人才。商业界与学术界并肩前行有助于加快技术从实验室到市场的转化过程，提高其可靠性。投资者（如风险投资）在早期阶段介入可以作为推动进步的促进因素。

5. 为私营企业提供高质量的公共部门设施和专业知识

一些国家的政府已经投资开发了极为昂贵、高质量的科学和工程研究设施，如美国能源部的国家实验室。这些设施配备了技术娴熟的专家。一些希望通过研发活动改善其产品性能的私营企业，可能无法负担仅仅出于对其产品线进行小幅改进目的而自行出资修建尖端实验室，并为其配备经验丰富的科学家。通过与国家实验室建立研究合作伙伴关系，企业可以通过支付一笔相对较少的费用来获得高质量的设施和专业知识，从而能够在无须投入相同研发水平的情况下获得研究带来的收益。一个国家实验室可以与许多不同企业合作，以提高整个经济的整体技术实力（只要注意保护知识产权），这些合作伙伴关系也可以为国家实验室提供收入来源，减少其对纳税人资金的依赖。例如，印度中央电力研究所（India's Central Power Research Institute）在过去的 50 年里一直致力于为政府、工业和电力企业提供研发设施。这些公私合作的研究设施帮助印度在高压输电、电

力系统韧性和其他配电组件等方面的研发取得了长足的进展 [26]。美国国家
可再生能源实验室（U.S. National Renewable Energy Laboratory）修建了 10
多个集中式实验设施，如用于研究电网现代化的能源系统集成实验室。桑
迪亚国家实验室（Sandia National Laboratories）提供了 18 个测试设施（如
燃烧研究设施、机械测试和评估设施），私营企业、学术界、其他实验室、
州政府与地方政府的研究人员都可以在这些设施开展研究 [27]，或者可以直
接与桑迪亚国家实验室签订合同来开展测试。

6. 在不阻碍创新的情况下保护知识产权

知识产权（IP）对于保护私营企业的研发投资是必要之举。如果专利
无法得到保护，任何企业都可以在其产品中使用研究成果，就会削弱或消
除企业奋勇争先、开展研发活动的动力。但是，避免专利和知识产权保护
扼杀创新也很重要。要确保提交的每项专利的新颖性和独特性，在本质上
具有一定难度，进而引发了两个问题。

首先是专利操控实体（也被称为"专利流氓"）的兴起。这些企业获
得了一项关键专利（通常是范围模糊或过于宽泛的专利），但其意图并非
在产品或服务中使用该项专利。相反，它们会仔细筛查可能违反该项专利
的企业，并对其提起诉讼，希望与其达成诉讼和解 [28]。这会使一些小型企
业支付不合理的和解费或者花费更多的费用在一场无谓的诉讼中，这将抑
制其创新动力 [29]。

其次是在诸如信息技术等领域中，现有专利汗牛充栋，而基础技术的
使用需求非常普遍（如其他系统或硬件的交互操作），这导致在避免侵权
的同时实现创新几乎是天方夜谭。大型科技公司已经学会通过收购数以千
计的专利来保护自己，并向起诉其专利侵权的任何公司提出反诉。这样一
来，竞争对手认识到，起诉拥有多项专利、资金雄厚的企业可能会导致高
额的法律费用，并对其产品线构成巨大风险，因此会打消起诉的想法。然而，
未能手握数千项专利的小型企业并没有这种威慑能力，因此它们很容易受

到诉讼的影响，这些诉讼可能导致他们破产或将企业出售给技术巨头 [1]。这样一来就严重偏离了专利制度的初始意图和目的。

设计适当的知识产权保护机制很复杂。一些倡议组织对专利问题进行了谨慎思考，并提出了可用于制定适当专利保护机制的原则 [2]。

7. 确保企业可以获得高级 STEM 人才

为了保证私营企业能够成功开展研发活动，需要一批 STEM 人才。从公共政策的角度来看，政府可以通过以下两种方式在这方面提供协助。

首先，制订以这些领域为重点的高质量教育计划，帮助学生尽早掌握科学和数学技能，并为学生提供在大学和研究生阶段进一步发展这些技能的途径。在美国，小学和中学的资金主要来自州政府和地方政府，因此位于不太富裕的社区的学校获得的资金较少，学生的科学和数学（以及其他科目）成绩较差。因此，除了将足够的资源投入 STEM 外，解决收入不平等和贫困问题的政策也有助于提高获得技术教育的机会 [30]。由政府资助的实验室或私营企业所提供的研究实习机会可以帮助学生进一步发展技术技能。例如，爱尔兰政府就为在 IBM 等创新公司研发部门实习的大学生和博士后提供了资金支持 [30]。

其次，确保移民法允许企业从其他国家招聘熟练的技术人才。研究人员是为国家经济做出贡献的高技能人才。在美国，各个政治团体一直倡导简化签证和永久居留程序，包括建议向拥有 STEM 领域高级学位的美国大学毕业生提供自动居留权 [30]。澳大利亚、加拿大和英国使用积分制或择优制移民制度 [31]，优先考虑拥有相关领域（通常包括 STEM 领域）学位和工作经验的人才 [3]。

---

[1] 专利并非用来保护自己的知识产权而是作为专利诉讼威慑因素来支持反诉的现象十分普遍，因此谷歌启动了一项计划，即 PatentShield。该计划可以让初创公司通过将公司股份出售给谷歌来获得谷歌的大量专利，它们可以利用这些专利来反诉对方。欲了解更多信息，请参阅：Frederic Lardinois. Google's and Intertrust's New Patent Shield Helps Startups Fight PatentLitigation in Return for Equity[EB/OL]. TechCrunch, 2017. http://social.techcrunch.com/2017/04/25/googles-and-intertrusts-new-patentshield-helps-startups-fight-patent-litigation-in-return-for-equity/.

[2] 专利改革联合就是一个例子，其成员包括亚马逊、美国电话电报公司、脸书、福特、通用电气、谷歌、梅西百货、全国广播协会、全国餐饮协会、全国零售联合会、喜达屋酒店、沃尔玛等。

[3] 这些国家也通过非点源系统接纳移民，如出于家庭关系或人道主义原因。

四、案例研究

（一）美国能源高级研究计划署

2007 年，为了寻求一种高效方法来资助能源技术研究，并将新型技术从实验室引入市场，美国设立了一个新的研发资助机构：美国能源高级研究计划署（U.S. Advanced Research Projects Agency–Energy）。该机构所采用的方法效仿美国国防部高级研究计划署（Defense Advanced Research Projects Agency），这是一个获得巨大成功的政府研发机构，在日常使用的技术开发过程中发挥了关键作用，包括 GPS 卫星、分组交换计算机网络和互联网 [32]。

美国能源高级研究计划署致力于为目前仍为时过早、无法吸引私营企业经费（如风险投资），但有可能迅速发展并实现商业化的研究项目提供资金。因此，这些项目能够跨越基础研究与产品开发之间的鸿沟。获得资助的项目必须具有变革意义，必须具有"从根本上改善美国经济繁荣、国家安全和环境福祉"的潜力 [33]，必须有针对产品或流程商业化的具体建议。该机构还为研究团队提供资源以协助其筹集商业经费，并追踪其商业化进程以便了解其经费的最终产出。美国能源高级研究计划署采用灵活的资助结构，可以快速做出资助决策。他们依赖项目主管的判断（通常由来自行业的专家担任），但其仅担任有限的任期，这样确保不断注入新想法和新观点 [33]。

自 2009 年首次发放经费以来，美国能源高级研究计划署已向 580 多个项目拨付了 15 亿美元的研发资金。许多受益项目已经成立新公司，并与其他资助实体建立了合作伙伴关系 [34]。目前，该机构提供的资助已在电网级电池和液流电池、电动汽车系统、电流和电网运行、电力电子设备、高级材料等方面取得进展 [35]。

（二）日本创新网络公司

2009 年，日本创新网络公司（Innovation Network Corporation of Japan）

成立，这是一项价值 19 亿美元的公私合作项目的成果，旨在推动能源、基础设施和其他高科技领域的进步。日本政府投资了 95% 的前期资本来创建该公司，剩余 5% 的资金来自 26 家私营公司 [36]。创新网络公司是一家投资公司，通过对应用技术的投资促进下一代行业的发展，专注于具有"社会意义"的创新 [37]。该公司旨在通过投资获得经济回报 [37]，所以不需要政府持续提供扶持，其在能源领域的投资案例包括小型风力发电、层压式锂电池、智能电表和半透明太阳能电池 [38]。

日本政府为该公司的投资提供了 85 亿美元的贷款担保，降低了部分投资因表现不佳可能造成的风险 [39]。创新网络公司与 10 个外部组织建立了合作关系，其中包括日本大学、政府机构、风投公司以及多个研究机构 [40]，使该公司在制定投资决策时可以利用其他组织的知识和人才。

（三）德国的弗劳恩霍夫应用研究促进协会

弗劳恩霍夫应用研究促进协会（Fraunhofer-Gesellschaft，以下简称弗劳恩霍夫协会）是由遍布德国的 69 个研究机构组成的。该协会重点关注应用研究领域，大多数项目的持续时间不超过 2 年，并重点关注立即可用的成果 [41]。这有助于填补基础研究与商业化之间的预算差距（"死亡之谷"）。弗劳恩霍夫协会是欧洲规模最大的研究机构，拥有 24 500 名员工，年度预算为 21 亿欧元 [42]。30% 的组织预算来自公共部门 [43]，70% 来自与公共或私人机构开展的合作研究 [42]。

弗劳恩霍夫协会分为 8 个研究所，分别涵盖特定的研究领域，如材料和组件、微电子学。这些联盟团体开展协调研究、聚集资源，并避免重复工作 [44]，是创新中心模式（如前文所述）的典范。

弗劳恩霍夫协会还在培养技术人才方面发挥着重要作用，这对确保德国公司和弗劳恩霍夫协会获得为实现研究成功所必需的科学家和工程师人才而言是必要之举。每个弗劳恩霍夫协会的研究所都与一所大学合作，聘请研究生和博士后担任兼职，帮助他们在开展学术研究的同时积累行业经验。合作大学的毕业生在进入业界或学术界之前通常会在弗劳恩霍夫协会工作 3 ～ 6 年的时间 [41]。

弗劳恩霍夫协会在确保德国制造企业保持全球竞争力（即使面对亚洲低成本产品的挑战）方面发挥了一定作用。许多德国中小型企业都是产品领域的市场领导者，其产品质量和性能均高于廉价替代品。因此，制造业占德国经济的 21%，远高于美国（13%）和英国（12%）等同等发达国家 [41]。弗劳恩霍夫协会的事例展示了如何制定一项设计良好、长期保持一致的研发活动推动政策，以及如何为国家经济带来超额回报。

五、小结

为保证一个国家在转向清洁能源的同时满足能源需求并加速经济发展，制定一系列富有活力的新能源技术是至关重要的。强大的研发支持政策在技术生命周期的早期阶段（进入市场并能够获得性能标准和财务激励等政策支持之前）至关重要。尤其值得注意的是，许多研究项目很难获得资金来跨越"死亡之谷"，即基础研究与早期商业化之间的鸿沟。这为具有极高杠杆的研发扶持政策提供了机会。

政府对研发资金的承诺、计划和激励措施应当给予长期保障，以匹配研究项目审核、聘用员工、扩展或改造实验室并将早期研究转化为可销售的产品所需的时间跨度，包括由政府和行业专家等共同开展的同行审议，可以帮助确定研究经费的优先投资项目，从而为私营企业、环境和公共健康带来实际效益。设置阶段性目标可避免浪费研究经费和员工时间。将研究按主题集中到创新中心，可以加强协调、减少行政负担，并加快研究进程。精心设计的知识产权保护机制，以及提供大量顶尖技术人才的教育和移民政策，可以为公共和私营企业的研发成功奠定重要基础。

各国政府通过明智的政策促进研发，可以增强其技术实力和经济地位、吸引研发投资、增强能源安全并减少污染。

第三节　2050 年以后的政策选择

本书主要关注的是 2050 年以前实现大规模减排的最有效的政策设计。然而，书中讨论的许多政策，如建筑和车辆能效标准、鼓励减少工业甲烷排放的激励措施或要求，甚至是碳定价机制，其本身并不能将碳排放降低至零排放或负排放的水平。

在本书介绍的政策措施能够实施的情景下，我们有一半的机会将温升幅度控制在 2℃以内，排放量大约在 2070 年后变为负值。这种结果在气候模型中很常见，为了保证至少有一半的机会将温升幅度控制在 2℃以内，全球碳排放必须稳步下降至零排放，并最终在 21 世纪下半叶变为负排放（即从空气中去除的 CO_2 量高于排放的 CO_2 量）[45]。即便未能实现 2℃目标，在任何温升幅度（如 3℃、4℃）下维持气候稳定也需要类似的大幅减排，尽管时间上可能来不及了。因此，我们别无选择，必须将碳排放降低至零排放甚至是更低的水平。

本节主要探讨远期（2050 年以后）所需的减排技术，以及适应气候变化所需的政策。本节所讨论的技术目前可能尚未做好大规模部署的准备，但从现在起开始着手实施有助于促进其发展的政策可以保证这些技术在需要时已达到足够成熟的水平。

需要注意的是，这里提到的措施不应削弱本书在其他篇章所讨论的更为传统的措施。2050 年以后实现完全脱碳所需的技术进展应当是为实现近期目标而开展的行动的补充，或者应同时开展。如果我们不消除前面 90% 的碳排放量，也就无法消除最后 10% 的碳排放量。在分配有限的资源时，重要的是记住有许多 2050 年以后的解决方案目前仍处于研发阶段，因此与已做好全球部署的解决方案（如风能、太阳能、节能工业设备和建筑构件）相比，在短期内并不需要为了使这些技术取得令人满意的进展而提供过多的资金。

一、如何对 2050 年以后的技术提供支持

本节讨论的是对能够实现零排放甚至负排放的新兴技术所提供的支持政策。虽然对这些技术的进一步研究尚需广泛的支持，但可以从以下 3 个方面加以推进：

一是本章第二节讨论的政府研发支持政策，这是确保减碳技术发展走向成熟的核心政策。这些技术虽然具有巨大的、积极的社会外部效益，但研发该技术的企业却无法获得相应的经济利益，因此如果没有政府支持，企业可能会选择将其研究工作转向其他领域。

二是本章第一节讨论的强有力的碳定价机制，这对于加速这些技术的开发工作至关重要。通过设定碳价，政府可以为减碳技术创造额外的经济价值，并鼓励私营企业投资。

三是部分技术可能会需要修建大规模的示范工程或项目，以便通过"干中学"来降低成本。因此，政府可能需要为一些示范工程或大型项目的建设和运营提供补贴，直至本节讨论的技术能够得到更好的发展。

二、未来有哪些减排技术

（一）碳捕集与封存

我们有可能彻底消除电力系统的碳排放，并实现许多终端用途的电气化。例如，可再生能源和核能在结合以下措施时能满足所有的电力需求：弹性需求，大范围电力平衡区域，储能，修建风电场和太阳能电场，将多余电力用于有用的、非时间敏感的用途（如制备氢气）。但是，有一些 CO_2 排放源可能难以消除。例如，制造水泥熟料会释放 CO_2（如第七章所述），在不影响材料结构特性的情况下是无法将水泥中的熟料比例降低至一定百分比以下的。再如传统工艺的钢铁生产（而非在电弧炉中炼铁和炼钢），这一过程不仅使用碳作为能源，而且还将碳作为化学还原剂。材料科学领域的创新可能有一天能够采用具有类似结构特性的新材料来替代水泥或钢

材[46]。然而，我们可能无法消除所有的工业排放，特别是如果新型材料开发和商业化推广遭遇阻碍，或者无法以具有成本效益的方式满足这些材料的全球需求。

碳捕集与封存（CCS）提供了一种在不向大气中释放更多 CO_2 的前提下继续制造传统材料的方法。CCS 可以提取废气流中的 CO_2，再利用压力将 CO_2 液化，将其输送至具有适宜地质特点的区域，并将 CO_2 注入地下进行长期储存。CCS 已成功应用于石油和天然气行业以提高石油采收率，且目前将 CCS 用于工业生产过程和发电设施的示范项目已遍布世界各地[47]。一些使用 CCS 的发电厂可能使用阿拉姆循环（Allam cycle），这是一种将 CO_2 作为工作流体的燃烧过程，并产生非常纯净的 CO_2 排气流，比在空气中被稀释的 CO_2 更容易捕集[48]。

CCS 除了用于燃煤或燃气发电厂还可用于生物质发电厂，这被称为生物能源碳捕集与存储。由于生物质中的碳是植物近期从大气中吸取的，因此将其储存在地下会降低大气中的 CO_2 浓度。

除了来自 CCS 本身的挑战外，生物能源碳捕集与存储还面临其他障碍。其中一个问题是，种植生物能源作物需要土地，而且所需土地的面积可能非常大[49]，因此必须确保生物能源碳捕集与存储不会威胁粮食安全或通过毁林来获得额外的耕地。目前，针对这些挑战已经开展了极具前景的研究，如开发多功能土地利用（允许在同一片土地上生产粮食和生物能源作物）。此外，还可以利用生物能源作物来提取高价值替代燃料（如交通运输燃料），然后再将残余物用于生物能源碳捕集与存储，从而提高将土地用于生产生物能源作物的经济效益[50]。

（二）去除大气中的 CO_2

实现负排放必然涉及去除大气中的 CO_2，除了使用生物能源碳捕集与存储之外，目前科研人员已经提出了多种技术来实现这一点，尽管这些技术仍处于早期研究阶段。

1. 直接空气捕集技术

虽然本节讨论的所有技术都能捕集 CO_2，但直接空气捕集技术通常是利用化学过程来提取大气中的 CO_2，类似于利用洗涤器在航天器的空气中捕集 CO_2。与生物能源碳捕集与存储不同，这种技术无须使用大量土地，因此不会威胁粮食安全或造成毁林风险。

直接空气捕集技术面临的一个挑战是需要大量的能源。为了实现负排放，必须由零排放能源（如风能、太阳能或核能）提供动力，同时不能因为该技术的使用而使这些零排放能源的原本使用者转向化石能源。也就是说，直接空气捕集技术使用的零排放能源必须严格建立在满足其他零排放能源用途的基础上。

直接空气捕集技术面临的另一个挑战是成本问题。截至 2011 年，一个每年可捕集 100 万 tCO_2（约占美国年排放量的 0.02%）的捕集系统的成本估计为 22 亿美元。在整个设施的生命周期内，其总成本为 600 美元 /tCO_2，比从燃煤电厂烟气中捕集 CO_2 每吨成本高出 8 倍[51]。这是由于废气流中的 CO_2 浓度更高，其中的 CO_2 更易于捕集。

深入研究有助于提高直接空气捕集技术系统的能效，并降低其资金成本。与其他去除大气中的 CO_2 技术一样，碳定价机制可以向其提供经济激励和资金回报。

2. 强化的风化作用

在自然界中，某些类型的矿物质（如橄榄石）暴露在空气和水中会发生从大气中提取 CO_2 的化学反应，并将其作为碳酸盐矿物质进行储存[52]。这类矿物质进入海洋后，生物体可利用其形成贝壳和骨架。在这些生物死亡后，矿物质便会沉入深海，最终转化为石灰岩[53]。

虽然这一自然过程非常缓慢，并且无助于减少人类存续时间尺度上的大气 CO_2 浓度，但我们有可能加快这一自然过程。例如，如果开采大量橄榄石和类似矿物并对其进行精细研磨（增加表面积），再将其广泛播撒在海滩或其他可以接触水和大气的土地上，就可以加快 CO_2 捕集的速度[52]。

遗憾的是，鉴于当前科学认知的局限性，需要使用的橄榄石量非常大，而且橄榄石的采矿、运输、研磨和播撒必须以最低排放的方式进行，才能实现净封存。另外，为了保证充分的封存速度，橄榄石可能需要研磨成平均直径小于 10 μm 的颗粒[54]，但这一微观尺寸易于雾化并可被人体吸入（如 PM_{10}）。因此，需要开展更多的研究来开发改进这一技术，才有可能将强化的风化作用作为在人类存续时间尺度上去除 CO_2 的可行选择。

3. 海洋施肥

浮游植物是海洋中的光合生物，它们通过吸收海水中的 CO_2 来实现生长。当浮游生物死亡后会沉入海底，并将 CO_2 封存在体内。与其他生物一样，浮游植物的生存需要多种营养元素。在许多海域中，铁元素是决定浮游植物生长的限制性营养元素[55]。因此，有人提出向海洋播撒铁元素以促进浮游植物生长，并以此作为加速 CO_2 封存的手段。

但这种方法存在诸多挑战。许多浮游植物会产生毒素，因此鼓励它们生长可能导致有害藻华的暴发，威胁海洋生态系统的健康，还可能伤害或毒死食用受污染海产品的人[56]。此外，浮游植物死亡后，对其死株进行分解的细菌可能耗尽水中的氧气形成一个"死区"，从而导致动物窒息而亡[56]。最后，一个地区的藻类生长可以抑制另一个地区的藻类生长，在某些地区铁元素之外的营养物质也可能会成为限制营养素，因此播撒铁元素在增加整体浮游植物数量方面的有效性受到质疑[57]。

开展更多的研究有助于确定是否能够安全地进行海洋施肥，以及其是否具有显著的 CO_2 去除潜力。

（三）将生物燃料和合成燃料用作运输燃料

我们有可能实现多种交通方式的电气化（如轻型道路车辆），然而由于特定交通方式（如商用飞机）对燃料的能量密度要求较高，因而使这些交通方案难以实现电气化。针对这类交通工具的一种选择是使用碳中性生物燃料或其他合成燃料。

乙醇是一种已经广泛应用于交通运输行业的生物燃料。但是在整个生命周期内，从玉米中提取乙醇的温室气体排放量仅比石油汽油少 20%[58]，而且如果没有安装特殊设计的发动机，车辆就无法使用 100% 的乙醇燃料。为了实现零排放，生物燃料必须在生命周期内保持碳中性，而且如果能够作为汽油（或柴油）车辆可以直接使用的替代燃料，则其被采用的可能性更高。

采用纤维素（形成植物叶子和茎的不可食用的物质）制备乙醇可以利用农业废弃物而无须利用玉米，从而降低了生命周期内的温室气体排放。多个企业已尝试从藻类中获取生物燃料，但大多数企业未能成功，也有部分企业在意识到这一技术面临严峻挑战后转而开发其他具有更高价值的产品（如化妆品或食品添加剂）[59]。

还有一种方法是利用化学或生物过程直接从太阳光中获取燃料[60]。这一方法有可能避免利用植物将太阳光转化为生物质，然后将生物质转化为能量密集型液体燃料这一低效率过程。这些方法目前都处于研究阶段，需要长期、持续的政府扶持才有机会实现商业化。

（四）氢气

我们也可以使用氢气作为化学燃料。与碳中性生物燃料相比，氢气具有多个优点。首先，氢气制备技术更加成熟，可以使用可再生能源生产的电力将水分解为氢气和氧气。目前，我们能够在产生很少或不产生温室气体的前提下制备氢气。其次，氢气在用作能源时不会排放任何污染物，唯一的副产品是水蒸气。而即使碳中性的生物燃料在燃烧时可能会释放出对人体健康有害的颗粒物和其他污染物。

氢气的一个重大缺点是，为了获得足够的能量密度以用作车辆燃料，必须储存在非常高的压力或非常低的温度下，这就需要庞大且沉重的存储系统。例如，最近有了第一艘使用氢气作为燃料（尽管不是作为其主燃料）的船舶订单。这一船舶设计面临的一项技术挑战是需要将液态氢气储存在 −253℃ 的温度条件下[61]。因此，氢气可能更适于航运或长途陆地运输，而不是用作飞机燃料。同时，还有需要开发大规模氢气配送网络和加氢站。

另一个缺点是需要修建新管道网络将氢气输送至远距离之外供设备使

用。在一些地区（如美国），建造输送可供全社会使用的新氢气管道基础设施是非常困难且价格昂贵的。

为了推进氢气的使用，政府可以促进船舶和其他车辆的氢气使用标准的制定，包括寻求国际海事组织等国际机构的协助。如果有充足需求，政府也可以促进加氢站和配送基础设施的建设工作。

（五）转变饮食和行为方式

部分温室气体排放来源（如反刍动物的肠道发酵）可能难以通过当前的技术得到解决。降低某些类型排放的一个选择是政府通过颁布政策来转变人类的饮食习惯或行为方式。例如，终止对用作动物饲料的作物（如玉米）的补贴，或对牛肉和羊肉征税，这样可能会减少对这些商品的需求。如果充分减少需求，则禁令可能具有可行性。虽然从政治的角度来看不太可能，但类似的禁令已经存在并获得广泛的公众支持，如美国政府颁布限令，禁止人们在美国境内屠宰马匹用于食用[62]。

转变行为方式不仅针对那些可选减排技术较少的排放源，还可能在各种情况下发挥作用。例如，分区规划可用来鼓励民众优先选择步行和自行车方式出行（这一点在第五章中进行了更详细的探讨）。

（六）改变反照率（反射率）

气候变化是由地球大气中的吸热气体浓度升高而引起的。辐射热是红外辐射，地球在吸收太阳光且温度升高后会发射辐射热。如果地球不吸收太阳光，而是将太阳光反射出去，则这些太阳光可能会绕过大气中的吸热气体，重新进入太空。因此，应对气候变化的一种方法是增加地球的反照率（反射率），让更少的太阳光被地球表面吸收并转变为热能。

改变反照率的主要措施是将微小颗粒注入平流层，这些颗粒会像遮阳板一样将一小部分阳光散射回太空[63]。这种效应在大型火山喷发后会自然发生，因为火山爆发可以释放大量形成颗粒的二氧化硫[63]。这项技术目前仍处于研发阶段，可以通过获取政府支持加快其研发进度。

还有一些措施也可增加地球表面的反照率，如使用浅色屋顶和路面。反照率范围应在 0.0（完全吸收）～1.0（完全反射）。城市中每平方米表面积的反照率每增加 0.01，就相当于减排了 7 kg CO_2 并避免了其带来的增温效应 [64]。高反照率表面可以缓解城市热效应，减少温暖气候环境下对空调的需求，实现节能并减少排放。政府可以通过建筑节能规范和直接采购公共道路和人行道材料来鼓励高反照率材料的使用。

三、适应更温暖地球的政策

在规划 2050 年以后的政策时，投资有助于人类适应气候变化的技术和措施是明智之举。适应可以分为结构性或物理性适应（如修筑海堤、培育新作物或动物品种）、社会性适应（如疏散计划或就移民流动做好准备）或制度性适应（如保险所有权要求或应对气候变化的城市规划）[65]。其中，许多措施需要很长的前置时间，而我们当下就应当着手部署这些措施。例如，运用基因工程技术来培育能够抵抗干旱、热浪或不同种类的虫害，对环境无害的新品种作物可能是一种理想的做法。培育合适作物可能需要多年时间，政府应当为现下的适应技术提供研发支持。

政府必须在弹性城市规划、防灾规划、修建防护性基础设施（如海堤和早期预警系统）以及其他制度性措施方面发挥带头作用。各国政府可以要求地方政府积极参与那些特别是需要在地方一级实施的行动，如规定各城市必须在城市规划中考虑气候变化将会带来的影响。政府可能要求通过保险来规避自然灾害损失，保险的设计可以帮助人们远离极端天气事件可能带来的伤害。

政府还必须就境内和跨境移民进行规划。联合国难民事务高级专员办事处估计，在 21 世纪中叶，极端天气条件、逐渐萎缩的水资源储备、农业用地退化以及逃离为争夺稀缺资源而爆发的冲突，将导致多达 2.5 亿人流离失所 [66]。这大约是叙利亚内战难民人数的 50 倍，占当前全球人口的 3.2%。如果你认为这个数字过高而不可信，那么你可以设想一下，联合国目前已确定全球有 6 400 万难民、寻求庇护者和境内流离失所者，其中许多人是因气候变化引起或进一步加剧的问题而被迫迁移 [67]。政府应尽力确保向移民提供充足的基础设施、住房和就业机会，保证移民能够成功融入新社会，这对维护政治稳定至关重要。如果政府没有做好适当的准备，就可能会加剧气候变化造成的物理性损失 [68]。

四、小结

尽快制定强有力的减排政策可以为减少排放对人类社会造成的损害提供最具成本效益的机会。然而，在 2050 年以后，人类的需求将与 2020 年或 2030 年不同，而且目前尚不存在满足这些需求所需的技术。因此，即使我们今天采取行动实现减排，也必须开始制定具有较长前置时间的战略，以获得 21 世纪下半叶以及更遥远的未来所需的技术。特别是，当前的政府政策和投资应当对 CCS 技术、去除大气中 CO_2 的各种方法以及某些非常重要的适应措施（如避免饥荒的转基因作物）提供强有力的政策支持，这将有助于确保我们拥有完整的政策组合以应对未来的挑战。

参考文献

[1] Martin L. Weitzman. Prices vs. Quantities[J/OL]. The Review of Economic Studies, 41(4), 1974: 477–91. https://doi.org/10.2307/2296698.

[2] Hal Berton. Washington State Alliance to Push a Reworked Carbon-Tax Proposal[N/OL]. The Seattle Times, 2016-11-12. https://www.seattletimes.com/seattle-news/envi ronment/washington-state-alliance-to-push-a-reworked-carbon-tax-initiative/.

[3] Marc Hafstead, Gilbert E Metcalf, Roberton C. Williams Ⅲ. Adding Quantity Certainty to a Carbon Tax: The Role of a Tax Adjustment Mechanism for Policy Pre-Commitment[EB/OL]. Resources for the Future, 2016. http://www.rff.org/research/publications/add ing-quantity-certainty-carbon-tax-role-tax-adjustment-mechanism-policy-pre.

[4] Brian Murray, William A Pizer, Christina Reichert. Increasing Emissions Certainty under

a Carbon Tax[R/OL]. Duke Nicholas Institute for Environmental Policy Solutions, 2016. https://nicholasinstitute.duke.edu/sites/default/files/publications/ni-pb-16-03.pdf.

[5] California Economic and Allocation Advisory Committee. Allocating Emissions Allowances under a California Cap-and-Trade Program[R/OL]. 2010: 13. http://www. climatechange.ca.gov/eaac/documents/eaac-reports/2010-03-22-EAAC-Allocation-Report-Final.pdf.

[6] Dallas Burtraw, Richard Sweeney, Margaret Walls. The Incidence of U.S. Climate Policy: Alternative Uses of Revenues from a Cap-and-Trade Auction[R/OL]. Washington, DC: Resources for the Future, 2009-06. http://www.rff.org/documents/RFF-DP-09-17-REV. pdf.

[7] Esther Duflo, et al. Truth-Telling by Third-Party Auditors and the Response of Polluting Firms: Experimental Evidence from India[J/OL]. The Quarterly Journal of Economics 128(4), 2013-11-1: 1499–1545. https://doi.org/10.1093/qje/qjt024.

[8] M Jeff Hamond, et al. Tax Waste, Not Work: How Changing What We Tax Can Lead to a Stronger Economy and a Cleaner Environment[M]. San Francisco, CA: Redefining Progress, 1997.

[9] World Bank; Ecofys; Vivid Economics. State and Trends of Carbon Pricing 2017[R/OL]. 2017. https://openknowledge.worldbank.org/handle/10986/28510.

[10] Regional Greenhouse Gas Initiative. The Investment of RGGI Proceeds through 2014[R/OL]. 2016. https://www.rggi.org/docs/ProceedsReport/RGGI-Proceeds-Report-2014.pdf.

[11] Paul Hibbard, et al. The Economic Impacts of the Regional Greenhouse Gas Initiative on Nine Northeast and Mid-Atlantic States[R/OL]. Analysis Group, 2015. http://www. analy sisgroup.com/uploadedfiles/content/insights/publishing/analysis-group-rggi-report-july-2015.pdf.

[12] Abt Associates. Analysis of the Public Health Impacts of the Regional Greenhouse Gas Initiative, 2009–2014[R/OL]. 2017. http://www.abtassociates.com/AbtAssociates/files/7e/7e38e795-aba2-4756-ab72-ba7ae7f53f16.pdf.

[13] Michael Grubb, Federico Ferrario. False Confidences: Forecasting Errors and Emission Caps in CO_2 Trading Systems[J/OL]. Climate Policy 6(4), January 1, 2006-01-01: 495–501, https://doi.org/10.1080/14693062.2006.9685615.

[14] RGGI Inc. RGGI States Announce Proposed Program Changes: Additional 30% Emissions Cap Decline by 2030[R/OL]. 2017. http://rggi.org/docs/ProgramReview/2017/08-23-17/Announcement-Proposed-Program-Changes.pdf.

[15] Dallas Burtraw. Evaluating Experience with the Cost-Containment Reserve & Ideas for the Future[R/OL]. RGGI Inc., 2016. https://www.rggi.org/docs/

ProgramReview/2016/04-29-16/Burtraw-on-RGGI-CCR-April-29th.pdf.

[16] Chris Busch. Oversupply Grows in the Western Climate Initiative Carbon Market[R/
OL]. Energy Innovation, 2017. http://energyinnovation.org/wp-content/uploads/2017/12/
Oversupply-Grows-In-The-WCI-Carbon-Market.pdf.

[17] American Energy Innovation Council. A Business Plan for America's Energy Future[R/
OL]. 2010: 10. http://bpcaeic.wpengine.com/wp-content/uploads/2012/04/AEIC-The-
Business-Plan-2010.pdf.

[18] World Bank. Research and Development Expenditure (% of GDP)[EB/OL]. https://data.
worldbank.org/indicator/GB.XPD.RSDV.GD.ZS?year-high-desc=true.

[19] Charlie Taylor. Most R&D Activities in Ireland Carried Out by Multinationals[N/OL].
Irish Times, 2016. https://www.irishtimes.com/business/most-r-d-activities-in-ireland-
carried-out-by-multinationals-1.2727089.

[20] Vivian E. Nathan. Reasons to Do Business in Ireland—Research and Development (R&D)
Tax Credits[EB/OL]. Roberts Nathan (blog), 2015. http://www.robertsnathan.com/
reasons-to-do-business-in-ireland-research-and-development-rd-tax-credits/.

[21] Stephen Lacey. DOE: The Clean Energy Loan Program Is Already Making a Profit for
Taxpayers[EB/OL]. Greentech Media, 2014. https://www.greentechmedia.com/articles/
read/the-clean-energy-loan-program-is-already-making-money-for-taxpayers.

[22] Research & Experimentation Tax Credit[EB/OL]. Wikipedia, 2017. https://en.wikipedia.
org/w/index.php?title=Research-%26-Experimentation-Tax-Credit&oldid=794853537.

[23] Tom Sanger. R&D Tax Credit: New, Improved, and Permanent[EB/OL]. CFO (blog),
2016. http://ww2.cfo.com/tax/2016/03/rd-tax-credit-new-improved-permanent/.

[24] U.S. Department of Energy. The Quadrennial Technology Review[EB/OL]. 2015. https://
energy.gov/under-secretary-science-and-energy/quadrennial-technology-review.

[25] U.S. Department of Energy. Stage-Gate Innovation Management Guidelines: Managing
Risk through Structured Project Decision-Making[R/OL]. 2007. https://www1.eere.
energy.gov/manufacturing/financial/pdfs/itp-stage-gate-overview.pdf.

[26] Central Power Research Institute. About US: History[EB/OL]. 2012. http://www.cpri.in/
about-us/about-cpri/history.html.

[27] Sandia National Laboratories. Technology Deployment Centers[EB/OL]. [2018-01-03].
http://www.sandia.gov/research/facilities/technology-deployment-centers/index.html.

[28] Bradley P. Nelson. Patent Trolls: Can You Sue Them for Suing or Threatening to Sue
You?[EB/OL]. American Bar Association, 2014. http://apps.americanbar.org/litigation/
committees/intellectual/articles/fall2014-0914-patent-trolls-can-you-sue-them.html.

[29] Kenneth L Bressler, Christopher K Hu, Thomas H Belknap, et al. Patent Trolls: How

to Defend against Patent Trolls without Breaking the Bank[EB/OL]. Blank Rome LLP, 2015. https://www.blankrome.com/index.cfm?contentID=37&itemID=3703.

[30] Jeffrey Rissman, Maxine Savitz. Unleashing Private-Sector Energy R&D: Insights from Interviews with 17 R&D Leaders[R/OL]. Energy Innovation Council, 2013. http://energy innovation.org/wp-content/uploads/2014/06/unleashing-private-rd-jan2013.pdf.

[31] Jennifer Hunt. Analysis: Would the U.S. Benefit from a Merit-Based Immigration System?[N/OL]. PBS NewsHour, 2017. https://www.pbs.org/newshour/economy/ analysis-u-s-benefit-merit-based-immigration-system.

[32] Defense Advanced Research Projects Agency. Bridging the Gap, Powered by Ideas[R/ OL]. 2005. http://www.dtic.mil/cgi-bin/GetTRDoc?Location=U2&doc=GetTRDoc. pdf&AD=ADA433949.

[33] Advanced Research Projects Agency–Energy. About[EB/OL]. [2018-01-03]. 2018, https://arpa-e.energy.gov/?q=arpa-e-site-page/about.

[34] Advanced Research Projects Agency–Energy. ARPA-E Impact[EB/OL]. [2018-01-03]. https://arpa-e.energy.gov/?q=site-page/arpa-e-impact.

[35] Advanced Research Projects Agency–Energy ARPA-E: The First Seven Years: A Sampling of Project Outcomes[R/OL]. 2016. https://arpa-e.energy.gov/sites/default/files/ documents/files/Volume%201-ARPA-E-ImpactSheetCompilation-FINAL.pdf.

[36] Innovation Network Corporation of Japan. Introduction[EB/OL]. [2018-01-03]. https:// www.incj.co.jp/english/.

[37] Innovation Network Corporation of Japan. Investment Activities[EB/OL]. https://www. incj.co.jp/investment/index.html.

[38] Innovation Network Corporation of Japan. Investment Case List (Energy)[EB/OL]. http:// www.incj.co.jp/investment/deal-list2.html?cat1=04.

[39] General Electric. GE Joins New Government-Led Initiative in Japan to Accelerate Technology Innovation[EB/OL]. 2009. http://www.genewsroom.com/press-releases/ ge-joins-new-government-led-initiative-in-japan-to-accelerate-------technology- innovation-244876.

[40] Innovation Network Corporation of Japan. Cooperation with External Organizations[EB/ OL]. http://www.incj.co.jp/openinnovation/collaboration.html.

[41] Charles W. Wessner. How Does Germany Do It?[EB/OL]. American Society of Mechanical Engineers, 2013. https://www.asme.org/topics-resources/content/how-does- germany-do-it.

[42] Fraunhofer-Gesellschaft. Facts and Figures (February 2017)[EB/OL]. 2017. https://www. fraunhofer.de/en/about-fraunhofer/profile-structure/facts-and-figures.html.

[43] Fraunhofer-Gesellschaft. Finances[EB/OL]. 2017. https://www.fraunhofer.de/en/about-fraunhofer/profile-structure/facts-and-figures/finances.html.

[44] Fraunhofer-Gesellschaft. Groups[EB/OL]. 2017. https://www.fraunhofer.de/en/about-fraunhofer/profile-structure/structure-organization/fraunhofer-groups.html.

[45] Global Carbon Project. Global Carbon Budget 2017[R/OL]. 2017. http://www.global carbonproject.org/carbonbudget/17/files/GCP-CarbonBudget-2017.pdf.

[46] Nicolette Fox. David Ball Group Invents Cement-Free Concrete[N/OL]. The Guardian, 2015. https://www.theguardian.com/sustainable-business/2015/apr/30/david-ball-group-invents-cement-free-concrete.

[47] Global CCS Institute. Large-Scale CCS Facilities[EB/OL]. https://www.globalccsinstitute.com/projects/large-scale-ccs-projects.

[48] Allam Power Cycle. Wikipedia. https://en.wikipedia.org/wiki/Allam-power-cycle; NetPower. Technology[EB/OL]. https://www.netpower.com/technology/.

[49] Chelsea Harvey. We're Placing Far Too Much Hope in Pulling Carbon Dioxide out of the Air, Scientists Warn[N/OL]. Washington Post, 2016. https://www.washingtonpost.com/news/energy-environment/wp/2016/10/13/were-placing-far-too-much-hope-in-pulling-carbon-dioxide-out-of-the-air-scientists-warn/.

[50] Carbon Brief. In-Depth: Experts Assess the Feasibility of 'Negative Emissions'[EB/OL]. [2016-04-12]. https://www.carbonbrief.org/in-depth-experts-assess-the-feasibility-of-negative-emissions.

[51] American Physical Society. Direct Air Capture of CO_2 with Chemicals: A Technology Assessment of the APS Panel on Public Affairs[R/OL]. 2011. https://www.aps.org/policy/reports/assessments/upload/dac2011.pdf.

[52] Daniel Cressey. Rock's Power to Mop Up Carbon Revisited[EB/OL]. Nature, 2014/ https://www.nature.com/news/rock-s-power-to-mop-up-carbon-revisited-1.14560.

[53] Geology.com, Limestone: What Is Limestone and How Is It Used?[EB/OL]. https://geology.com/rocks/limestone.shtml.

[54] Suzanne J.T. Hang, Christopher J. Spiers. Coastal Spreading of Olivine to Control Atmospheric CO_2 Concentrations: A Critical Analysis of Viability[J/OL]. International Journal of Greenhouse Gas Control 3(6), 2009-12: 757–67, http://www.sciencedirect.com/science/article/pii/S1750583609000656?via%3Dihub.

[55] Iron Fertilization[EB/OL]. Wikipedia. https://en.wikipedia.org/wiki/Iron-fertilization.

[56] NASA. The Importance of Phytoplankton[EB/OL]. https://earthobservatory.nasa.gov/Features/Phytoplankton/page2.php.

[57] Columbia University. Seeding Iron in the Pacific May Not Pull Carbon from Air as Thought[EB/OL]. Phys.org, 2016. https://phys.org/news/2016-03-seeding-iron-pacific-carbon-air.html.

[58] Environmental and Energy Study Institute. Biofuels versus Gasoline: The Emissions Gap Is Widening[EB/OL]. 2016. http://www.eesi.org/articles/view/biofuels-versus-gasoline-the-emissions-gap-is-widening.

[59] Eric Wesoff. Hard Lessons from the Great Algae Biofuel Bubble[EB/OL]. Green Tech Media, 2017. https://www.greentechmedia.com/articles/read/lessons-from-the-great-algae-biofuel-bubble.

[60] Joint Center for Artificial Photosynthesis. Why Solar Fuels?[EB/OL]. https://solarfuelshub.org/why-solar-fuels/.

[61] Maritime Executive. World's First Hydrogen-Powered Cruise Ship Scheduled[EB/OL]. 2017. https://maritime-executive.com/article/worlds-first-hydrogen-powered-cruise-ship-scheduled.

[62] Marua Judkis. Could Congress Put Horsemeat Back on the Menu in America?[N/OL]. The Washington Post, 2017. https://www.washingtonpost.com/news/food/wp/2017/07/14/could-congress-put-horsemeat-back-on-the-menu-in-america/?utm-term=.e6a378a50382.

[63] The Keith Group at Harvard University. Geoengineering[EB/OL]. https://keith.seas.harvard.edu/geoengineering.

[64] Hashem Akbari, et al. The Long-Term Effect of Increasing the Albedo of Urban Areas[R/OL]. Environmental Research Letters, 2012. http://iopscience.iop.org/article/10.1088/1748-9326/7/2/024004/meta.

[65] IPCC. WG2 Chapter 14: Adaptation[R/OL]. 2015. https://www.ipcc.ch/pdf/assessment-report/ar5/wg2/WGIIAR5-Chap14-FINAL.pdf.

[66] Melita Sunjic. Top UNHCR Official Warns about Displacement from Climate Change[EB/OL]. UNHCR, 2008. http://www.unhcr.org/493e9bd94.html.

[67] Jessica Benko. How a Warming Planet Drives Human Migration[R/OL]. The New York Times, 2017. https://www.nytimes.com/2017/04/19/magazine/how-a-warming-planet-drives-human-migration.html.

[68] Michael Werz, Laura Conley. Climate Change, Migration, and Conflict: Tackling Complex Crisis Scenarios in the 21st Century[R/OL]. American Progress, 2012. https://cdn.ameri canprogress.org/wp-content/uploads/issues/2012/01/pdf/climate-migration.pdf.

结　语

为避免气候变化带来最严重的影响，我们需要立即减少温室气体的排放。未能迅速减少排放可能会造成重大损失，包括因海平面上升淹没沿海土地而对超过 10 亿人的生命构成威胁、大规模难民迁移、饥荒、灭绝浪潮以及其他将造成经济、生态损失和人类伤亡的影响。

幸运的是，新技术的出现持续表明低碳未来是可以实现的，且其成本可能等同于甚至低于高碳未来所付出的成本。可再生能源技术（如太阳能电池板、陆上和海上风机、超级节能 LED 灯泡和电动汽车）的成本下降，意味着低碳经济的成本不断下降。事实上，在许多地区，新建和运营零碳电力技术已经比继续运行污染性旧电力技术（即使在后者已经建成的情况下）更便宜 [1, 2]！而且几乎每个地区清洁能源的实际部署速度都突破了最激进的预测。例如，在一个拥有 1 200 万人口的中国城市——深圳，刚刚完成了 16 359 辆公交车向电动公交车的过渡 [3]，而在 5 年前这是完全无法想象的。

尽管目前已存在减排技术并且其成本正在逐步下降，但是显著降低全球温室气体排放量仍然是一项极为艰巨的任务，即便成功采用价格低廉的清洁技术，温室气体减排也不会自动实现。为了实现将温升控制在 2℃ 以内，以及避免气候变化带来的最严重影响所需的减排量，排放量最高的国家必须迅速采纳最有效的能源政策并进行良好的设计。

约 20 个国家的排放量占全球总排放量的近 75%，其主要排放源包括能源使用（如发电厂、车辆和建筑物）和工业过程（如水泥或钢铁制造）。因此，减排重点应放在减少能源使用和工业过程排放上。可以使用 4 种类型的能源政策来应对这些排放源：性能标准政策、经济信号政策、研发扶持政策以及支持型政策。如果设计得当，这些政策类型会相互作用并相互促进，从而形成一个政策组合，实现更深层、更具成本效益的减排。

性能标准政策规定了针对能效、可再生能源使用量或产品性能的最低要求。这方面的例子包括汽车燃油经济性标准、建筑节能规范、可再生能源配额制以及发电厂的排放限制。

经济信号政策旨在实现以下目的：加速清洁能源技术采用、确保将积极和消极的社会影响（即外部效应）纳入产品成本或利用市场作为有效实现减排的工具。这方面的例子包括碳税机制、为清洁能源生产或能效升级提供补贴。

政府对研发活动的扶持可以加快创新步伐。新技术会刺激经济发展，减少对昂贵且价格不稳定的化石能源的依赖。政府采用的扶持方式可以是为惠及诸多新兴行业的基础研究（远未商业化的技术）提供资金。然而，政府支持研发活动的最有力的方式之一是创造一个能够促进私营企业研发活动蓬勃发展的环境。这方面的例子包括共享技术专业知识和设施（如国家实验室），采用适当的知识产权保护机制，在公立学校和大学推广强大的 STEM 教育，制定移民法以为企业雇用外国 STEM 人才创造条件。

支持型政策可以增强其他政策的功效，往往通过政府直接支出、提高信息透明度或为采纳更好的选择消除障碍等方式进行。例如，要求在产品上使用清晰的能耗标签的政策使消费者能够做出更明智的决策，良好的城市设计为人们提供了除驾驶汽车以外的交通方式选择，这些都能够使人们更好地响应精心设计的经济信号。

为了保证能源和气候政策的有效性，需要制定一系列政策，这项工作没有万能良方。为了设计一套最佳政策，政策制定者应考虑采用上述各种类别的政策。它们组合起来将创造一种强大的协同效益，可以比单项政策推动更深层的减排，同时提高减排的整体成本效益。

决定实施哪些政策往往具有争议性。例如，哪一项政策能够实现大幅减排？成本是多少？如何与其他政策进行互动？筛选政策的第一步是评估经济和排放结构。了解现实的汽车、建筑物和发电厂数量，及其分别使用多少能源，使用量如何随着时间的推移而增长等，这可以帮助识别必须作为减排重点的经济领域。

下一步是定量评估减排政策的减排潜力。幸运的是，建模技术的进步（特别是结合设计和实施能源政策方面的数十年经验）使我们能够量化哪些政策在减少碳排放方面最有效，并测算出其相关成本。边际减排成本曲线和政策成本曲线为政策制定者提供了以下相关信息：哪些技术和政策最具减排潜力、哪些技术和政策可以最具成本效益的方式实现减排、政策如何相互作用（无论是彼此削弱还是彼此加强减排效果）。并非每一个国家都需要开展所有这些分析。部分地区与其他已开展部分或全部评估的地区具有非常相似的特点，在这种情况下，类似的结论是可以推广的。

这一建模还阐明了这样一个事实，即仅有一小部分政策具有显著的能源和工业过程减排潜力。如果在排放最高的国家严格执行这些政策可以使我们踏上实现 2℃目标的道路。

在电力部门，可再生能源配额制和上网电价可以通过增加非化石燃料发电的比重来减少排放。如果设计得当，这些措施可以最大限度地降低过渡至低碳电力系统的成本。补充型政策，如推进输电线路建设的政策、支持智能电力结构的政策和能效标准等同样也具有重要意义。

强有力的标准和激励措施可以显著减少工业领域的能源燃烧排放。工业部门也会产生大量的过程排放，包括工业生产过程中产生的 CO_2 和其他非 CO_2 气体。政策制定者可以要求对这些排放进行控制，并提供激励和其他形式，如技术、财务或其他援助以鼓励减排。

对于建筑部门，建筑节能规范与家用电器能效标准是最佳减排工具。由于市场失灵无法激励建筑物业主和租房者采用那些可节省成本的措施，因此经济信号政策在促进建筑部门减排中效果不佳。相反，建筑节能规范和标准往往能够节省资金，因为随着时间的推移能耗成本的降低量会超过成本的增加量。

燃油经济性标准、汽车税费奖惩系统、电动汽车激励措施和智能城市规划都可以通过提高车辆的燃油效率、减少排放及提供替代交通选择来显著减少交通部门的排放。

碳定价机制是另一项强有力的减排工具，它可以鼓励整个经济体的减排行为，并推动对更低碳选择的投资。

最后，研发扶持政策有助于降低所有这些政策的成本，同时为新型低碳技术提供进入市场的机会。

当然，如果要实现切实减排，必须对这些政策进行精心设计。多年的政策设计经验已经阐明了优劣政策的各自特点。例如，如果没有建立内在的持续改进机制，政策往往会停滞不前并逐渐因过时而淘汰。如果没有足够长的时间跨度，企业就无法投资于生产更好设备所需的技术或研发活动。第二章讨论的少数政策设计原则可以确保未来的气候和能源政策最大限度地减少温室气体排放并提高经济效益。这些原则可以推动有效的投资级政策。

我们还必须关注远期政策。政策制定者应当考虑 2050 年后推动深度脱碳所需的技术，包括实现几乎所有 2℃排放情景都要求的负排放。为此，政策制定者必须在采取积极的能源政策以推动工业、建筑、交通、电力部门清洁高效发展的同时支持研究计划，以将这些远期技术推向市场。

为了应对气候变化，我们必须尽快采取行动以限制排放并避免气候变化带来最严重的影响。世界各国政府、企业和组织承诺根据《巴黎协定》减少排放，为减排奠定了基础，推进世界步入低碳未来的轨道。现在的关键是将这些承诺付诸实践，即采用目标明确的、精心设计的政策。

这是一项艰巨的任务，但它也是一项可实现的任务，而且目前我们已经知道该如何实现这一任务。当前，我们已经拥有了可以协助我们迅速转向清洁能源系统的技术。即使在不考虑环境效益的情况下，实现低碳未来的成本也与高碳未来的成本不相上下。因此，我们面临的挑战并不是技术问题，也不是经济问题，而是制定正确的政策并确保其得到恰当设计和执行的问题。希望本书能够帮助政策制定者和社会各界采取下一步措施，将气候承诺付诸行动，实现我们迫切需要的深度减排。

参考文献

[1] Justin Gillis, Hal Harvey. Why a Big Utility Is Embracing Wind and Solar[N/OL]. The New York Times, Opinion 板 块 ， 2018. https://www.nytimes.com/2018/02/06/opinion/util- ity-embracing-wind-solar.html.

[2] Silvio Marcacci. India Coal Power Is About to Crash: 65% of Existing Coal Costs More Than New Wind and Solar[N/OL]. Forbes. 2018. https://www.forbes.com/sites/energyinnovation/2018/01/30/india-coal-power-is-about-to-crash-65-of-existing-coal-costs-more-than-new-wind-and-solar/.

[3] Clean Technica. Shenzhen Completes Switch to Fully Electric Bus Fleet. Electric Taxis Are Next[EB/OL]. 2018. https://cleantechnica.com/2018/01/01/shenzhen-com pletes-switch-fully-electric-bus-fleet-electric-taxis-next/.

附　录

附录 I　能源政策模拟模型

能源政策模拟模型（EPS 模型）是一个系统动力学计算机模型，用于估算各种政策[1]对排放量、资金指标、电力系统结构和其他输出的影响。EPS 模型可通过纳入相关国家的特定输入数据来展现不同国家的情况。本附录讨论了 EPS 模型的用途、结构和功能。有关 EPS 技术工作原理的更多详细信息，请参阅 EPS 在线文件[2]。

EPS 模型由美国能源创新政策与技术公司（Energy Innovation: Policy and Technology LLC）在麻省理工学院（Massachusetts Institute of Technology）和斯坦福大学（Stanford University）的协助下开发，并由（美国）阿贡国家实验室（Argonne National Laboratory）、（美国）国家可再生能源实验室（National Renewable Energy Laboratory）、（美国）劳伦斯伯克利国家实验室（Lawrence Berkeley National Laboratory）、（美国）斯坦福大学、（中国）国家应对气候变化战略研究和国际合作中心、（中国）国家发展改革委能源研究所和（美国）气候互动中心（Climate Interactive）的相关人员进行同行评审。

EPS 模型旨在协助政策制定者评估各种气候政策，允许用户探索无限的政策组合可能性，并可设置不同的政策力度，允许用户创建自己的政策

---

[1] EPS 模型可用于能源政策，也可用于非能源政策（如影响土地利用和工业生产过程的政策）。
[2] 欲了解更多信息，请参阅：Energy Innovation. Energy Policy Simulator Documentation[EB/OL]. [2018-01-10]. https://us.energypolicy.solutions/docs/.

情景。EPS 模型以每年为单位对 2017—2050 年的政策进行了模拟，提供了数百个输出变量。其中，一些最重要的输出包括 12 种不同污染物的排放量，为政府、工业和消费者提供的现金流（包括成本和资金节约额）[1]，不同类型发电厂的发电容量和发电量，土地利用变化和相关排放或碳封存量，由于降低颗粒物污染排放而导致的过早死亡数变化量。这些输出结果可以帮助政策制定者预测实施新政策将产生的长期影响和成本。目前，许多国家尚未制定 EPS 模型中包含的许多政策，因此 EPS 模型有助于为这些国家的政策制定者提供新的政策选择。该工具不仅有助于为政策制定者提供为实现既有气候目标（如《巴黎协定》的相关目标）所需的路线图，而且还可以就政策制定者如何设定新的气候目标进行指导，从而增强其国家的减排力度。

EPS 模型是一个免费的开源模型。用户可以通过 https://energypolicy.solutions 上的交互式网页界面使用这一模型，也可以从该网站下载该模型。

一、为何使用计算机模型来协助政策选择

在考虑 EPS 模型的结构和用途之前，需要知道的是我们为什么要使用计算机模型呢？

政策制定者通常面临一系列令人眼花缭乱的政策选择，这些政策都可能会推动减排的实现。这些政策可能仅针对某一行业或某一种技术类型（如轻型车燃油经济性标准），也可能针对全经济范围（如碳税机制）。在某些情况下，为了推进同一目标，可采用市场驱动方法或实施直接监管措施，也可两者兼施并用，如为了提高家用电器能效，政府可能会向购买节能产品的买家提供补贴措施，或强制要求家用电器制造商遵守特定的能效标准，或两者并用。为了从这些选项中做出选择，政策制定者需要一个客观的量化机制来

---

[1] EPS 模型可以用于计算最简单的成本和节省量，即与基准情景相比，某一实体向其他实体增加或减少支付的金额。EPS 模型不包括对经济整体的宏观模拟，因为宏观经济模拟会考虑诸如政府如何使用增加的税收收入（或为应对减少的税收收入而削减的支出）等问题，而这些问题超出了计算机模型对能源政策和非能源政策的评估范围。

确定哪些政策有助于实现其目标，以及相关政策的成本或节约水平。

　　许多研究仅对单独的特定能源政策进行探讨，但是保证政策制定者能够了解政策组合的影响将具有更大价值，因为政策之间可能产生相互作用，这种组合作用的结果是不同于单个政策效果的总和的。

　　计算机模型在模拟复杂系统方面具有优势，因此可以成为协助政策制定者评估各种政策的重要工具。要了解如何实现涉及各个部门减排的排放目标，一个令人满意的模型必须在能够覆盖整个经济和能源系统的同时，还可以针对具体的分行业和领域进行分析，且易于调整以代表不同的国家，还能够覆盖广泛的政策选择，并针对各种政策进行相关的结果输出。此外，随着各个国家的发展，模型必须能够捕捉在运行过程中会发生显著变化的政策和其他影响力在系统中的相互作用。

二、关于系统动力学建模

　　目前已有多种使用计算机模型对经济和能源系统进行模拟的方法。EPS 模型基于系统动力学的理论框架，顾名思义，这种方法将能源使用和经济过程视为一个开放的、不断变化的非均衡系统。这将与诸如可计算的一般均衡模型（将经济视为会受到外部冲击影响的均衡系统）或基于技术的非集计模型（侧重于计算通过升级具体类型的设备能够实现的潜在能效增益或减排量）等方法形成对比 [1]。

　　系统动力学模型通常包括存量，即从一个模拟年计入下一模拟年的变量，并受到流入和流出这些模型变量的所谓流量的影响。例如，存量可能是燃煤电厂的总装机容量，由于新建燃煤电厂（流入）和旧电厂退役（流出），

---

[1] 宏观经济模型在创建一个预测的基准情景案例时可能尤为有用，因为它们的优势在于阐明经济互动作用，但可能在表示某些政策时会遇到困难，特别是对于那些通过引发在未来采取该项政策时并未开展的活动（未开展活动的原因包括市场失灵、经济行为者的非理性行为、非市场障碍等）来节省资金的政策。而基于技术的模型对于理解来自不同行业或不同活动的最大减排潜力时可能非常有用，这对于决定政策应当以哪些行业或活动与政策为目标有所助益。但是，它们可能无法深入了解哪些政策会导致这些技术变革。系统动力学模型擅长估算政策（相对于基准情景）对排放量、现金流等因素的影响，而无须依赖宏观经济模型所使用的许多基本假定。

燃煤电厂的总装机容量会逐渐增长或减少。相反，燃煤电厂在某年产生的发电量将在每年重新进行计算，因此它并非一个存量变量。

系统动力学模型通常将前一步的计算结果输出作为下一步的输入。EPS 模型也遵循这一惯例，其中发电设施总量、建筑设施类型和能效等存量从一个年度计入下一个年度。因此，在能效提高的车辆、建筑设施等退役之前，在早年实现的能效提高将导致在随后所有年份实现燃料节省。

对工业部门的处理方式有所不同。由于可用输入数据来自基准情景下的用能情况以及由于执行政策带来的能耗下降和工业过程排放潜力下降，因此这些减排措施是逐步实现的，相应的实施成本也是逐步累加的，并非以递归的方式追踪全设施范围的能效。由于从所模拟的各个行业能够获取的输入数据的形式多种多样，很少有一种方法能够适用于所有行业。因此，EPS 模型力图在特定行业背景下使用最有意义的方法[1]。

三、EPS 模型结构

EPS 模型结构可沿着两个维度进行构想：①可视结构，与定义变量间关系的方程式（通过流程图可视）相关；②后台结构，由阵列（矩阵）及其元素组成，其中包含数据并使用方程式对其进行运算。例如，交通部门的可视结构包括政策（如燃油经济性标准）、输入数据（如旅客出行距离或货物吨数、与成本相关的出行需求弹性系数）以及计算出的数值（如车队使用的燃油量）；后台结构包括运输工具类别［轻型车（LDV）、重型车（HDV）、飞机、铁路、船舶和摩托车］、运输类型（客运或货运）、燃料类型（如石油汽油、石油柴油、电力）和车辆发动机类型（如汽油发动机、柴油发动机、电动发动机）。该模型往往会基于各组输入数据对每组阵列元素单独执行一组计算。例如，该模型将计算客运 -HDV、货运 -HDV、客运 - 飞机、货运 - 飞机等的不同燃油效率。

---

[1] 有关每个行业如何运作的更多信息，请参阅模型的在线文件：Energy Innovation. Energy Policy Simulator Documentation[EB/OL]. [2018-01-10]. https://us.energypolicy.solutions/docs.

　　EPS 模型设置了 5 个主要模块，即工业和农业（农业由于能耗和排放较少，为简化处理被并入工业行业一同讨论，以下简称工业）、建筑、交通、电力以及土地利用，该模型还包括了一些处理其他功能的支持模块，如图 I-1 所示[1]。

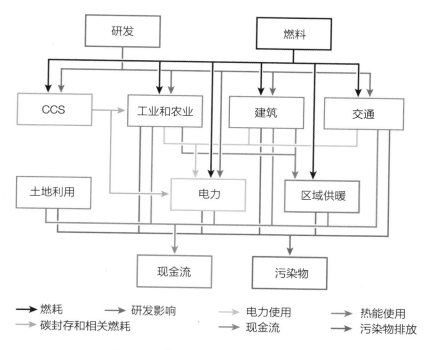

图 I-1　能源政策模拟模型的总体结构

　　该模型的计算逻辑从燃料部分开始，其中设定了所有燃料的基本属性，并采纳了影响燃料价格的各种政策。有关燃料的信息被用于 3 个能源需求模块——交通、建筑以及工业部门。这些部门通过直接燃耗量（如在车辆、

[1] 由于该模型结构对农业和其他工业部门排放的处理方式类似，因此将农业与其他工业部门划分为一个模块。例如，农业设备燃烧燃料与制造业中的机器燃烧燃料一样。类似地，正如其他工业部门会产生与燃料燃烧无关的过程排放一样，农业生产过程中也会产生这种排放，如稻田或反刍动物排放的甲烷。与土地利用变化有关的农业活动（如砍伐森林以建立种植园）在模型的土地利用模块中进行处理，而不归入工业和农业模块。

建筑物和工业设施中燃烧的化石燃料量）来计算排放量。这些部门还会消耗电量或热量，但这部分消费由模型的其他模块进行计算，即电力部门和区域供暖模块，其中电力部门模块还将输配电损失考虑在内。第 5 个模块是土地利用，这一模块并不消耗燃料或电力。

所有 5 个模块和区域供暖模块都会产生污染物排放，模型会将这些排放量汇总，如图 I-1 底部的污染物方框所示。同样地，模型还可模拟现金流量变化，即政策对不同特定参与者（政府、行业、消费者和几个特定行业）带来的影响，并汇总在图 I-1 底部的现金流方框。同时，模型还可计算支出变化（如资本设备、燃料和运维支出），并对因避免公共健康影响和气候损害而产生的货币化社会效益进行估算。

EPS 模型中有两个模块会对多个部门产生影响：其一是研发模块，该模块允许用户制定工业、建筑、交通、电力以及 CCS 模块下的燃油效率改进和技术资本成本下降水平；其二是 CCS 模块，该模块会影响工业和电力模块，包括通过实现封存而减少其 CO_2 排放、为了开展 CCS 技术而带来的一定量的燃料消费量提高以及对现金流产生的影响。

四、输入数据来源

EPS 模型具有大量的输入数据要求，需要广泛的数据源。所有地区的 EPS 模型均改编自能源创新政策与技术公司能源政策模拟模型的国际开源版本。为了使模型适用于新区域，输入数据按优先顺序通过以下方法获取：

①来自已公开来源的国家数据、其他模型的输出或由各国政府提供的数据。

②在无法获得国家数据的情况下，可对来自其他国家[1]的输入数据按比例进行缩放以代表正在模拟的国家。缩放情况因变量而异，需要选取与所涉变量的关系最为密切的数据来选择缩放因子。例如，与经济输出或生产有关的变量可以按 GDP 进行缩放，而与污水处理有关的变量可以按人口

---

[1] 在最常见的情况下，按比例缩放的数据往往来自美国。许多国家缺少的数据类型往往相同，而美国数据的可用性相对较为良好。

数量进行缩放。

③在国家数据不可用且对其他国家的数据进行缩放不具备相关性或不合适时，可直接使用其他国家的输入数据，且不用对其进行调整。若数据实际上并非针对特定国家（如各种气体的全球变暖潜势），则不需进行缩放。若对建模国家建筑用能设施（如空调）的预期使用寿命进行估算时，也可直接参考其他国家相同类型的建筑用能设施的使用寿命，同样也不需进行缩放。例如，如果需要估算建模国家的空调使用寿命，对任何可用的缩放因子（如人口数量、GDP）进行缩放都是不合理的。

一般而言，EPS 模型仅使用公开可用的数据和可免费访问的数据来源，且所有数据都经过记录并准确标明来源。许多变量都有多个数据源，因此完整的源信息有时可能纳入了多个数据来源。每个变量的相关电子表格文件都提供了完整的源信息，可以将其作为 EPS 模型包的一部分下载。

附录 II　定量政策评估方法

本书估算了各项政策在实现未来排放和温升情景方面的潜力。这些估算值的目标并不是展示每个建模区域可实现的确切减排潜力。但是，它们应当能够展现不同政策选择的相对值，并证明尽早采纳和持续改进政策组合的价值。

一、参考情景排放

在理想情况下，排放量和潜在减排量预测依赖于每个国家到 2050 年的排放路径预测值。但是，大多数国家并没有制定到 2050 年的预测值，甚至即便各国对到 2050 年的排放进行了预测，也经常会忽略特定行业（如土地利用或工业生产过程），或使用不同的全球变暖潜势值。鉴于可用的 2050 年排放预测值数量较少且预测值存在差异，因此无法完成国家层面的分析。

为此，我们使用了"低气候影响情景下严格排放控制的策略研究"（LIMITS）建模中给出的区域排放建模结果。LIMITS 由欧盟发起并于 2013 年发布 [1]。LIMITS 建模已被用于评估之前的气候谈判情景，这些气候情景依赖于 IPCC 第 5 次评估报告（AR5）中得到广泛使用的模型。在主流的气候建模中，LIMITS 建模包含最详细的信息，拥有 10 个超级区域（大多数其他建模仅评估 5 个区域），以及在本书撰写之际的最新预测值。

LIMITS 建模涉及来自世界各地的多个不同建模团队。基于特定行业结果的可用性以及与其他建模的一致性，我们选择使用（美国）西北太平洋国家实验室（Pacific Northwest National Laboratory）与马里兰大学全球变化与地球系统科学联合研究院（Joint Global Change Research Institute at the University of Maryland）通过全球变化评估模型（GCAM）建模得出的结果。

对于参考情景，我们使用了基准情景，该情景假设到 2100 年没有对排放采取近期或全球行动。图Ⅱ-1 对比了 GCAM 基础情景、LIMITS 使用的其他模型、典型浓度路径（RCP）8.5 情景以及 AR5 中的基准情景。

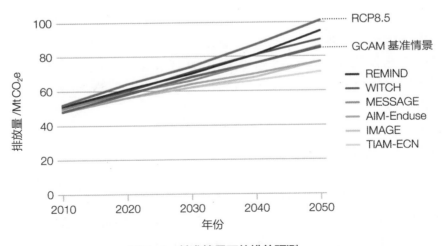

图Ⅱ-1　基准情景下的排放预测

数据来源：使用经国际应用系统分析学会（IIASA）许可的数据进行分析。① Clarke 等，2014 年，这些数据可从 IIASA-LIMITS 情景数据库下载，https://secure.iiasa.ac.at/web-apps/ene/AR5DB；② Tavoni 等，2013 年，这些数据可从 IIASA-LIMITS 情景数据库下载，https://tntcat.iiasa.ac.at/LIMITSPUBLICDB/dsd?Action=html page&page=about。

在基准情景下，全球温室气体排放量从 2010 年的 48.0 Gt CO_2e 增长到 2050 年的 84.7 Gt CO_2e，基准情景采用 IPCC 第四次评估报告（AR4）的全球变暖潜势值，包含 CO_2、甲烷、氧化亚氮和含氟气体。我们使用了 AR4 的全球变暖潜势值，因为含氟气体的排放值仅体现在 CO_2e 总量中，因此无法调整为 AR5 中使用的数值。GCAM 排放轨迹大体上是不同模型的中间情景。

二、2050 年的目标排放水平

LIMITS 研究制定了两个气候政策目标：一个是 450 ppm 情景，辐射强迫为 2.8 W/m^2，将温升保持在 2℃ 以内的可能性超过 70%；一个是 500 ppm 情景，辐射强迫为 3.2 W/m^2，将温升保持在 2℃ 以内的可能性为 50%[2]。

LIMITS 建模评估了实现这些目标的不同情景，包括基准情景、参考政策情景（Ref Pol）和强化政策（StrPol）情景以及每个情景的变化版本。参考政策情景假设近期目标较弱，在 2020 年之前仅开展零星行动。强化政策情景假设制定一个严格的近期目标，但在 2020 年之前也仅开展零星行动。

我们采用了参考政策 -500 ppm 情景模式，该情景在评估到 2050 年的必要减排量时将参考政策情景下的目标和近期行动与 500 ppm 情景下的排放目标相结合。参考政策 -500 ppm 情景是一个相对现实的政策情景，因为其假设到 2020 年采取了一些有限的行动（能够反映全球气候政策的现状），并在 2020 年之后实现大幅减排以实现 500 ppm 的目标。

作为背景信息，GCAM 参考政策 -500 ppm 情景是针对 2020—2050 年更为激进的减排情景之一。这一情景大致位于 AR5 的 RCP2.6 和 RCP4.5 情景之间。图 II-2 比较了 GCAM 参考政策 -500 ppm 情景与其他低排放情景 [3]。

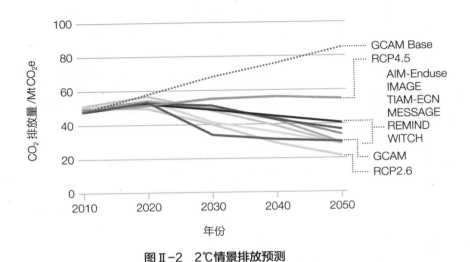

图Ⅱ-2　2℃情景排放预测

数据来源：使用经国际应用系统分析学会（IIASA）许可的数据进行分析。① Clarke 等，2014 年，这些数据可从 IIASA-IPCC-IAMC 数据库下载，https://secure.iiasa.ac.at/web-apps/ene/AR5DB；② Tavoni 等，2013 年，这些数据可从 IIASA-LIMITS 情景数据库下载，https://tntcat.iiasa.ac.at/LIMITSPUBLICDB/dsd?Action=htmlpage&page=about。

　　采用参考政策 -500 ppm 情景作为我们的政策目标，可以通过计算基准情景和参考政策 -500 ppm 情景在 2010—2050 年的累计减排量差异来估算必要的减排量。虽然 LIMITS 建模可以运行到 2100 年，但我们将评估限制在 2050 年，以便使用 EPS 模型。

　　接下来，我们使用 2010—2014 年实际的排放数据[3] 推导到 2020 年的趋势，进而估算 2010—2020 年的实际基准排放量。

　　考虑到 2010—2020 年实际 / 预测的基准情景排放量的差异，以及 GCAM 模型对这一时期的排放预测值，我们随后采用 LIMITS 建模计算了 2020—2050 年所需的总减排量。这一数值（累计排放量减少 43%）便是我们的排放目标。

三、用于其他国家

附录 I 中详细讨论的 EPS 模型是计算各项政策减排潜力的主要工具。为了使用 EPS 模型，我们首先将 LIMITS 建模中的 10 个超级区域用于现有 EPS 模型中的模块。在进行分析时，目前拥有美国、中国、印度尼西亚、波兰和墨西哥的模型。目前无法使用墨西哥模型，因为其仅评估了到 2030 年的排放量，而其他模型都评估了到 2050 年的排放量。

基于相同模块之间排放增长率／降低率的匹配程度，将 10 个超级区域中的每个模块都映射到了 4 个国家 EPS 模型之一中的相同模块。在某些情况下，在将一个模块映射到最为相似的国家模型时，将利用专家进行判断。我们还将某个地区作为一个整体映射到一个国家，以评估跨行业政策（如碳定价机制）。

四、典型国家减排潜力

使用类似的政策设置可为每个国家 EPS 模型制定政策情景。在某些情况下，为了反映适用于不同国家类型的特殊减排选项，EPS 模型会采用独特的政策设置。例如，印度尼西亚颁布了新建燃煤电厂禁令，且其电力需求预计会出现大幅增长。但是，中国、美国或波兰并未采用这项政策，这些国家的电力需求相对平衡或供过于求。表 II-1 中列出了所使用的政策和设置的完整列表。请注意，表 II-1 中包含的政策设置是 2030 年的数值。在 2030 年之后，在适用情况下，到 2050 年的政策设置每年将上调 1%。在某些情况下，政策设置似乎是武断的，但其目标是实现稳步且均匀的增减（如轻型车的燃油经济性标准旨在到 2050 年所有车型的燃油效率都需要降低到 79 英里／加仑）。

表 II -1　能源政策模拟模型政策设置			2030 年政策设置 （此后以每年 1% 的速率增长）			
政策组合	政策名称	政策实施	中国	印度尼西亚	波兰	美国
建筑节能规范与家用电器能效标准	家用电器能效标准能效提高	新设备能效提高 /%	35	35	35	35
	建筑节能规范能效提高：制冷	新设备能效提高 /%	35	35	35	35
建筑节能规范与家用电器能效标准	建筑节能规范能效提高：围护结构	新设备能效提高 /%	30	30	30	30
	建筑节能规范能效提高：供暖	新设备能效提高 /%	30	30	30	30
	建筑节能规范能效提高：照明	新设备能效提高 /%	35	35	35	35
	建筑节能规范能效提高：其他用能设施	新设备能效提高 /%	10	10	10	10
	建筑用能设施电气化	新出售设备比例	50	50	50	50
	建筑承包商教育与培训	能耗降低潜力 /%	100	100	100	100
	建筑改造	每年改造的额外存量 /%	2	2	2	2
	改进家用电器标签	能耗降低潜力 /%	100	100	100	100
	节能设备补贴	能耗降低潜力 /%	100	100	100	100
碳定价	碳定价	美元 /tCO$_2$e	60	60	60	60
补充性电力政策	额外需求响应	额外潜力 /%	50	50	50	50
	禁止新建燃煤电厂	n/a		是		
	燃煤电厂提前退役	MWh/a	2.5	1		
	最小成本电力调度	n/a	是	属于基准情景	属于基准情景	属于基准情景
	输电线扩张	增加的现有输电容量 /%	75	75	75	75
税费奖惩系统	税费奖惩系统	全球最佳实践费用 /%	75	75	75	75
燃油经济性标准	HDV 燃油经济性标准	新车能效额外改进 /%	82	82	82	82
	摩托车燃油经济性标准	新车能效额外改进 /%	40	40	40	40
工业能效	热电联产和废热利用	减排潜力 /%	75	75	75	75
	将非热电联产热能转换为热电联产	减排潜力 /%	75	75	75	75
	工厂提前退役	减排潜力 /%	75	75	75	75
	工厂工人培训	减排潜力 /%	75	75	75	75
	工业能效标准	能耗降低 /%	15	15	15	15
	工业燃料"煤改气"	工业用煤转变 /%	25	25	25	25
	工业燃料"气改电"	工业用天然气转变 /%	25	25	25	25
工业生产过程排放政策	水泥熟料替代	减排潜力 /%	75	75	75	75
	农田管理	减排潜力 /%	75	75	75	75

政策组合	政策名称	政策实施	2030 年政策设置（此后以每年 1% 的速率增长）			
			中国	印度尼西亚	波兰	美国
工业生产过程排放政策	畜牧业减排措施	减排潜力 /%	75	75	75	75
	甲烷捕集	减排潜力 /%	75	75	75	75
	甲烷破坏	减排潜力 /%	75	75	75	75
	减少含氟气体	减排潜力 /%	90	90	90	90
	水稻种植措施	减排潜力 /%	75	75	75	75
可再生能源配额制	分布式光伏供电	建筑电力百分比 /%	15	15	15	15
	可再生能源配额制	发电量 /%	50	50	50	50
城市交通政策	交通需求管理	交通模式转变潜力 /%	75	75	75	75
车辆电气化	摩托车电气化	新车销售量 /%	50	50	50	50
	客运 HDV 电气化	新车销售量 /%	50	50	50	50
	客运 LDV 电气化	新车销售量 /%	50	50	50	50

注：BAU= 基准情景；CHP= 热电联产；HDV= 重型车辆；LDV= 轻型车辆；n/a= 无适用数据。

五、不同政策的减排潜力

我们计算了每项政策在每个 EPS 模型模块实现的减排百分比。例如，我们在美国 EPS 模型中计算了 40% 可再生能源配额制在电力部门实现的年减排量百分比。我们针对每项启用的政策计算了减排百分比。对于碳税机制等跨行业政策，我们在充分考虑行业特定政策减排量的前提下，对全经济范围减排量进行分析。

我们假设每个超级区域可以与其所映射的区域实现相同比例的行业减排量。例如，如果在 2050 年美国 EPS 模型中，40% 可再生能源配额制导致电力部门减排 30%，则我们假设每个映射到美国电力部门的区域到 2050 年都可以实现 30% 的减排。跨行业政策也采用了类似的方法。

然后，我们按政策类型对 2050 年各个地区的减排量进行汇总，以制定到 2050 年的累计减排估算值。

总的来说，我们发现一小部分政策在保证严格性的前提下，可以在 2050 年之前实现充足的累计减排量，以满足参考政策 -500 ppm 情景下的减排量目标。

　　需要注意的是，我们的方法着眼于新政策的减排能力，或增强现有政策以推动进一步减排。该分析并未将现有政策的减排量归属于正在评估的政策类别。例如，中国、波兰和美国都制定了强有力的汽车燃油经济性标准。我们的建模评估了在现有政策将实现的减排量基础上的额外减排潜力，在现有政策框架下讨论减排成果是至关重要的。已严格实施的政策表现出的减排潜力可能低于部分人的预期，这是因为本分析仅关注可能实现的减排增量。

参考文献

[1] Science for Global Insight. About LIMITS[EB/OL]. https://tntcat.iiasa.ac.at/LIMITS PUBLICDB/dsd?Action=htmlpage&page=about.

[2] Science for Global Insight. LIMITS Work Package 1–2°C Scenario Study Protocol[R/OL]. https://tntcat.iiasa.ac.at/LIMITSPUBLICDB/static/download/LIMITS-overview-SOM-Study-Protocol-Final.pdf.

[3] World Resources Institute. CAIT Climate Data Explorer[EB/OL]. 2017. http://cait.wri.org.